南立军　徐成东　刘丽媛　编著

特色水果加工技术研发与应用

南京大学出版社

图书在版编目(CIP)数据

特色水果加工技术研发与应用 / 南立军，徐成东，刘丽媛编著. -- 南京 ：南京大学出版社，2024.7

ISBN 978 - 7 - 305 - 28074 - 0

Ⅰ. ①特… Ⅱ. ①南… ②徐… ③刘… Ⅲ. ①水果加工 Ⅳ. ①TS255.3

中国国家版本馆 CIP 数据核字(2024)第 091388 号

出版发行　南京大学出版社
社　　址　南京市汉口路 22 号　　　邮　　编　210093

书　　名　特色水果加工技术研发与应用
TESE SHUIGUO JIAGONG JISHU YANFA YU YINGYONG
编　　著　南立军　徐成东　刘丽媛
责任编辑　甄海龙

照　　排　南京开卷文化传媒有限公司
印　　刷　南京玉河印刷厂
开　　本　787 mm×1092 mm　1/16　印张 17　字数 370 千
版　　次　2024 年 7 月第 1 版　印次　2024 年 7 月第 1 次印刷
ISBN　978 - 7 - 305 - 28074 - 0
定　　价　65.00 元

网　　址：http://www.njupco.com
官方微博：http://weibo.com/njupco
官方微信：njupress
销售咨询热线：025 - 83594756

编写委员会

编　著

南立军　楚雄师范学院教授

徐成东　楚雄师范学院二级教授

刘丽媛　吐鲁番市葡萄产业发展促进中心研究员

副主编

李雅善　楚雄师范学院副教授

周　慧　吐鲁番市葡萄产业发展促进中心高级工程师

赵现方　楚雄师范学院副教授

前　言

本书精炼、汇编了作者近5年带领团队成员在国家级双创项目的支持下进行人才培养得到的科学研究成果。以新疆、云南和海南的特色水果为实验材料，汇编内容涉及木瓜酒的新工艺、冰糖橙—葡萄酒的新工艺和“葡萄+”复合酒三个主题内容。木瓜酒的新工艺主要从木瓜汁和木瓜酒的降酸、玉米淀粉的转化、木瓜酒酿造优化工艺、木瓜果汁和果酒的澄清等方面展开；冰糖橙—葡萄酒的新工艺主要从果胶酶对冰糖橙汁的澄清、β-环糊精对冰糖橙汁的除苦、红提冰糖橙酒的加糖工艺、红提冰糖橙酒的澄清、葡萄酒的微生物降酸和降酸剂与赭曲霉毒素A等方面展开；“葡萄+”复合酒从葡萄—小麦复合酒的原料及其原料混合比例的优化、葡萄—小麦复合酒的发酵、澄清和工艺优化等方面展开。除此之外，编者还研究了桂花葡萄酒果冻、青桔汁的降酸与青桔蜂蜜复合汁、小台农芒果酒、百香果籽油和糯米混合酒；优化了青桔汁树脂降酸的工艺，初步开发了青桔蜂蜜复合汁和新型桂花葡萄酒果冻。

实践证明，学生经过国家级双创项目的训练后，逻辑思维能力、科研素质有了很大提升，对课堂教学内容有了深刻的理解，为优秀毕业论文的评选，以及学生参加比赛(如互联网加、生命科学竞赛、各项科技比赛等)并获奖奠定了坚实基础。通过理论和实践结合，提高了应用型办学质量。

因此，无论从教学还是从管理角度，本书都可以供读者参阅。希望本书能为学者和企业进行相关研究和技术革新提供参考。更重要的是，本书适合对果酒感兴趣的科研人员、企业技术人员、兴趣爱好者阅读，也可以作为科研院所的参考书，也希望本书为果酒酿造管理技术的改善和酒种多样化提供理论支持和实践指南。另外，这部分成果可以作为各位专家、学者交流的平台，恳请各位专家在阅读的过程中提出宝贵意见和建议，我们将在以后的工作中补充、完善。

该书汇聚了老师和同学们的智慧的结晶。南立军教授和徐成东教授主要负责第一章木瓜酒的新工艺和第二章冰糖橙一葡萄酒的新工艺，南立军教授和刘丽媛研究员主要负责第三章“葡萄十”复合酒，李雅善副教授主要负责第四章桂花葡萄酒果冻和青桔汁的降酸与青桔蜂蜜复合汁，周慧研究员主要负责小台农芒果酒和百香果籽油，赵现方高级实验师主要负责糯米混合酒。团队成员张晓芳、钟映雪、杨瑞群、陶芳、杨世珍、梅顺琴、李云雪、张梨情、马玉蓉、赵玲、李英蕊、吴佳珍、和飞花、绍玲莉、杨荣、罗宗燕、黄坤美和刘鸿，付出了辛勤的努力，在此我们表示衷心的感谢！

图书编写和实验研究过程中，作者引用了大量来自国内外的文献，对于该部分涉及的作者，我们表示衷心的感谢！

感谢所有为本书提出宝贵修改意见和建议的各位专家！

作　者

2023.12

目 录

第一章　木瓜酒的新工艺

第一节　概述

一、概况

目前，我国主栽的木瓜品种是皱皮木瓜和光皮木瓜。皱皮木瓜，又称贴梗海棠、酸木瓜等，其中野木瓜为皱皮木瓜的一个变种。皱皮木瓜果实呈球形或卵形，长 4～9 cm，直径 4～6 cm，为黄色或黄绿色，表面有斑点，气味清香，果肉脆，味酸涩，主要分布在四川、重庆、湖北、安徽和浙江，此外湖南、陕西、山东和云南亦产。果实为药材正品，加工后能食用，也可观赏，可制成木瓜饮料、木瓜醋、木瓜酒和木瓜盆景等。我国南方以野生小果型木瓜资源为主，有安徽的宣木瓜、四川的川木瓜、浙江的淳木瓜、云南的酸木瓜等，主供观赏、药用。云南酸木瓜，学名为贴梗木瓜蔷薇科，木瓜属。成熟的酸木瓜色泽金黄，气味芳香，含有丰富的微量元素和生物活性物质。中医认为其有舒筋活络、健脾开胃、舒肝止痛、祛风除湿之效。由于其酸涩的口感，大多数人不喜，少有食用，大量酸木瓜闲置，利用率低。用酸木瓜酿酒的更少。

目前，我国木瓜酒业在发展中存在四大技术难题：木瓜酿酒工艺落后、专用酿造设备缺乏、优良专用木瓜酒酿造酵母匮乏、稳定性不佳。其中木瓜酒稳定性不佳，极大地损害了酒体品质，严重制约了木瓜酒业的蓬勃发展。

李大贵[1]以木瓜种植为例，提出木瓜酒的酿造过程。从酒曲的制作、木瓜加工、酒母的制作、烤木瓜酒的方法、经济效益以及注意事项六个方面详细介绍了农村木瓜酿酒简易操作技术，以及此项技术给木瓜种植户带来的效益，既介绍了经验，又给其他产业提供了良好的发展思路。

茅粮集团开发出世界第一支司岗里木瓜发酵果酒。采用临沧市特有的白花木瓜为原料，借鉴葡萄酒的发酵工艺，再根据白花木瓜特性制定酿造工艺、技术参数等酿造特色美酒，对于白花木瓜酒发酵过程中酸高、澄清、去涩、沉淀等难题，主要采用化学、生物降酸法相结合的方案予以解决，较好地保留了白花木瓜的营养成分。利用生物降酸结合化学降酸研究木瓜酒酿造工艺发现,酵母细胞群会优先利用葡萄糖,同时部分降解L-苹果酸。

主要研究内容:不同降酸方法对木瓜汁和木瓜酒降酸效果的比较、不同澄清剂对木瓜果汁与果酒澄清效果的对比、玉米淀粉转化对木瓜酒影响效果的研究、木瓜酒酿造工艺优化。其共同目的都为在促进发酵的同时增加木瓜酒的风味物质,调整木瓜酒口感,利用木瓜的香味及其有效的营养成分,把它酿制成澄清透明、果香优雅、酒香醇和、酸甜适宜和口感宜人的保健果酒饮料,从而开发酸木瓜系列酒。

木瓜在云南地区具有广泛的栽培范围,通过对云南酸木瓜品种的综合了解,初步设计用来开发酿造干木瓜酒酒种,按照科学的酿造工艺酿造出木瓜酒,然后通过基本理化指标和感官评价等进行综合评价,优选出木瓜酒的最优酿造方案。酿造方案确定后,可以将科研成果转化到企业生产中,为云南地区经济发展做出贡献,并且为云南其他地区的水果深加工提供参考借鉴,推动云南省高原特色农业中特色果品市场的健康发展。

二、技术路线

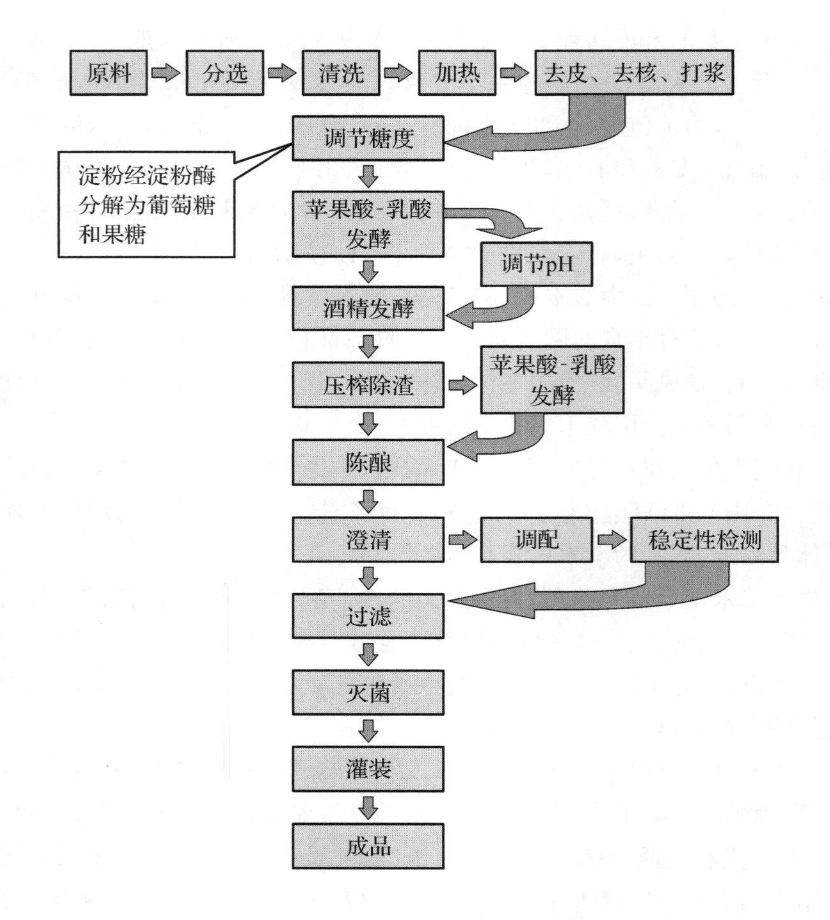

三、研究目的

1. 通过实验研发出一款木瓜酒的新工艺。

2. 运用新工艺酿造出符合大众口味的木瓜酒。

3. 将酸木瓜酿造成木瓜酒，提升酸木瓜的经济价值和附加值。

4. 为木瓜酒的新工艺优化提供基础性研究数据。

四、研究内容

1. 根据实际情况对原料进行改良。

酸木瓜鲜果的含糖量较低，如果直接发酵酒度较低，可通过添加淀粉使其转化成糖，提高糖度，通过发酵提高发酵酒度。加淀粉调整糖含量至24%～28%。

2. 设计降酸实验，用生物降酸法降低木瓜汁的酸度。

用乳酸菌将木瓜酒中尖锐的苹果酸转化为柔和的乳酸。

3. 按照预先优化的酸木瓜酒工艺发酵木瓜汁，酿造木瓜酒成品。

基于此，我们进行了如下几个方面的研究。

第二节　木瓜汁和木瓜酒的降酸

【目的】以木瓜汁和木瓜果酒为原料进行降酸处理，探讨不同降酸方法对木瓜果汁与果酒降酸效果的影响。

【方法】木瓜汁的降酸采用碳酸钙和碳酸钙＋生物降酸结合两种方法。碳酸钙降酸的用量分别为 7.0 g/L、8.0 g/L、9.0 g/L、10.0 g/L。碳酸钙＋生物降酸是将木瓜打浆后加入 22.38 g/L 碳酸钙，静置 24 h 后，加入 1 g/100 kg 乳酸菌进行实验。木瓜酒降酸实验采用碳酸钙和酒石酸钾，其浓度梯度分别为 8.05 g/L、9.05 g/L、10.05 g/L、19.45 g/L、20.45 g/L、21.45 g/L。都用滴定酸表示降酸效果。

【结果】采用碳酸钙、碳酸钙＋生物降酸后，木瓜汁的酸含量都降低了，但碳酸钙降酸效果更明显，平均降低了 11.25 g/L；采用 9.0 g/L 碳酸钙进行降酸的木瓜汁在降酸 2 h 和 24 h 后的酸度分别为 27.56 g/L 和 20.81 g/L，效果最明显，之后降低效果不明显；采用碳酸钙和酒石酸钾两种方法都降低了木瓜酒的酸含量，但碳酸钙的效果更显著，平均降低了12.0 g/L；采用10.05 g/L 的碳酸钙进行降酸的木瓜汁在降酸 2 h 和 24 h 后的酸度分别为 27.56 g/L 和 20.81 g/L，效果最明显，之后降低效果不明显。其次是酒石酸钾。总体而言，碳酸钙降酸耗时短，易快速达到降酸目的，此外碳酸钙用量少，成本低。

【结论】对木瓜汁和木瓜酒分别用 9.0 g/L 和 10.05 g/L 碳酸钙进行降酸时效果最明显，耗时短、成本低，可见，这一方案是酸含量较高的木瓜汁、木瓜酒降酸的最佳选择。

一、背景

木瓜鲜果中含有较多的单宁和有机酸，糖含量相对较低，口感酸涩。木瓜中酸类成分包括苹果酸、枸橼酸和酒石酸等，这些有机酸都有纯正的酸味[1]。其次木瓜还具有保健功能，现已开发成功上市的产品主要有木瓜果汁饮料、木瓜蜜饯、木瓜果酒、木瓜果醋等。木瓜中还含有较好的营养成分，如蛋白分解酵素、胡萝卜素和丰富的维生素 C 等[2]。

李琼等[3]分别用 GC-MS 与 HPLC 对光皮木瓜中有机酸成分进行了分析，木瓜中含有丰富的有机酸 22 种，占相对总含量的 94.63%，其中主要是脂肪酸、二元酸、三元酸和少量芳香酸，棕榈酸和亚油酸相对含量之和达到 39.87%，苹果酸相对含量为 14.20%；利用 HPLC 检测光皮木瓜发现，苹果酸含量最高，达 29.72 g/L，占有机酸含量的 81.2%。

为了充分利用木瓜的有效成分，提高产业经济效益，可利用木瓜直接发酵木瓜果酒。虽木瓜含糖量低，但是酸含量较高，制成的木瓜果酒口感尖酸而粗糙。因此，为了降低木瓜原有酸含量，改善其品质，筛选一种有效的保持木瓜果酒原有风味的降酸方法更显重要。

目前国内外对果酒采用的降酸方法有化学降酸、物理降酸和生物降酸三种方法[4-7]。化学降酸采用碳酸钙和酒石酸钾等碱性化学物质，能快速达到降酸目的，但该方法会影响果酒的口感、色泽，引起失光、浑浊，使该酒品质下降[8]；物理降酸包括冷处理、离子交换法，该方法能降低果汁、果酒的酸含量，还不引入其他成分，对果酒的品质并无影响，但效果不是很明显，且耗时较长；生物降酸法即苹果酸—乳酸发酵在实际生产中同样也有耗时长，且操作不易控制等问题[9-10]。

本实验的木瓜原料来源于云南省临沧市。木瓜果实含酸量高，以木瓜果酒滴定酸含量也高，为保证果酒的口感，本实验以木瓜汁和木瓜酒为材料，先对木瓜汁进行降酸，使酵母在适宜的条件下生长繁殖，以达到最佳的发酵效果。为解决酸涩、粗糙的口感，再次对木瓜酒进行降酸处理。

二、材料与方法

（一）材料

酸木瓜，来源于云南省临沧市。

木瓜汁、木瓜果酒，2018 年 4 月，用上述木瓜在楚雄师范学院葡萄与葡萄酒工艺实验室处理和酿造。

在木瓜汁中，加入 22.38 g/L 碳酸钙，降酸 24 h，分别加入蔗糖和玉米糖化液酿造木瓜酒。

（二）实验设计

1. 果汁降酸

（1） 碳酸钙降酸

分别取 100 mL 木瓜汁于多个 250 mL 三角瓶中，分别加入 7.0 g/L、8.0 g/L、9.0 g/L、10.0 g/L 碳酸钙。充分溶解，搅拌 1～2 h 后，分别在 2 h、24 h 后测定滴定酸。

（2） 碳酸钙＋生物降酸

用滴定法测木瓜汁的酸度，确定酸度后加入 22.38 g/L 碳酸钙，使木瓜汁滴定酸降至 16.88 g/L，处理 24 h 后，测定滴定酸为 12.38 g/L，最后加入 1 g/100 kg 的乳酸。之后进行密闭式隔氧发酵。待发酵开始后，每天监测滴定酸，直至滴定酸维持三天不变。

2. 果酒降酸

（1） 碳酸钙降酸

分别取 100 mL 木瓜酒于多个 250 mL 三角瓶中，分别加入 8.05 g/L、9.05 g/L、10.05 g/L 碳酸钙。充分溶解，搅拌 1～2 h 后，依次在 2 h、4 h、24 h 后测定滴定酸。

(2) 酒石酸钾降酸

分别取 100 mL 木瓜酒于多个 250 mL 三角瓶中，加入 19.45 g/L、20.45 g/L、21.45 g/L $K_2C_4H_4O_6$。充分溶解，搅拌 1～2 h 后，依次在 2 h、4 h、24 h 后测定滴定酸。

3. 酸度

按照《GB/T 15038—2006》[12]，采用酸碱滴定法测定可滴定酸含量。

三、结果

(一) 果汁降酸

1. 不同用量的碳酸钙对木瓜汁降酸的效果

碳酸钙对木瓜汁的降酸效果如表 1－1。

表 1－1　不同用量的碳酸钙对木瓜汁的降酸效果的影响

	0(g/L)	7.0(g/L)	8.0(g/L)	9.0(g/L)	10.0(g/L)
2 h	39.18	28.68	28.31	27.56	27.18
24 h		23.06	21.56	20.81	20.81

以滴定酸(g/L)表示降酸效果。表 1－1 显示，随着碳酸钙用量的增加，滴定酸在逐渐降低，这与李琼等人[13]的研究结果一致。与初始滴定酸含量相比，加入碳酸钙 2 h 后，滴定酸含量分别降低了 10.50 g/L、10.87 g/L、11.62 g/L、12.00 g/L；24 h 后滴定酸含量分别降低了 16.12 g/L、17.62 g/L、18.37 g/L、18.37 g/L，降酸效果非常明显。可见在增加碳酸钙用量的同时，还需有足够的时间降酸。对于同一用量降酸剂来说，随着降酸时间的延长，木瓜汁滴定酸含量分别降低了 5.62 g/L、6.75 g/L、6.75 g/L、6.75 g/L。使用 9.0 g/L、10.0 g/L 碳酸钙时，24 h 后滴定酸均达到 20.81 g/L，为最低。孙洪浩等[14]研究发现，使用碳酸钙降酸操作方便、耗时短、成本低。因此，为节省成本，选用 9.0 g/L 碳酸钙对木瓜汁降酸 24 h。

2. 碳酸钙和生物法结合降酸

碳酸钙和生物法结合降酸的效果如表 1－2。

表 1－2　碳酸钙和生物法结合对木瓜汁降酸效果的影响

	时间	加蔗糖		加糖化液	
		pH	滴定酸(g/L)	pH	滴定酸(g/L)
碳酸钙	第 0 天	2.87	46.88	2.87	46.88
	24 h	4.38	12.38	4.38	12.38

续　表

	时间	加蔗糖		加糖化液	
		pH	滴定酸(g/L)	pH	滴定酸(g/L)
乳酸菌	第 1 天	4.60	10.31	4.60	10.31
	第 2 天	4.46	8.63	4.45	8.63
	第 3 天	4.44	8.63	4.42	8.63
	第 4 天	4.45	8.63	4.46	8.63
	第 5 天	4.38	8.63	4.38	8.63
	第 6 天	4.44	8.63	4.37	8.63

以滴定酸(g/L)表示降酸效果。表 1－2 显示，原料滴定酸为 46.88 g/L，加入22.38 g/L碳酸钙，搅拌 1～2 h，24 h 后滴定酸含量降低为 12.38 g/L。之后加1 g/100 kg乳酸菌，发酵第 1 天测定滴定酸，为 10.31 g/L，此时木瓜汁风味保持原有的木瓜清香。之后滴定酸保持在 8.63 g/L，连续发酵四天后，滴定酸未发生变化。但是这之后出现了细微的乳臭味。王华等[15]研究发现，乳酸生长的最适 pH 为 5.5；在 pH 3.0～5.5，随着 pH 升高，乳酸菌生长加快。本次实验发现在 pH 4.4 左右时，滴定酸含量维持在8.63 g/L，保持不变，表明木瓜汁里已没有苹果酸了。

（二）木瓜酒的降酸

1. 不同用量的碳酸钙对木瓜酒降酸效果的影响

碳酸钙对木瓜酒的降酸效果如表 1－3。

表 1－3　不同用量的碳酸钙对木瓜酒降酸的效果

	8.05(g/L)		9.05(g/L)		10.05(g/L)	
	pH	滴定酸(g/L)	pH	滴定酸(g/L)	pH	滴定酸(g/L)
0 h	3.40	19.13	3.40	19.13	3.40	19.13
2 h	4.36	7.86	4.43	7.13	4.49	6.38
4 h	4.40	7.13	4.50	7.13	4.56	5.63
24 h	4.47	7.13	4.62	6.38	4.72	5.63

以滴定酸(g/L)和 pH 表示碳酸钙的降酸效果。表 1－3 显示，对于每一个浓度的降酸剂来说，降酸 2 h 内，随着碳酸钙用量的增加，滴定酸含量都在快速降低；之后，降酸速度缓慢降低；尤其是 4 h 后滴定酸出现了微弱的变化，甚至几乎没有变化。使用8.05 g/L 和 9.05 g/L 的碳酸钙都使滴定酸降低至 7.13 g/L，而 10.05 g/L 碳酸钙使总酸降低到了 5.63 g/L，为最低。降酸至 24 h 时，随着碳酸钙用量的增加，滴定酸逐渐降低至最低。因此，随着降酸剂用量的增加，木瓜汁的酸度持续降低；延长降酸时间，会进一

步加速降酸。同理，pH 随碳酸钙用量的增加而增加，也随着降酸时间的延长而升高。因此，木瓜汁的降酸效果与降酸剂的用量和降酸时间成正比，与 pH 的升高成正比，但是并不是降酸剂的用量越多，降酸时间越长越好。孙洪浩等[14]研究发现，使用碳酸钙降酸操作方便、耗时短、成本低。综合以上分析，为了节省时间和成本，最终选用 10.05 g/L 碳酸钙对木瓜酒进行降酸，在 2 h 即可达到降酸效果。

2. 不同用量的酒石酸钾对木瓜酒降酸效果的影响

酒石酸钾对木瓜酒的降酸效果如表 1－4。

表 1－4　不同用量的酒石酸钾对木瓜酒降酸的效果

	19.45(g/L)		20.45(g/L)		21.45(g/L)	
	pH	滴定酸(g/L)	pH	滴定酸(g/L)	pH	滴定酸(g/L)
0 h	3.40	19.13	3.40	19.13	3.40	19.13
2 h	3.99	17.63	4.00	16.88	4.03	15.38
4 h	4.05	17.63	4.06	16.88	4.08	15.38
24 h	3.99	16.13	4.00	16.13	4.04	15.38

以滴定酸(g/L)和 pH 表示酒石酸钾的降酸效果。表 1－4 显示，随着酒石酸钾用量的增加，滴定酸在逐渐降低，滴定酸含量依次为 17.63 g/L、16.88 g/L、15.38 g/L，降酸效果很明显。但是降酸 2 h 和 4 h 的样本中滴定酸含量不变。之后，使用 19.45 g/L、20.45 g/L酒石酸钾降酸，滴定酸均未发生变化，均保持在 16.13 g/L，只有 21.45 g/L 酒石酸钾将滴定酸降低为 15.38 g/L，同时发现，使用最高浓度的 21.45 g/L 酒石酸钾降酸 2 h，就将滴定酸降低到了 15.38 g/L，是所有降酸浓度和时间内的最低值，之后保持不变，可以判断，这是降酸的终点，也表明，降酸剂用量足够的时候，可以用最短的时间把滴定酸降到最低。另外，使用 19.45 g/L 和 20.45 g/L 酒石酸钾降酸 24 h 后，滴定酸都降低为 16.13 g/L。随酒石酸钾用量的增加，降酸时间的延长，pH 变化不明显。因此，酒石酸钾只影响滴定酸的变化，不影响 pH 变化。李琼等[13]研究发现，使用酒石酸钾降酸用量过大，成本高，需要它与其他降酸剂做联合降酸实验。同时，与表 1－3 相比，碳酸钙用量少，滴定酸和 pH 的变化都很明显，降酸幅度大，因此，酒石酸钾不适合用于木瓜酒的降酸。

在生产中常用碳酸钙、碳酸氢钾、酒石酸钾和双盐等化学法降酸。化学降酸具有操作方便、易控制且降酸效果明显等优点[15]。碳酸钙降酸反应快、成本低、方便操作；酒石酸钾通过对酒中酒石酸盐组成比例的调整，达到降酸的目的，且反应过程中不产生气体，是一个内部反应过程[15]。

实验结果显示，用碳酸钙对木瓜果汁与果酒进行降酸效果明显，耗费时间短。用碳酸钙降酸后木瓜汁还具木瓜的清香，而木瓜酒香气稍有缺失，但总体而言，还具有木瓜的清香，无其他杂味。使用酒石酸钾对果酒进行降酸具一定的效果，但在处理时，发现有白色沉淀,稍稍摇晃,酒就呈乳白色。与碳酸钙降酸比较发现,酒石酸钾处理的木瓜酒已失去木瓜的清香。丁杰[17]研究表明,使用酒石酸钾降酸用量大,且易生成酒石酸氢钾,不易清除。上述现象产生的原因是酒中存在其他盐类物质,如硫酸盐、钾盐和酒石酸盐等。酒中加入酒石酸钾进行降酸,人为引入部分钾离子,此时酸根离子与钾离子可形成复合物沉积,出现沉淀。因此,不适合用其降酸。薛洁[18]等人研究发现,溶液pH 为 3.7 时,酒石酸氢根离子所占比例最大,易产生酒石酸氢钾沉淀。将碳酸钙与生物降酸结合进行降酸时发现,连续观察 3 天,滴定酸的含量均未发生变化,且都为8.63 g/L,但与开始发酵前比较,酸含量降低了 1.68 g/L,此后没有变化。但在香气上该方法表现不佳。滴定酸未发生变化,但是呈现乳臭味,色泽上缺失了木瓜原有颜色。Peynaud 等[19]研究发现,苹果酸—乳酸发酵可使总酸下降 1～3 g/L。本实验中的木瓜酒在加入乳酸菌后发现,滴定酸从 10.31 g/L 降到了 8.63 g/L,降低了 1.68 g/L,这与Peynaud 等[19]的研究结果一致。因此,乳酸菌的降酸效果是明显的。

以木瓜为原料酿制一款木瓜酒,降酸是必不可少的操作步骤,因为酸过高,抑制了酵母活性,会使酵母不能在正常环境中进行繁殖,影响酵母发酵。经过对木瓜酒降酸效果比较发现,使用碳酸钙降酸,能有效降低酒中的酸,且能够在短时间内达到效果;而酒石酸钾降酸效果不明显,且出现有白色沉淀,稍稍摇晃,酒整体就呈乳白色现象,但这一现象的成因不能排除其他因素,如木瓜酒本身存在少量能与酒石酸钾反应的酸,或者木瓜酒不适合单独用酒石酸钾进行降酸等,需要进一步研究。

四、小结

本次研究最终确定使用碳酸钙分别对木瓜汁与木瓜酒进行降酸,其用量分别为 9.0 g/L、10.05 g/L。与酒石酸钾降酸相比,使用碳酸钙降酸反应快、成本低、使用方便。用碳酸钙对木瓜汁进行降酸,能快速达到降酸效果,且保留原有木瓜的清香,同样,用碳酸钙对木瓜酒进行降酸,会影响酒体色泽,香气损失较小,且保留最初的酒体颜色,而不像用酒石酸钾降酸会出现白色沉淀、稍微摇晃呈乳白色现象。不建议采用碳酸钙与生物降酸结合进行降酸,因为二者结合降酸效果不明显,且存在一定风险。

参考文献

[1] 李大贵.陕西省白河县农村木瓜酿酒简易操作技术[J].北京农业,2014(18):235.

[2] Wang shaomei, He zhaofan, Yu jianping. Analysis of nutritional composition of papaya [D]. 2000.

[3] Li Qiong, Liu Lequan, Xu Huaide, Liu Laping, You Xinyong. Study on organic acids in chaenomeles with smooth skin [J]. *Journal of northwest agriculture*, 2008, 17 (1): 207 - 210.

[4] Vera E, Sandeaux J, Persin F, Pourcelly G, Dornier M, Ruales J. Deacidification of clarified tropical fruit juices by electrodialysis. Part I. Influence of operating conditions on the process performances[J]. *Journal of food engineering*, 2007, 78(4): 1427 - 1438.

[5] Edwin Vera Calle, Jenny Ruales, Manuel Dornier. Deacidiication of the clariied passion fruit juiee [J]. *Desalination*, 2002, 149(1 - 3): 357 - 361.

[6] Krista M Sumby, Vladimir Jiranek, Paul R Grbin. Ester synthesis and hydrolysis in an aqueous environment, and strain specific changes during malolactic fementation in wine with Oenococcus oeni[J]. *Food chemistry*, 2013, 141(3): 1673 - 1680.

[7] Vera E, Ruales J, Dornier M, Sandeaux J, Persin F, Pourcelly G, Reynes M. Comparison of different methods for deacidification of clariied passion fruit juice [J]. *Journal of Food Engineering*, 2003, 59(4): 361 - 367.

[8] Wen Liankui, Zhao Wei, Zhang Wei, Fu Yaohui. Research progress of acid-reducing techniques for fruit wine [J]. *Food Science*, 2010, 11: 325 - 328.

[9] Genisheva Z, Mussatto S.I, Oliveira J.M, Teixeira J.A. Malolactic fermentation of wines with immobilized lactic acid bacteria-inluence of concentration, type of support material and storage conditions[J]. *Food Chemistry*, 2013, 138(2 - 3): 1510 - 1514.

[10] Gamella M, Campuzano S, Conzuelo F. Integrated muhienzyme electrochemical biosensors or monitoring malolactic fermentation in wines[J]. *Talanta*, 2010, 81(3): 925 - 933.

[11] Vera E, Dornier M, Ruales J, Vaillant F, Reynes M. Comparison between different ion exchange resins or the deacidification of passion fruit juiee[J]. *Journal of Food Engineering*, 2003, 57(2): 199 - 207.

[12] National standard of the People's Republic of China.《GB/T15038—2006》general analysis method for wine and fruit wine [S].China standard press, 2006.

[13] Li qiong. Study on acid reducing technology of chaenomeles dry wine [D]. 2008, 1 - 56.

[14] Sun Hong-hao, Yan Xue-hui, Zhang jia-qing, Xu Guo-jun, Chen Mao-bin. Progress in research on acid reducing methods of fruit wine [J]. *Brewing*, 2013, 40 (6): 27 - 28.

[15] Wang Hua, Zhang Chunhui, Li Hua. An application study of lactic acid bacteria in wine making [J]. *Acta universitatis agriculturae boreali-occidentalis*, 1996, 6.

[16] Yin Yan, Yue Qiang. Study on acid reducing treatment of lychee wine by ion exchange resin 314 [J]. *Modern food science and technology*, 2013, 29 (2): 380 - 382.

[17] Ding Jie. Study on different acid reducing processes of raspberry wine [J]. *Anhui agricultural*

science bulletin, 2009, 15(17): 198 - 200.
[18] Xue Jie. Stability of potassium hydrogen tartrate in wine [J]. *Chinese and foreign grapes and wine*, 2002, 5: 54 - 55.
[19] Peynaud E. Knowing and making wine[M]. New York: John Wiley and Sons, Inc, 1984.
[20] 王嘉祥.沂州木瓜功能成分分析及主要加工产品研发[J].食品科学,2005,8: 208 - 210.

第三节　玉米淀粉的转化

【目的】研究玉米淀粉的转化对木瓜汁品质的影响，探讨玉米淀粉的转化在木瓜汁发酵过程中的作用。

【方法】2017—2018 年，以临沧地区种植的木瓜为试验材料，多次进行玉米淀粉糊化、液化和糖化实验。通过纱布粗滤和抽滤机抽滤提取纯净糖化液，将其转化成酵母可以利用的可发酵性糖。2017 年，以玉米淀粉为实验材料，选取双酶法、酸解法、酶酸法和酸酶法四种不同的糖化方法进行实验。根据实验所得糖化液的含糖量和糖化液得率，确定玉米淀粉糖化的最佳方法和 α-淀粉酶、糖化酶的活性条件。然后将临沧木瓜破碎，分成去皮和不去皮两种木瓜汁样品，将实验所得的糖化液加入其中进行发酵。通过测定总糖、总酸、单宁、花色苷、色度等品质指标，确定最佳的糖化方法为双酶法。2018 年，以玉米粉、新鲜玉米颗粒、成熟玉米颗粒为实验材料，进行淀粉转化实验。通过糖化液的总糖含量和提取率，选择糖化最佳原料为成熟玉米颗粒。实验最终确定酶的活性条件为：α-淀粉酶的最适活性条件是 pH6，温度70 ℃；糖化酶的最适 pH5，温度 60 ℃。成熟玉米颗粒糖化液得率 60％，糖含量 193.64 g/L，双酶法糖化获得的糖含量 46 g/L，糖化液得率 46.60％。

【结果】因此，选取成熟玉米为糖化原料，并且通过双酶法对成熟玉米颗粒进行糖化实验，不仅使糖化液得率提高，糖含量升高，而且该法操作简单、方便过滤。使用成熟玉米颗粒结合双酶法提取的糖化液可以促进木瓜酒的发酵，一方面可以保护木瓜酒的颜色，另一方面可以促进木瓜酒风味的改善，使木瓜酒具有独特的蜂蜜味和焦糖味。

一、背景

玉米是仅次于小麦和水稻的世界第三大粮食作物。我国的玉米产量仅次于美国，常年播种面积和总产量均占世界玉米播种面积和总产量的 15％以上。将玉米糖化液加入木瓜汁中进行发酵是一个创新工艺，未来可以实际转化应用。用玉米制取淀粉糖，目前常用的方法是先将玉米中的淀粉提取出来，再加工成淀粉糖。

目前，干湿法在玉米组分分离纯化中得到了广泛应用，国内外已在进行大规模工业化生产。湿法是淀粉工业中的玉米原料前处理的加工方法，将玉米用温水浸泡，经粗细研磨，分出胚芽、纤维和蛋白质，而得到高纯度的淀粉产品。干法就是不用大量的温水浸泡，主要靠磨碎、筛分、风选的方法，分出胚芽和纤维，而得到低脂肪玉米粉。

湿法加工的兴起，主要是因为生产淀粉纯净，可满足医药和特殊发酵制品的加工需要，副产品玉米蛋白、油脂、麸质饲料的回收率高，整体经济效益可观。湿法投资较高，是干法的两倍以上。但是，干法加工的弱点也相当突出。例如，用湿法制备淀粉糖时，玉米油的回收率是干法的两倍以上，而且玉米淀粉中的蛋白质基本上没有分离。

果酒一般采用果汁加白砂糖发酵酿制而成，口感比较单一，口味比较淡薄。玉米粉糖化制得的水解糖液可以代替白砂糖生产木瓜酒。玉米粉的双酶糖化是利用淀粉和糖化酶对淀粉进行深度水解，得到葡萄糖水解产物。该糖液中还含有丰富的赖氨酸、丝氨酸等氨基酸，B族维生素等水溶性维生素及少量的低聚糖等，营养物质十分丰富。与传统工艺相比，用纯糖或者单糖代替白砂糖水解生产的木瓜酒不仅口感新鲜、醇厚，而且营养价值高，应用效果很好[2]。

一般对于玉米淀粉的研究只是侧重于淀粉酶的活性和利用淀粉提取多糖，然而玉米淀粉提取糖化液的实验中仍然存在提取糖化液速率慢、耗时长等问题。基于此，本实验以楚雄市售玉米粉和新鲜玉米颗粒、山东成熟玉米颗粒为主要试材，在不同条件下对不同原料进行糖化处理，研究α-淀粉酶、糖化酶对玉米淀粉主要品质性状的作用，探讨糖化液在木瓜汁发酵过程中的主要作用，这些都可为指导优质木瓜酒的生产提供理论科学依据。

二、材料与方法

（一）材料

酸木瓜，购于云南省临沧市。

玉米粉，楚雄市售。

新鲜玉米颗粒，楚雄市售。

成熟玉米颗粒，购于山东。

实验于2017—2018年在楚雄师范学院葡萄与葡萄酒工艺实验室进行。

（二）方法

1. 实验设计

为了研究玉米淀粉的转化对木瓜汁和木瓜酒品质的影响，设计了5个实验方案，分别如下：

实验设计一：α-淀粉酶和糖化酶活性条件的确定。设置40 ℃、50 ℃、60 ℃、70 ℃、80 ℃和90 ℃这6个温度梯度。测定在两种酶共同作用下，通过玉米淀粉糖化后糖化液得率，选出α-淀粉酶和糖化酶适合的最佳温度和最大耐受温度，并通过正式实验，提取糖化液。同理，再设置pH为3、4、5、6、7和8，6个pH梯度，两种酶共同作用后，计算糖化液得率，并选出两种酶最佳pH进行正式实验。

实验设计二：玉米原料的确定。参照尤新等[3]的方法，略作修改。选取三种不同产区、不同成熟度、不同状态的玉米淀粉进行预备实验，分别是楚雄市售玉米面粉、楚雄市售新鲜玉米颗粒、山东市售成熟玉米颗粒三种玉米原料。通过测定三种玉米淀粉原料的糖含量和糖化液得率，选择最佳玉米原料进行正式实验。

实验设计三：最佳糖化方法的筛选。分别选择双酶法、酸解法、酶酸法、酸酶法四种方法进行玉米淀粉的糖化实验，分析每种方法的原理和优缺点。酸解法：优点是工艺简单，水解时间短，设备生产能力大；缺点是需高温高压和酸腐蚀的设备，副反应多，要求淀粉颗粒大小均匀。酶解法：优点是反应条件温和，淀粉液要求低，副反应少，糖液较纯净；缺点是生产周期长，设备更复杂。酸酶法是先酸液化，后糖化酶糖化；酶酸法是先α-淀粉酶液化，后酸糖化。双酶法：优点是工艺简单，水解时间短，生产效率高，设备周转快；缺点是副产物多，影响糖液纯度，一般DE值只有90%左右，对淀粉原料要求严格，不能用粗淀粉，只能用纯度较高的精制淀粉。结合这些方法的优缺点，进行糖化，并计算最终糖化液得率，根据糖化液得率选择最佳方案进行正式实验[4]。

实验设计四：将木瓜汁分成去皮和不去皮两种，通过糖化液浓度、目标酒度(7%vol)、木瓜汁质量计算糖化液的加入量，称取糖化液，分别加入各木瓜汁中，加入酵母菌进行发酵。发酵15天后，测定各项指标，对比去皮和不去皮加糖化液木瓜酒的各项指标。

实验设计五：依据糖化液浓度、目标酒度(7%vol)和去皮木瓜汁质量计算糖化液的加入量，称取糖化液，加入木瓜汁中，加入酵母菌进行发酵，7天之后测定木瓜汁中的糖、酸、pH、单宁、花色苷、色度等含量，分析糖化液对木瓜酒的影响，并分析各项指标的变化源于木瓜汁本身的作用还是酵母菌酒精发酵的作用，或者是加入糖化液在一定程度上影响了木瓜汁的发酵。同时以加蔗糖为对照。

2. 淀粉酶解玉米多糖的实验流程

参照黄宇彤等[5]的方法，略作修改。

称取一定量的玉米颗粒，用温水(45 ℃、50 mL)浸泡30 min，然后用布过滤得浆液。准确称取一定质量的淀粉酶，并按照重量比加入蒸馏水，将其置于一定温度的水浴锅中活化30 min[6]。称取玉米浆液250 g，加入100 mL蒸馏水进行糊化，当糊化到一定程度时，加入1 g/1 000 g的α-淀粉酶，调节溶液酸碱度，然后将其置于水浴锅中浸提，使温度上升到90 ℃，酶失活30 min，冷却到室温，浓缩过滤，取上清液，加入1 g/1 000 g的糖化酶，进行糖化，再次抽滤，即得多糖溶液，然后减压浓缩，加入无水乙醇进行沉淀，沉淀物用95%乙醇、蒸馏水反复洗涤，干燥得多糖粗样品，并称重，最后得其提取率[7]。

液化得率和糖化得率计算公式如下：

$$\text{液化得率}=\frac{\text{玉米淀粉质量}}{\text{液化后玉米浆质量}}\times 100\%$$

$$\text{糖化得率}=\frac{\text{玉米淀粉质量}}{\text{糖化液质量}}\times 100\%$$

3. 总糖

主要依据《GB/T 15038—2006》测定[8]。

4. 总酸

主要依据《GB/T 15038—2006》测定[8]。

5. 单宁含量

采用高锰酸钾滴定法[9]。

(1) 吸取样品滤液 5.0 mL 于三角瓶中，加 10 mL 水和 5 mL 2.5 mol/L H_2SO_4 混匀，微热(50 ℃)5 min 后，用 0.1 mol/L $KMnO_4$ 滴定至淡粉色维持 30 s 不褪色即为终点，记下消耗的标准溶液体积 V_1。

(2) 吸取样品滤液 5 mL 于 100 mL 烧杯中，并加 3 g 活性炭加热搅拌 10 min，过滤用少量的热蒸馏水冲洗残渣，收集滤液中加 2.5 mol/L 硫酸 5 mL，同样用 0.01 mol/L $KMnO_4$ 标准溶液滴定至终点，记下消耗的体积 V_2。

(3) 计算：

$$X=\frac{C\times(V_1-V_2)\times 0.0416\times 100}{m}$$

式中：X——单宁含量，g/L；

C——$KMnO_4$ 摩尔浓度，mol/L；

V_1——滴定样品消耗 $KMnO_4$ 的毫升数，mL；

V_2——活性炭吸附后单宁所消耗的 $KMnO_4$ 的毫升数，mL；

0.041 6——1 mL 0.01 mol/L $KMnO_4$ 溶液相当于单宁的毫克数，mg；

m——样品克数，g。

6. 花色苷含量

采用 pH 示差法[10]：用 pH1.0、pH4.5 的缓冲液，将 1 mL 样液稀释定容到 10 mL，放在暗处，平衡 15 min。用光路直径为 1 cm 的比色皿在可见分光光度计的 510 nm 和 700 nm 处，分别测定吸光度，以蒸馏水作空白对照。按下式计算花色苷含量：

$$A=[(A_{510}-A_{700})_{pH1.0}-(A_{510}-A_{700})_{pH4.5}]$$

$$花色苷浓度：C(mg/L)=\frac{A\times MW\times DF\times 1000}{\varepsilon\times l}$$

两式中：

$(A_{510}-A_{700})_{pH1.0}$——加 pH1.0 缓冲液的样液在 510 nm 和 700 nm 波长下的吸光值之差；

$(A_{510}-A_{700})_{pH4.5}$——加 pH4.5 缓冲液的样液在 510 nm 和 700 nm 波长下的吸光值之差；

MW＝449.2(矢车菊-3-葡萄糖苷的分子量，g/mol)；

DF＝样液稀释的倍数；

ε＝26 900(矢车菊-3-葡萄糖苷的摩尔消光系数，mol^{-1})；

l=比色皿的光路直径,为 1 cm。

7. 色度

采用分光光度法[11]。

(1) 用 pH 计检测酒样的 pH。

(2) 制备缓冲溶液:

A 液:0.2 mol/L 磷酸氢二钠。称取 7.12 g 磷酸氢二钠,定容至 200 mL。

B 液:0.2 mol/L 柠檬酸。称取 4.2 g 柠檬酸,定容至 200 mL。

混合 A 液和 B 液,然后用 pH 计直接测定缓冲液 pH。

(3) 用大肚吸管吸取 2 mL 待测样品于 25 mL 比色管中,再用与待测样品相同 pH 的缓冲液稀释至 25 mL,然后用 1 cm 比色皿在波长 λ_{420}、λ_{520}、λ_{620} 处分别测吸光值(以蒸馏水作空白)。

(4) 计算:待测样品在比色槽中放置 15 min,此后观察比色皿中是否有气泡,若有气泡需驱赶后再开始比色。将在分光光度计上测得 λ_{420}、λ_{520}、λ_{620} 的吸光值,三值相加后乘以稀释倍数 12.5,即为色度。结果保留 1 位小数。平行实验测定结果绝对值之差不得超过 0.1。

$$色度=(A_{420}+A_{520}+A_{620})\times 稀释倍数$$

三、结果

(一) 酶活性最佳条件的确定

1. 温度对酶活性的影响

参照李剑锋[12]的方法,α-淀粉酶活性与糖化酶在 6 种不同温度条件下的活性最终主要通过糖化液的浓度得率体现。

如表 1-5,添加 1 g/1 000 g 的 α-淀粉酶的玉米淀粉液化率随着温度的升高逐渐升高,温度 70 ℃时液化液得率达到最高,为 46.60%,此后随着温度升高,液化液得率逐渐下降,呈现倒 U 型曲线,故选定 α-淀粉酶水解的最适温度为 70 ℃,可耐的最高温度为 90 ℃,与郝晓敏等[13]的研究一致。故选择 6 个梯度进行实验,最低温度为 40 ℃,最高温度为 90 ℃是合适的。添加 1 g/1 000 g 糖化酶的玉米淀粉糖化率随着温度的升高逐渐升高,温度 60 ℃时液化液得率达到最高,为 48.30%,此后随着温度升高,糖化液得率逐渐下降,也呈现倒 U 型曲线,故糖化酶进行糖化的最适温度为 60 ℃,可耐最高温度为 90 ℃,与郭爱莲等[14]的研究一致。故选择 6 个梯度进行实验,选择最低温度为 40 ℃,最高温度为 90 ℃是合适的。淀粉糖化的过程一般首先进行吸水膨胀,待膨化到一定程度进行糊化,糊化后按 1 g/1 000 g 加入 α-淀粉酶液化,然后将玉米浆粗滤,按

1 g/1 000 g 加入糖化酶糖化，糖化的最终产物从低聚糖变成麦芽糖，最后成为葡萄糖。由此可知，α-淀粉酶和糖化酶在整个糖化过程中起关键作用，其酶活性研究对糖化液制备起关键作用。

表 1-5　酶最适温度的确定

温度(℃)	40	50	60	70	80	90
α-淀粉酶(液化率%)	37.30±0.32	39.20±0.1	42.00±0.040	46.60±0.40	41.90±0.20	41.20±0.20
糖化酶(糖化率%)	39.00±0.20	43.20±0.40	48.30±0.20	45.80±0.40	39.20±0.40	43.60±0.40

2. pH 对酶活性的影响

α-淀粉酶活性与糖化酶活性也可以通过测定不同 pH 条件下最终糖化液得率反映。

如表 1-6，添加 1 g/1 000 g 的 α-淀粉酶的玉米淀粉液化率先随着 pH 升高逐渐升高，在 pH6 时液化液得率达到最高，为 42.60%，此后随着 pH 升高，液化液得率逐渐下降，呈现倒 U 型曲线，故选定 α-淀粉酶水解的最适 pH 为 6，这与林剑等[15]的研究一致。添加 1 g/1 000 g 的糖化酶的玉米淀粉糖化率先随着 pH 升高逐渐升高，在 pH5 时液化液得率达到最高，为 46.90%，此后随着 pH 升高，液化液得率逐渐下降，呈现倒 U 型曲线，故 α-淀粉酶进行水解的最适 pH 为 5，这与周雨丝等[16]的研究一致。糖化过程中，pH 的大小直接影响了糖化效果，特别是选用不同方法，如酸酶法进行糖化时，对于 pH 的控制极其关键[17]。

表 1-6　酶最适 pH 的确定

pH	3	4	5	6	7	8
α-淀粉酶(液化液率%)	25.00±0.20	26.20±0.10	33.80±0.20	42.60±0.10	38.60±0.10	36.90±0.40
糖化酶(糖化液率%)	32.80±0.40	36.20±0.20	46.90±0.30	41.90±0.30	39.80±0.10	41.80±0.30

综合表 1-5 和 1-6 可知，α-淀粉酶的最适活性条件是 pH6，温度 70 ℃，糖化酶的最适活性条件是 pH5，温度 60 ℃。将无水乙醇滴入糖化液，待无白色沉淀则达到糖化终点，即可终止糖化[18]。

（二）玉米原料的确定

选取三种不同状态、不同成熟度的玉米淀粉进行实验，通过所得糖化液的浓度和得率，确定最佳糖化液原料。

如表 1-7，玉米淀粉的糖化液得率为 46.40%，新鲜玉米颗粒的糖化液得率为 27.70%，成熟玉米颗粒的糖化液得率为 60%，因此，成熟玉米颗粒的糖化液得率最高。玉米淀粉的糖含量为 41 g/L，新鲜玉米颗粒的糖含量为 7 g/L，成熟玉米颗粒的糖含量为 193.64 g/L，因此，成熟玉米颗粒糖化液的糖含量最高。玉米的成熟度越高，淀粉含量就越高，糖化液的转化率就越高，转化的糖含量也越高。综上，选用成熟玉米颗粒进行糖化。另外，使用该原料，不仅操作简单，方便过滤，并且获得糖化液的效率很高。玉米中含有大量的营养保健物质，其中的谷胱甘肽是抗癌因子，而核黄素、维生素等营养物质对预防心脏病、癌症等疾病有很大作用[19]。除此之外，其还含有大量的植物纤维素，能加速排除体内毒素。使用玉米为原料进行糖化实验，不仅将玉米风味融入木瓜酒中，在一定程度上还起到了保健作用[20]，有助于木瓜酒品质的提升。

表 1-7　玉米原料的确定

	玉米淀粉	新鲜玉米颗粒	成熟玉米颗粒
糖化液得率(%)	46.40±0.10	27.70±0.30	60.00±0.10
糖含量(g/L)	41.00±0.03	7.00±0.06	193.64±0.03

（三）糖化最佳方法的确定

选取四种不同的糖化方法进行实验，通过所得糖化液的浓度和糖化液得率，确定玉米淀粉糖化的最佳方法。

如表 1-8，用双酶法、酸解法、酶酸法和酸酶法分别将同一种玉米原料中的淀粉转化为糖，最终转化的糖含量分别为 46 g/L、28 g/L、39 g/L 和 16 g/L，由此得，双酶法转化的糖含量最高，其他的由高到低依次为酶酸法、酸解法和酸酶法。另外，用双酶法、酸解法、酶酸法和酸酶法将淀粉转化为糖的糖化液得率分别为 46.60%、45.80%、46.10% 和 39.70%，可见，糖化液得率最高的也为双酶法，其他的由高到低依次为酶酸法、酸解法和酸酶法。因此，酶可以有效促进淀粉糖化。综合分析，选定双酶法进行糖化实验，不仅可以提高糖化液得率，而且方法简单，材料容易获得。有研究表明，双酶法制备的糖化液中蛋白质、淀粉、灰分残留少，得率高，持水力优于传统酸碱法制备的产品；同时常规食品体系中的氯化钠浓度、蔗糖浓度以及食品体系的 pH 对玉米皮膳食纤维的持水力影响不大，使其在食品加工中能充分发挥生理活性[21]。其次为酸解法[22]，此方法也可以有效获得糖，主要过程：原料（淀粉、水、盐酸）→调浆→通蒸汽糖化→冷却→中和（Na_2CO_3）、脱色（活性炭）→过滤除杂→糖液。该法优点是工艺简单，水解时间短，生产效率高，设备周转快；缺点是副产物多，影响糖液纯度，一般 DE 值只有 90%左右，对淀粉原料要求严格，不能用粗淀粉，只能用纯度较高的精制淀粉。根据其优缺点，并结合实际，以及糖化液中糖含量与糖化液得率，正式实验选用双酶法。

表 1-8　四种糖化方法比较

	双酶法	酸解法	酶酸法	酸酶法
糖含量(g/L)	46.00±0.10	28.00±0.10	39.00±0.10	16.00±0.20
糖化液得率(%)	46.60±0.10	45.80±0.30	46.10±0.10	39.70±0.20

（四）糖化液对木瓜汁发酵液的影响

1. 木瓜汁的去皮和不去皮对相关指标的影响

将木瓜汁分成去皮和不去皮两种，分别装入相应的发酵罐中，分别加糖化液，发酵15天，测定各项指标，进行对比。

如表1－9，发酵结束后，去皮加糖化液的木瓜发酵液中糖、酸、单宁和花色苷含量及色度分别比不去皮加糖化液的木瓜发酵液中的大，去皮加糖化液的木瓜发酵液中pH和发酵液酒度分别比不去皮加糖化液中的小。由此分析，木瓜中的酸、糖、单宁和花色苷主要来源于木瓜果肉，故木瓜果肉比果皮颜色更深，口感比果皮酸、比果皮甜、比果皮涩。所以选择用去皮的原料进行实验可以很大程度上促进木瓜发酵液的发酵，获得更多的风味物质，使木瓜发酵液中含有蜂蜜味和焦糖味。但是由于酸度很高，要先进行降酸处理。糖化液加入后对于木瓜汁的发酵有一定的影响，一定程度上能够保护木瓜发酵液的色度，但另一方面，糖化液中微生物活跃，容易导致木瓜发酵液产生病害并终止发酵，因此，应该对糖化液进行杀菌处理。经过品尝，其成品中已经没有蜂蜜味及其他香气，发酵液体略淡，没有达到预期酒度。

表1－9　正式实验选用成熟玉米颗粒的效果

	糖(g/L)	酸(g/L)	pH	单宁(mg/100 g)	花色苷(mg/g)	色度	酒度(%vol)
去皮＋糖化液	7.50	19.50	3.50	0.34	0.46	37.01	6.80
不去皮＋糖化液	7.00	17.62	3.57	0.03	0.25	16.80	6.90

2. 去皮后木瓜汁发酵液的基本指标

去皮后的木瓜汁发酵7天后，比较加糖化液与加蔗糖发酵后发酵液的区别，以及各项指标间的差异，并分析差异原因。如表1－10，加糖化液的木瓜发酵液中糖含量、酸含量、温度、比重均分别小于加蔗糖的木瓜发酵液；而加糖化液的木瓜发酵液中色度和pH分别大于加蔗糖的木瓜发酵液。因此，加入糖化液可以在较低的温度下促进木瓜汁发酵，很快降低木瓜汁的酸度、糖度、比重，提高木瓜发酵液的色度。但是，发酵终止的也很快，又由于糖化液提取不太纯正，残留有一部分无法分离的成分，发酵罐底部有少量沉淀。可见尽管糖化液能够起到保护木瓜发酵液颜色的作用，使木瓜发酵液色度较深，具有一定的焦糖香，支撑其灵魂，但是也影响了木瓜发酵液的澄清。因此，在加入糖化液之前，要先进一步研究，确定合适的解决办法。

表1－10　木瓜发酵液基本指标

	温度(℃)	比重	糖(g/L)	酸(g/L)	pH	色度
蔗糖	17.50	1.096	18.00	7.87	4.30	10.09
糖化液	17.00	1.048	14.00	6.38	4.47	18.51

玉米淀粉又称玉蜀黍淀粉，俗名六谷粉，是白色微带淡黄色的粉末，将玉米用0.3%亚硫酸浸渍后，通过破碎、过筛、沉淀、干燥、磨细等工序而制成，普通产品中含有少量脂肪和蛋白质等。玉米淀粉中含有大量的糖，从中提取的糖化液不仅可以提高蔗糖浓度，同时也会使酿制的木瓜酒风味和颜色得到改善，使看似不成熟的绿色变成成熟的金黄色。

酸木瓜，学名为贴梗木瓜，又名皱皮木瓜，是蔷薇科木瓜属植物贴梗海棠的果实。酸木瓜主要生长在亚热带温暖湿润的山区地带，在我国鲁、苏、浙、皖和滇等省均有种植，分布地区广。云南省酸木瓜产量丰富[23]。云南酸木瓜栽培区以大理州为中心，向南可延伸到江城、普洱、双江等地区，向北直到西藏、四川等地。云南地处云贵高原，有着多种多样的区域气候，给水果作物多样化创造了条件。酸木瓜属于被子植物门，双子叶植物纲，蔷薇科，木瓜属。酸木瓜的主要特点是糖低酸高，为了使其能够正常发酵，必须采用生物降酸、化学降酸等方法降低酸度，达到发酵的酸度条件。同时，由于酸木瓜糖度很低，因此，必须添加足够的糖才能促进发酵持续进行。糖化液的添加可以达到这一效果，从而促进木瓜发酵液发酵完全。

目前一般的木瓜酒都采用传统酿造方式[24]，加入蔗糖进行发酵，发酵速度快，但是风味不佳。本研究主要通过采用成熟玉米颗粒为原料，结合双酶法提取纯净的糖化液加入木瓜汁中进行发酵，发酵过程中木瓜发酵液会产生焦糖味和蜂蜜味。同时，糖化液的加入对木瓜发酵液的发酵有一定影响，一定程度上保护了木瓜发酵液的色度，但糖化液中微生物活跃，容易导致木瓜发酵液产生病害并终止发酵。目前采用加入适当的二氧化硫的方式抑制其他微生物活动，同时保证酵母菌生长，从而保证发酵完全并达到目标酒度。

四、小结

利用山东省成熟黄色玉米颗粒制作糖化液，并过滤除去糖化液中的微生物，将糖化液加入木瓜汁中，一定程度上可以促进木瓜汁发酵，降低木瓜汁的酸度，使木瓜汁的发酵速度加快，改变木瓜汁原有的风味。实验结果表明：α-淀粉酶的最适活性条件是pH6，温度70 ℃；糖化酶最适活性条件是 pH5，温度 60 ℃。由上述实验确定选用成熟玉米颗粒为淀粉转化糖的最佳原料，糖含量 193.64 g/L，糖化液得率 60%，选用双酶法进行玉米淀粉糖化，糖含量46 g/L，糖化液得率 46.60%。

本实验选用去皮和不去皮两种木瓜汁进行发酵，通过测定总糖、总酸、单宁、花色苷、色度、pH 和酒度，分析确定木瓜中的酸、单宁和花色苷主要存在于果肉中，导致木瓜果肉比果皮颜色更深，所以选择用去皮的木瓜原料取汁，加入糖化液进行发酵，可以很大程度上促进木瓜发酵液的发酵。但是由于木瓜发酵液含糖量比较低，发酵终止较快，又由于糖化液提取不太纯正，发酵罐底部有少量沉淀产生，从而影响木瓜发酵液澄清，其色度较深，但是不影响正常发酵，反而使木瓜发酵液具有一定焦糖香，并且具有一定的酸支撑其灵魂。

参考文献

[1] 尤新.玉米深加工技术[M].北京:中国轻工业出版社,1999:17－26.
[2] 蒋益虹,沈建福.糖化工艺在杨梅果酒生产中的应用研究[J].浙江大学学报(农业与生命科学版),2002,4:449－452.
[3] 尤新,赵继湘,王家勤,等.淀粉糖品生产与应用手册[M].北京:中国轻工业出版社,1997:77－82.
[4] 王艳红. 不同工艺对玉米淀粉液化效果的影响[J].啤酒科技,2013,1:53－54.
[5] 黄宇彤,孙智谋,杜连祥. 对高浓度玉米原料糊化液化黏度的研究[J].食品与发酵工业,2001,6:21－24.
[6] 姜秀娟.玉米淀粉湿法加工工艺的研究[D]. 吉林:吉林大学,2006.
[7] 王大为,刘鸿铖,宋春春,魏春光,刘婷婷.超声波辅助提取马铃薯淀粉及其特性的分析[J].食品科学, 2013,4(16), 17－22.
[8] 中华人民共和国国家质量监督检验检疫总局,中国国家标准化管理委员会.《GB/T 15038—2006》总酸的测定[S].北京:中国标准出版社,2006.
[9] 王华,李艳,李景明,张予林,魏冬梅.葡萄酒分析检验单宁的测定[S].北京:中国农业出版社,2011,152－153.
[10] 乔玲玲,马雪蕾,张昂,吕晓彤,王凯,王琴,房玉林.不同因素对赤霞珠果实理化性质及果皮花色苷含量的影响[J].西北农林科技大学学报,2016,44(2):129－136.
[11] 梁冬梅, 林玉华. 分光光度法测葡萄酒的色度[J]. 中外葡萄与葡萄酒, 2002,3: 9－10.
[12] 李剑锋. 关于糖化收得率计算的讨论[J]. 啤酒科技, 2004,5: 51－53.
[13] 郝晓敏, 王遂, 崔凌飞. α-淀粉酶水解玉米淀粉的研究[J]. 食品科学, 2006, 27(2): 141－143.
[14] 郭爱莲, 郭延巍, 杨琳, 赵建社. 生淀粉糖化酶的菌种筛选及酶学研究[J]. 食品科学, 2001, 22(10): 45－48.
[15] 林剑, 郑舒文, 孙利芹. 温度和 pH 对耐高温 α-淀粉酶活力的影响[J]. 中国食品添加剂, 2003, 5: 65－67.
[16] 周雨丝, 朱迟, 黄文敏, 陈思礼. 应用糖化酶改良法提取黄姜皂素[J]. 湖北农业科学, 2003, 5: 91－93.
[17] 杨玉岭. 淀粉转化生产葡萄糖的工艺优化研究[D].无锡:江南大学,2005.
[18] 亢潘潘. 小麦淀粉制取淀粉糖工艺过程优化的研究[D].武汉:武汉工业学院,2012.
[19] 李莉. 玉米淀粉中直链淀粉含量的分析测定方法研究[D].郑州:河南工业大学,2018.
[20] 杨海玲.木瓜酒的研制及营养成分分析[J].现代农业科技,2018(20):228－229.
[21] 张津凤. 玉米皮膳食纤维的双酶法制备及其性质研究[J]. 食品研究与开发, 2007, 28(4): 97－101.
[22] 李新华, 崔静涛, 钟彦, 张黎斌. 玉米抗性淀粉制备工艺的优化研究[J]. 食品科学, 2008, 29(6): 186－189.
[23] 陆斌, 邵则夏. 云南酸木瓜[J]. 云南农业科技, 1994, 2: 45－46.
[24] 严红光, 殷彪, 何波, 丁之恩. 木瓜酒发酵特性的研究[J]. 酿酒科技, 2007, 5: 32－36.

第四节　木瓜酒的酿造工艺——发酵

【目的】通过改变木瓜酒酿造工艺中 AF 和 MLF 先后顺序对木瓜酒品质进行研究，优化其工艺。

【方法】选取来自云南大理、普洱、临沧三个优质产区的酸木瓜。通过测定酸木瓜的糖、酸、色度、花色苷、出汁率等指标，优选临沧酸木瓜为实验材料。然后设计 12 个木瓜酒酿造方案，经过三次正式实验，比较不同工艺对木瓜酒品质的影响。

【结果】方案一的木瓜酒酸涩味突出，酒体颜色不深，呈淡黄色，经过处理后酒体呈棕黄色，有氧化现象。方案九的木瓜酒有木瓜清香，蜂蜜味，酸甜平衡，有明显酒味，单宁含量适宜，构成木瓜酒酒体的基本骨架，并未对酒造成不和谐的苦涩口感，酒体呈金黄色。方案十一的木瓜酒有木瓜香，酸涩，微苦，为金黄色酒体。综合分析，方案九优于方案十一。方案七的木瓜酒香气清新，微苦，酒体偏暗黄色。方案八的木瓜酒酒体呈淡黄色，有木瓜香，但是玉米味突出，破坏了酒整体的香味。其中加糖化液在木瓜酒酿造过程中造成的微生物腐败仍需进一步研究和探讨。基于以上分析，确定方案九为酿造酸木瓜酒的最佳工艺。不去皮的原料酿造的木瓜酒带有木瓜原料的清香，香气持久，去皮发酵的木瓜酒，在发酵过程中香气消失比较快，香气淡。因此，酿造酸木瓜酒不去皮更好。

【结论】确定方案九为酿造酸木瓜酒的最佳工艺。酿造酸木瓜酒不去皮更好。

一、背景

目前我国主要栽培的木瓜品种是皱皮木瓜和光皮木瓜。皱皮木瓜，又称贴梗海棠、酸木瓜等，野木瓜为皱皮木瓜的一个变种。皱皮木瓜果实为球形或卵形，长 4～9 cm，直径 4～6 cm，黄色或黄绿色，表面有斑点，气味清香，果肉脆，味酸涩，主要分布在四川、重庆、湖北、安徽和浙江，此外湖南、陕西、山东和云南亦产。果实为药材，加工后能食用，也可观赏，可制成木瓜饮料、木瓜醋、木瓜酒、木瓜盆景等。我国南方以野生小果型木瓜资源为主，有安徽的宣木瓜、四川的川木瓜、浙江的淳木瓜、云南的酸木瓜等，主供观赏、药用[1]。云南酸木瓜，学名为贴梗木瓜，蔷薇科，木瓜属[2]。成熟的酸木瓜色泽金黄，气味芳香，含有丰富的微量元素和生物活性物质。中医认为其有舒筋活络、健脾开胃、舒肝止痛、祛风除湿之效。由于其酸涩的口感，为大多数人所不喜，少有食用，也很少酿酒，故利用率低，大量酸木瓜闲置。为了提高酸木瓜的食用价值，改良酸木瓜酒的酿酒工艺，使发酵能够正常进行，获得优质木瓜酒，本实验采用云南具有地方特色的酸木瓜进行。由于酸木瓜酸度极高，对正常发酵不利，实验中调整 AF 和 MLF 的工艺顺序，旨在降低酸度、促进发酵的同时，改善木瓜酒的风味物质，调整木瓜酒口感，开发酸木瓜系列酒，利用木瓜香味及其有效的营养成分，酿制澄清透明、果香优雅、酒香醇和、酸甜适宜、口感宜人的保健果酒饮料，为木瓜果酒工艺的进一步研究做出一些尝试[3]。

二、材料与方法

（一）实验材料

2017年6月下旬，网购云南大理、普洱、临沧酸木瓜。酸木瓜外体金黄，气味清香。

（二）辅料

葡萄酒活性干酵母：BV818（安琪酵母），300 mg/L，来自安琪酵母股份有限公司。
乳酸菌：用量1 g/100 kg，来自烟台帝伯仕自酿机有限公司。

（三）实验方法

1. 方案的设计

根据木瓜酸高糖低的特性，改变发酵工艺，先进行苹果酸—乳酸发酵，降低木瓜汁的酸，增加木瓜酒的风味；再将玉米淀粉转换成糖化液代替蔗糖，添加进木瓜汁中进行酒精发酵，这一步骤一方面保护木瓜酒颜色，另一方面促进木瓜酒风味的改善，为木瓜酒发酵工艺的优化提供基础性研究。经过查找文献[4-8]、实验、组内讨论，不断进行方案的修改和调整，最终设计出以下方案：

方案一：原料→去核去皮→破碎→加果胶酶冷浸渍→皮渣分离→$CaCO_3$冷处理降酸→加蔗糖→AF→MLF→澄清。

方案二：原料→去核去皮→破碎→加果胶酶冷浸渍→皮渣分离→$CaCO_3$冷处理降酸→加糖化液→AF→MLF→澄清。

方案三：原料→去核去皮→破碎→加果胶酶冷浸渍→皮渣分离→MLF→加蔗糖→AF→澄清。

方案四：原料→去核去皮→破碎→加果胶酶冷浸渍→皮渣分离→MLF→加蔗糖→AF→MLF→澄清。

方案五：原料→去皮破碎→皮渣分离→加果胶酶冷浸渍→24 h后分离→碳酸钙冷处理降酸1天→加蔗糖→加酵母（300 mg/L）→AF→MLF→澄清。

方案六：原料→去皮破碎→皮渣分离→加果胶酶冷浸渍→24 h后分离→碳酸钙冷处理降酸1天→加糖化液→加酵母（300 mg/L）→AF→MLF→澄清。

方案七：原料→不去皮破碎→皮渣分离→加果胶酶冷浸渍→24 h后分离→碳酸钙冷处理降酸1天→加蔗糖→加酵母（300 mg/L）→AF→MLF→澄清。

方案八：原料→不去皮破碎→皮渣分离→加果胶酶冷浸渍→24 h 后分离→碳酸钙冷处理降酸 1 天→加糖化液→加酵母(300 mg/L)→AF→MLF→澄清。

方案九：原料→分选→清洗→不去皮、去核、打浆→入罐冷浸渍，同时加入果胶酶→皮渣分离→降酸(碳酸钙)→冷冻降酸→加蔗糖→AF→MLF→澄清(化学澄清)→调配→稳定性检测→过滤→灭菌→灌装→成品。

方案十：原料→分选→清洗→不去皮、去核、打浆→入罐冷浸渍，同时加入果胶酶→皮渣分离→降酸(碳酸钙)→冷冻降酸→加糖化液→AF→MLF→澄清(化学澄清)→调配→稳定性检测→过滤→灭菌→灌装→成品。

方案十一：原料→分选→清洗→不去皮、去核、打浆→入罐冷浸渍，同时加入果胶酶→皮渣分离→降酸(碳酸钙)→冷冻降酸→MLF→加蔗糖→AF→降酸(碳酸钙)→澄清(化学澄清)→调配→稳定性检测→过滤→灭菌→灌装→成品。

方案十二：原料→分选→清洗→不去皮、去核、打浆→入罐冷浸渍，同时加入果胶酶→皮渣分离→降酸(碳酸钙)→冷冻降酸→MLF→加糖化液→AF→降酸(碳酸钙)→澄清(化学澄清)→调配→稳定性检测→过滤→灭菌→灌装→成品。

2. 酵母的活化

活性干酵母(安琪酵母)300 mg/L，加适量蒸馏水，搅拌均匀，36 ℃恒温水浴活化 30 min。期间加几滴葡萄糖标准溶液或加糖的木瓜汁，作为活化酵母的营养剂，隔 5～10 min 搅拌 1 次。

3. 乳酸菌的活化

从冰箱取出苹果酸—乳酸菌解冻 2 h，按照 1 g/100 kg 的比例加到 20 ℃的 20 g 蒸馏水中溶解，保持 15 min。

4. 糖、酸

依据《GB/T 15038—2006[9]》，测定总糖、总酸。

5. 单宁的含量

参照王华等[10]的方法，略作修改。

实验步骤：

(1) 吸取样品滤液 5.0 mL 于三角瓶中，加 10 mL 水和 5 mL 2.5 mol/L H_2SO_4 混匀，微热(50 ℃)5 min 后用 0.1 mol/L $KMnO_4$ 滴定至淡粉色，维持 30 s 不褪色即为终点，记下消耗的标准溶液滴定体积 V_1。

(2) 吸取样品滤液 5 mL 于 100 mL 烧杯中，并加 3 g 活性炭加热搅拌 10 min，过滤，用少量的热蒸馏水冲洗残渣，在收集的滤液中加 2.5 mol/L 硫酸 5 mL，同样用 0.01 mol/L $KMnO_4$ 标准溶液滴定至终点，记下消耗的体积 V_2。

(3) 计算：

$$X = \frac{C \times (V_1 - V_2) \times 0.0416 \times 100}{m}$$

式中：X——单宁含量，g/L；

C——$KMnO_4$摩尔浓度，mol/L；

V_1——滴定样品消耗 $KMnO_4$的毫升数，mL；

V_2——活性炭吸附后单宁所消耗的 $KMnO_4$的毫升数，mL；

0.041 6——1 mL 0.01 mol/L $KMnO_4$溶液相当于单宁的毫克数，mg；

m——样品克数，g。

6. 花色苷含量

采用乔玲玲等[11]的方法，略作修改。

采用 pH 示差法：用 pH1.0、pH4.5 的缓冲液将 1 mL 样液稀释定容到 10 mL，放在暗处，平衡 15 min。用光路直径为 1 cm 的比色皿在 510 nm 和 700 nm 处，分别测定吸光度，以蒸馏水作空白对照。

缓冲液的制备：

pH1.0 缓冲液：使用电子分析天平准确称量 0.93 g 氯化钾，加蒸馏水约480 mL，用盐酸和酸度计调至 pH1.0，再用蒸馏水定容至 500 mL。

pH4.5 缓冲液：使用电子分析天平准确称量 16.405 g 无水醋酸钠，加蒸馏水约 480 mL，用盐酸和酸度计调至 pH4.5，再用蒸馏水定容至 500 mL。

按下式计算花色苷含量：

$$A=[(A_{510}-A_{700})_{\text{pH1.0}}-(A_{510}-A_{700})_{\text{pH4.5}}]$$

$$\text{花色苷浓度(g/100 g)}=\frac{A\times MW\times DF\times 1\times 1\ 000}{26\ 900}$$

两式中：

$(A_{510}-A_{700})_{\text{pH1.0}}$——加 pH1.0 缓冲液的样液在 510 nm 和 700 nm 波长下的吸光值之差；

$(A_{510}-A_{700})_{\text{pH4.5}}$——加 pH4.5 缓冲液的样液在 510 nm 和 700 nm 波长下的吸光值之差；

MW——449.2（矢车菊-3-葡萄糖苷的分子量，g/mol）；

DF——样液稀释的倍数；

ε——26 900（矢车菊-3-葡萄糖苷的摩尔消光系数，mol^{-1}）；

l——比色皿的光路直径，为 1 cm。

7. 色度

采用梁冬梅和林玉华[12]的方法，略作修改。

实验步骤：

（1）用 pH 计检测酒样的 pH。

（2）制备缓冲溶液：

A 液：0.2 mol/L 磷酸氢二钠。称取 7.12 g 磷酸氢二钠定容至 200 mL。

B液：0.2 mol/L柠檬酸。称取4.2 g柠檬酸定容至200 mL。

混合A液和B液，然后用pH计直接测定缓冲液pH。

（3）用大肚吸管吸取2 mL酒样于25 mL比色管中，再用与木瓜汁相同pH的缓冲液稀释至25 mL，然后用1 cm比色皿在λ_{420}、λ_{520}、λ_{620}处分别测吸光值（以蒸馏水作空白对比）。

（4）计算：待测样品应在比色槽中放置15 min，此后观察比色皿中是否有气泡，若有气泡需驱赶后再开始比色，将测得的λ_{420}、λ_{520}、λ_{620}处的吸光值相加后乘以稀释倍数12.5，即为色度。结果保留1位小数。

$$色度=(A_{420}+A_{520}+A_{620})\times 稀释倍数$$

8. 苹果酸含量

采用电位滴定法。

（1）操作步骤

用移液管移取20 ℃酒样10 mL置于100 mL烧杯中，加入中性蒸馏水50 mL，同时加入1%酚酞指示剂2滴，放入磁力搅拌棒，将电极插入被测样液中，打开搅拌器，立即用0.05 mol/L氢氧化钠溶液进行滴定，pH8.2即为滴定终点，记录下消耗氢氧化钠的体积V_1。同时做空白实验，记录下消耗氢氧化钠的体积V_0。读数精确至小数点后两位。

（2）计算

$$总酸=\frac{M\times(V_1-V_0)\times S}{V}\times 1\,000（S取0.067时，总酸表示苹果酸的含量）$$

式中：

M——氢氧化钠标准溶液的摩尔浓度，mol/L；

V_1——消耗的氢氧化钠毫升数，mL；

V_0——空白实验消耗氢氧化钠标准溶液的体积，mL；

S——各有机酸的摩尔质量的数值，g/moL；

V——取样体积，mL；

$S_{酒石酸}=0.075$；$S_{苹果酸}=0.067$；$S_{柠檬酸}=0.064$；$S_{草酸}=0.045$；$S_{醋酸}=0.060$；

$S_{琥珀酸}=0.059$；$S_{乳酸}=0.090$；$S_{硫酸}=0.049$

结果精确至1位小数。

注意事项：

① 结果的允许误差：平行实验测定结果绝对值之差不得超过0.1 mL。

② 滴定用容器（三角瓶或烧杯）应用中性蒸馏水冲洗干净。

③ 样品要在调整至20 ℃时取样。

④ 测定含气葡萄酒时需排气后再取样。排气方法：用低真空连续抽气2分钟。

⑤ 滴定前应注意从碱式滴定管中排出气泡，滴定前后应注意使滴定管尖充满溶液

且不挂液滴。

⑥ 滴定时应注意滴定速度不能过快，接近终点时速度要放慢。

三、结果

（一）酸木瓜原料的选择

2018 年 6 月 20 日，分别网购了来自大理、普洱、临沧三个产地的酸木瓜，并对其基本指标进行测定，结果如表 1 - 11。普洱和临沧酸木瓜中的花色苷含量基本相同，大理酸木瓜中的花色苷略低于普洱和临沧的。临沧、普洱、大理的酸木瓜出汁率分别为 45.16%、39.13%、38.2%，糖含量分别为 17 g/L、8.25 g/L 和 14.5 g/L，酸含量分别为 37.82 g/L、27.36 g/L 和 37.78 g/L。通过分析与比较云南不同地区酸木瓜基本指标可知，临沧酸木瓜的糖含量、花色苷和出汁率最高，有利于提高出酒率、酒度，改善酸木瓜酒的颜色，由于其酸度最高，发酵前只需要降低酸度，有利于启动发酵即可。同时也证明，酸度高，有利于浸提出果肉中的糖和花色苷，但这也与出汁率有很大关系（表 1 - 11）。出汁率高，有利于花色苷和糖的浸提。出汁率和酸度是影响浸提效果的两个重要因素。基于此，选择临沧酸木瓜为本实验原料。三个地区酸木瓜的糖含量都较低、酸含量都很高。因此，酿造木瓜酒时要进行加糖和降酸处理。在此基础上，设计以下实验方案，进行相关实验。

表 1 - 11　大理、普洱、临沧酸木瓜的基本指标

	大理	普洱	临沧
糖(g/L)	14.5	8.25	17
酸(g/L)	37.78	27.36	37.82
色度	18.5	15.7	13.2
花色苷(mg/g)	0.371	0.557	0.557
出汁率(%)	38.2	39.13	45.16

（二）工艺筛选

以临沧酸木瓜为本实验原料，设计了 12 个方案，筛选出最佳的工艺方案。

1. 方案一

7 月 2 日，按照方案一的工艺处理临沧酸木瓜，选取两个平行罐，罐内盛放木瓜汁的质量分别为 4.08 kg 和 4.18 kg，在发酵期间测定如下指标，但是数据记录只从 8 月 16 日以后开始，主要是为了记录发酵即将结束时酸木瓜汁的发酵情况。

（1）发酵期间糖的变化

如表 1 - 12，从 8 月 16 日到 9 月 1 日，4.08 kg 罐的糖含量从 1.6 g/L 降到 0.87 g/L，降

低了0.73 g/L;4.18 kg罐的糖含量从1.9 g/L降到1.1 g/L,降低了0.8 g/L。其实,发酵过程主要集中在8月22日之前,8月22日之后发酵基本停止。糖含量从17 g/L(表1－11)分别降至0.875 g/L和1.125 g/L(表1－12)。因此,木瓜醪从7月2日开始发酵到8月22日结束,历时51天左右。发酵周期长。同时,也证明,酸高(表1－13)则糖度高(表1－12),酸有利于浸提果肉中的糖。

表1－12　方案一中酸木瓜汁内的糖在发酵期间的变化

	4.08 kg罐(g/L)	4.18 kg罐(g/L)
8.16	1.6	1.9
8.17	1.2	1.5
8.18	1	1.25
8.20	1	1.25
8.22	0.875	1.125
8.23	0.875	1.125
8.24	0.875	1.125
8.25	0.875	1.105
8.26	0.87	1.102
8.27	0.87	1.1
9.1	0.87	1.1

表1－13　方案一中酸木瓜汁内的酸在发酵期间的变化

	4.08 kg罐(g/L)	4.18 kg罐(g/L)
8.16	12.375	19.5
8.17	12.37	19.125
8.18	12.00	18.75
8.20	11.75	18.25
8.22	11.475	18.00
8.23	11.475	18.00
8.24	11.325	17.775
8.25	11.325	17.756
8.26	11.25	17.625
8.27	11.24	17.62
9.1	11.21	17.59

在发酵过程中,酵母把糖转换成酒精,木瓜汁中的糖含量慢慢减少。

（2）发酵期间酸的变化

如表1－13，酸含量总体变化趋势是缓慢减少。最开始把木瓜汁分成两罐时没有摇匀，导致两罐木瓜汁酸含量存在差异。8月16日到9月1日，4.08 kg罐的酸从12.375 g/L降到11.21 g/L，降低了1.165 g/L；4.18 kg罐的酸从19.5 g/L降到17.59 g/L，降低了1.91 g/L。此结果表明，4.18 kg罐中的酸木瓜的降酸效果比4.08 kg罐中的酸木瓜的降酸效果明显。并且，8月22日以后，酸木瓜汁的降酸效果不是很明显了，和降糖效果减弱时间基本一致（表1－12），但是仍然降低。4.18 kg罐中酸木瓜汁的降酸效果较明显，主要是因为其中酸含量仍旧很高。酸含量从37.82 g/L（表1－11）分别降至11.21 g/L和17.59 g/L（表1－13）。这也证明，酒精发酵和降酸是同时进行的。

（3）发酵期间苹果酸的变化

发酵期间苹果酸的变化，如表1－14所述，苹果酸含量总体变化趋势是缓慢减少。8月16日到9月1日，4.08 kg罐中酸木瓜汁的苹果酸含量从10.385 g/L降到9.36 g/L，降低了1.025 g/L；4.18 kg罐中酸木瓜汁的苹果酸含量从16.75 g/L降到15.11 g/L，降低了1.64 g/L。由此可知，4.18 kg罐中酸木瓜汁的苹果酸降低效果比4.08 kg罐中酸木瓜汁的苹果酸降低效果明显，这也是4.18 kg罐中酸木瓜汁的酸度降低得比较快的原因（表1－13），也表明酸木瓜汁中含有大量的苹果酸。酒精发酵的同时，苹果酸也在降低。由表1－14也可以发现，8月22日以后，酸木瓜汁中的苹果酸降低得很缓慢。

表1－14 方案一中酸木瓜汁内的苹果酸在发酵期间的变化

	4.08 kg罐（g/L）	4.18 kg罐（g/L）
8.16	10.385	16.75
8.17	10.38	16.415
8.18	10.05	16.08
8.20	9.872	15.61
8.22	9.581	15.41
8.23	9.52	15.38
8.24	9.514	15.276
8.25	9.501	15.276
8.26	9.38	15.142
8.27	9.38	15.129
9.1	9.36	15.11

（4）发酵期间单宁的变化

如表1－15，8月16日到9月1日，4.08 kg罐中的单宁从1.012 g/100 g升到1.026 g/100 g，发酵期间单宁的变化趋势是先突然升高后缓慢降低，呈现“入”字形的变化趋势。4.18 kg罐中的单宁从1.032 g/100 g升到2.1 g/100 g，在发酵期间先缓慢降低再突然升高，呈现“U”字形的变化趋势。单宁含量在总体上是上升的，但 4.08 kg 罐中的单宁上升量很小，4.18 kg 罐中的单宁上升得较多。分析认为，在相同条件下，酸木瓜汁的质量对单宁含量有直接影响，这可能是因为酸木瓜汁中的酸较高，更容易分解，这也证明了单宁主要存在于酸木瓜果肉中，通过发酵，可以快速从果肉中析出，这也是酸木瓜酸涩感极强的主要原因。具体的原因需要进一步研究。同时，也证明，酸高(表 1－13)，则单宁高(表 1－15)，酸有助于浸提果肉中的单宁。

表 1－15　方案一中酸木瓜汁内的单宁在发酵期间的变化

	4.08 kg 罐(g/100 g)	4.18 kg 罐(g/100 g)
8.16	1.012	1.032
8.17	1.033	1.012 6
8.18	1.032	1.012
8.20	1.032 5	1.01
8.22	1.031 4	1.00
8.23	1.031 3	1.01
8.24	1.031 1	2.111 9
8.25	1.03	2.110 8
8.26	1.028	2.109
8.27	1.027 5	2.106
9.1	1.026	2.1

(5) 发酵期间色度的变化

如表 1－16，8 月 16 日到 9 月 1 日，4.08 kg 罐中正在发酵的酸木瓜汁的色度先快速上升再缓慢下降，在 8 月 22 日上升到最高，为 2.625，期间呈现波浪式缓慢上升趋势，最终色度 2.58，总体上，色度是升高了的。4.18 kg 罐的色度总体上是下降了的，先快速下降再缓慢下降，最终色度 2.875。但是总体上，4.18 kg 罐的色度高于 4.08 kg 罐中的色度，表明色度与发酵液容积存在正相关关系。尽管如此，两罐的色度相差很小，也表明两罐酒颜色很接近。同时，也证明，酸高(表 1－13)则色度高(表 1－16)。

表 1－16　方案一中酸木瓜汁内的色度在发酵期间的变化

	4.08 kg 罐	4.18 kg 罐
8.16	2.2	3.6
8.17	2.35	3.087 5
8.18	2.562 5	3.012 5
8.20	2.612 8	3.05
8.22	2.625	3.012 5

续　表

	4.08 kg 罐	4.18 kg 罐
8.23	2.605	3.011 9
8.24	2.562 5	2.962 5
8.25	2.591 6	2.961 9
8.26	2.54	2.875
8.27	2.539	2.869
9.1	2.528	2.875

（6）发酵期间 pH 的变化

如表 1－17，8 月 16 日到 9 月 1 日，4.08 kg 罐的 pH 总体上是上升的，期间也存在“W”形波动，最终 pH 为 2.88。4.18 kg 罐的 pH 先快速下降，然后呈现“W”形波动，总体上呈轻微的下降趋势，最终 pH 为 2.56。实验期间，4.18 kg 罐中的 pH 低于 4.08 kg 罐中的 pH，也证明了发酵液的容积会影响 pH。发酵液的容积越大，pH 越低，两者呈负相关关系（表 1－17），与酸度呈正相关关系（表 1－13）。

表 1－17　方案一中酸木瓜汁内的 pH 在发酵期间的变化

	4.08 kg 罐	4.18 kg 罐
8.16	2.83	2.64
8.17	2.85	2.56
8.18	2.86	2.51
8.20	2.86	2.54
8.22	2.79	2.53
8.23	2.81	2.51
8.24	2.86	2.53
8.25	2.85	2.59
8.26	2.79	2.58
8.27	2.83	2.57
9.1	2.88	2.56

2. 方案二、三、四

方案二：

7 月 3 日，在酸木瓜汁中加酵母和糖化液进行发酵。

7 月 4 日，测定 $T=20$ ℃，$S=17.5$ g/L，$A=23.81$ g/L，花色苷＝0.016 6 mg/g。

7 月 5 日，发酵缓慢，加了 DAP 磷酸氢二铵营养剂。

7 月 7 日，观察发现，发酵液表面出现了白霉。采用煮沸、加硫处理，加酵母再次启动发酵，几天之后还是出现上述现象。

与方案一相比，方案二加糖化液会降低发酵速度，即使加 DAP 磷酸氢二铵营养剂，也只能延缓发酵失败的进程，最终还是出现发酵不完全现象。

方案三：

7 月 3 日，加乳酸菌进行苹果酸—乳酸发酵，降酸。

7 月 5 日，观察发现，先进行 MLF 的酸木瓜汁长白霉了。采用煮沸、加硫处理，加乳酸菌再次启动发酵，但是几天之后还是出现上述现象。

方案四：

7 月 3 日，加乳酸菌进行苹果酸—乳酸发酵，降酸。

7 月 5 日，观察发现，先进行 MLF 的酸木瓜汁长白霉了。采用煮沸、加硫处理，加乳酸菌再次启动发酵，但是几天之后还是出现上述现象。

所以，方案三和方案四的实验也是失败的，与方案一采用化学降酸剂 $CaCO_3$ 降酸相比，采用乳酸菌生物降酸不能快速降酸，而且在酒精发酵前降酸或者先乳酸菌发酵后酒精发酵是不可取的，除非能够在短时间内，快速降低酸度，化学降酸方法降酸速度快，不会引起微生物快速繁殖，对启动酒精发酵有利。

3. *方案五、六、七、八*

(1) 发酵前处理和发酵期间温度的变化

从 2018 年 12 月 8 日开始，参照方案五、六、七、八进行第二次正式实验。实验情况如下：

表 1－18　发酵前处理和发酵期间温度的变化

	方案五	方案六	方案七	方案八
	去皮的木瓜汁		未去皮木瓜汁	
12.8	测定 pH2.75，糖 23 g/L，酸 55.5 g/L		测定 pH2.79，糖 21.5 g/L，酸 55.125 g/L	
12.9	皮渣分离，测定 pH2.69，色度 13.412 5。之后加入 35 mg/L 果胶酶。		皮渣分离，测定 pH2.74，色度 14.412 5。之后加入 35 mg/L 果胶酶。	
12.10	测定 pH2.69，酸 49.875 g/L，色度 4.587 5。分离沉淀的渣。		测定 pH2.73，酸 47.625 g/L，色度 3.050 0。分离沉淀的渣。	
12.11	测定 pH2.68，酸 50.625 g/L。加入 9 g/L 碳酸钙进行降酸处理。		测定 pH2.72，酸 47.625 g/L。加入 9 g/L 碳酸钙进行降酸处理。	
12.12	测得 pH3.27，酸 31.875 g/L，糖 11.5 g/L。根据实验要求补充糖，加酵母启动发酵。		测得 pH3.34，酸 28.875 g/L，糖 11 g/L。根据实验要求补充糖，加酵母启动发酵。	
12.13	14	14	14	14
12.14	17	17	17	17
12.15	19	19	18.5	18.5
12.16	18.5	18	18	18

续　表

	方案五	方案六	方案七	方案八
	去皮的木瓜汁		未去皮木瓜汁	
12.17	18.5	18	18.5	18
12.18	18	17	18	17
12.19	16.5	16.5	16.5	16.5
12.20	18	17.5	17.5	17
12.21	17	16.5	17	17
12.27	17	17	16.5	16

按照实验方案，方案五和方案六采用的样品是去皮的木瓜汁，方案七和方案八采用的样品是未去皮的木瓜汁；方案五和方案七补充糖的方式是加蔗糖，方案六和方案八补充糖的方式是加糖化液。12 月 8 日至 12 月 12 日，主要是对木瓜汁在发酵前进行的一些处理。从 12 月 8 日测定的数据可以看出，去皮木瓜汁的 pH 略低于未去皮木瓜汁，酸略高于未去皮木瓜汁，糖高于未去皮木瓜汁，证明木瓜的酸和糖主要来源于果肉。从 12 月 9 日的测定结果发现，去皮木瓜汁的色度 13.412 5 低于未去皮木瓜汁色度 14.412 5，表明木瓜汁的色度主要来源于果皮。从 12 月 10 日测定的数据发现，木瓜汁色度比 9 日的下降了很多，这主要是酸度降低的结果(与 8 日的数据相比)。因此，酸度会明显影响色度的变化。另外，去皮的木瓜汁的色度高于未去皮木瓜汁的色度，这恰恰与 9 日的结果相反。分析原因，可能是因为 12 月 9 日加入的果胶酶会分解果皮和果肉中的果胶，进而和与影响色度的成分结合，最终沉降到底部，导致色度降低。果皮中含有果胶类成分多，被果胶酶分解的多，和与影响色度的成分结合和沉降的多，所以，未去皮木瓜汁的色度低于去皮的木瓜汁的色度。去皮和未去皮的木瓜汁的酸度在加入 9 g/L 碳酸钙降酸之后，均降低了18.75，表明碳酸钙对去皮和未去皮木瓜汁的降酸效果都很明显，这有利于快速启动发酵。

从 12 月 13 日至 12 月 27 日发酵期间的温度数据可以看出，四种方案的木瓜汁的发酵温度相对比较平稳，都是呈现先快速的升高再缓慢降低的趋势。但是总体上可以看出，去皮的木瓜汁的发酵温度略高于未去皮的，可能酸木瓜皮中含有抑制发酵的未知成分，这还需要进一步研究。发酵的高峰时期是 12 月 15 日至 18 日。

(2) 发酵期间比重的变化

按照实验方案，方案五和方案六采用的样品是去皮的木瓜汁，方案七和方案八采用的样品是未去皮的木瓜汁；方案五和方案七补充糖的方式是加蔗糖，方案六和方案八补充糖的方式是加糖化液。从表 1－19 可以看出，四种方案的酸木瓜汁的比重均呈现下降趋势，表明发酵都能够正常进行。可以看出，去皮的木瓜汁比重下降较快一些，加糖化液的木瓜汁比重下降较快。因此，在去皮木瓜汁中加糖化液有利于快速发酵。

表 1-19 发酵期间比重的变化

	方案五	方案六	方案七	方案八
12.13	1.104	1.103	1.105	1.104
12.14	1.102	1.101	1.103	1.102
12.15	1.108	1.098	1.101	1.086
12.16	1.097	1.081	1.098	1.035
12.17	1.093	1.030	1.096	1.034
12.18	1.092	1.030	1.093	1.032
12.19	1.090	1.029	1.091	1.030
12.20	1.087	1.028	1.086	1.029
12.21	1.085	1.030	1.086	1.030
12.27	1.078	1.027	1.080	1.030

4. 方案九、十、十一、十二

2018 年 12 月 27 日，基于前两次正式实验的结果制定了四个方案，方案九、十、十一、十二，进行第三轮实验，实验过程如下：

2018 年：

12 月 30 日：购买酸脆、味清香、口感佳的酸木瓜。挑选后清洗、去核、打浆。测糖、酸、pH、单宁、花色苷，见表 1-20。

表 1-20 原料的基本指标

糖(g/L)	酸(g/L)	pH	单宁(g/100 g)	花色苷(mg/g)
15.5	46.875	2.80	0.649	0.033

12 月 31 日：加果胶酶 20 mg/L。

2019 年：

1 月 1 日，14:30：皮渣分离，计算出汁率 44.74%。加 35 mg/L 果胶酶澄清。

1 月 3 日：预计将总酸从 46.875 g/L 降至 30 g/L，计算碳酸钙用量 22.38 g/L。降酸后测酸是 12.375 g/L，pH 为 4.38。19:00，木瓜汁入冰柜冷冻降酸(共两天)。

1 月 5 日，19:00：从冰柜取出木瓜汁，回温并分离冷冻下来的渣和冰块。

1 月 6 日：分离沉淀，加糖或者糖化液，加酵母。四种方案的具体操作如下：

方案九(AF→MLF 蔗糖)：称取木瓜汁 10 kg，以目标酒度为 15%vol，计算并称取蔗糖 2.395 kg，测定木瓜汁温度 15 ℃。加酵母 3 g。

方案十(AF→MLF 糖化液)：称取木瓜汁 3.5 kg，测定木瓜汁温度 17 ℃，目标酒度 7%vol；木瓜汁 1.84 kg，糖化液 111.98 g/L，提高糖 190.44 g，加糖化液 1.7 kg。加酵母 1.050 g。

方案十一(MLF→AF 蔗糖):称取木瓜汁 2.8 kg,测定木瓜汁温度 17 ℃,加入 1 g/100 kg 乳酸菌 0.028 g。

方案十二(MLF→AF 糖化液):称取木瓜汁 1.8 kg,测定木瓜汁温度 17 ℃,加入 1 g/100 kg 乳酸菌 0.018 g。

1 月 7 日:发酵第一天,AF 缓慢发酵,MLF 开始发酵。开始进行发酵监控。

(1) 方案九和十的木瓜汁酒精发酵期间糖、酸、pH、色度和单宁的变化情况

如表 1-21,方案九中木瓜汁的色度变化不是很明显,表明发酵对色度无明显影响;方案十中木瓜汁的色度从 7.51 升高到 18.51 再下降到 17.46,发酵液从金黄色变成了米黄色,表明在发酵过程中玉米糖化液对木瓜酒的色度影响大。

表 1-21　酒精发酵期间糖、酸、pH、色度和单宁的变化情况

		1.7	1.9	1.10	1.11	1.13	1.15	1.16	1.17	1.19
方案九	糖(g/L)	75	30		30	18	18		18	8
	酸(g/L)	8.06	8.06		8.06	7.88	7.88		9.38	9
	pH	4.50	4.38		4.34	4.30	4.39		4.31	4.36
	色度	10.09		9.46		10.09		10.84		11.34
	单宁(g/100 g)	0.010 8			0.001 6				0.010 1	
方案十	糖(g/L)	39	24		24	14	11		11	
	酸(g/L)	4.86	4.86		4.86	6.35	7.13		8.63	
	pH	4.60	4.54		4.54	4.47	4.52		4.42	
	色度	7.51		15.61		18.51		17.46		
	单宁(g/100 g)	0.002 5			0.005 8				0.005 0	

如表 1-21,方案九中木瓜汁的单宁从 0.010 8 g/100 g 降到 0.010 1 g/100 g,变化了 0.000 7 g/100 g;方案十中木瓜汁的单宁从 0.002 5 g/100 g 升到 0.005 0 g/100 g,变化了 0.002 5 g/100 g。方案九、方案十中木瓜汁的单宁变化都不大,表明蔗糖和糖化液对单宁有没有明显影响。

如表 1-21,两种方案的木瓜汁中的酸含量整体都在升高,pH 下降。8 天内方案九的木瓜汁中的酸含量升高了 1.32 g/L,pH 下降了 0.28。方案十的木瓜汁中的酸含量升高了 3.77 g/L,pH 下降了 0.18。随着酸含量的升高,pH 在下降,但是下降不明显。方案九的木瓜汁中的糖在 15 天内从 75 g/L 降到了 8 g/L,方案十的木瓜汁中的糖在 8 天内从 39 g/L 降到了 11 g/L,糖含量下降得较快,发酵时间缩短了。综上所述,两种方案选取的酸木瓜品质不同。1 月 17 日,方案十的木瓜汁转入 MLF。但是 1 月 19 日观察发现,方案十的木瓜汁表面出现一层白膜,实验失败。分析原因应该是方案十选取的酸木瓜的酸度较低,长期暴露在空气中,很难抑制微生物活动,导致木瓜汁酸败。

(2) 方案九和十的木瓜汁酒精发酵过程中温度和比重的变化情况

表1-22是在2019年1月8日至19日酒精发酵期间，方案九和方案十的木瓜汁的发酵温度和比重的变化。方案九，1月8日的温度较低，白天将木瓜汁通过晒太阳回温。1月11日至1月12日，温度从16 ℃上升到19 ℃，比重下降了0.003。随后温度在16～17 ℃波动，但是比重降低很缓慢。1月18日温度降到13.5 ℃，比重未变，表明低温不利于比重的降低。1月19日温度上升到18 ℃，比重又开始下降。因此，适当提高温度有利于发酵的进行，缩短发酵时间。方案十的木瓜汁的发酵温度和比重与变化趋势和方案九相似，不同的是方案十的比重比方案九低，这是由于两个方案的木瓜汁中加的糖的种类不一样，方案九加的是蔗糖，方案十加的是玉米淀粉转化糖，这说明玉米淀粉转化糖的转化率较低，应该加入更多的玉米淀粉转化糖或者先通过实验确定玉米淀粉转化率，然后根据转化率添加玉米淀粉转化糖，来降低误差。方案十的木瓜汁的发酵温度在初始阶段比方案九的低，但是发酵也在进行，只是比重降低比较慢。发酵过程中，比重没有发生变化，主要有两种原因，一种原因是这段时间内没有搅动发酵汁，发酵很缓慢；另一种原因是取样时没有搅动发酵汁，测定结果不准确。不管是哪种原因，从总的趋势看，比重都有所下降。

表1-22　酒精发酵过程中温度、比重的变化情况

	方案九		方案十	
	温度 T(℃)	比重 D	温度 T(℃)	比重 D
1.8	14	1.110	14	1.059
1.9	17	1.102	13	1.053
1.10	18	1.102	13	1.050
1.11	16	1.102	15	1.050
1.12	19	1.099	15	1.049
1.13	17.5	1.096	17	1.048
1.14	15	1.095	15	1.047
1.15	17	1.094	17.5	1.047
1.16	16	1.092	15.5	1.043
1.17	17	1.090	13.5	1.043
1.18	13.5	1.090		
1.19	18	1.087		

(3) 方案十一和十二的木瓜汁在MLF发酵期间酸和pH的变化情况

表1-23是2019年1月方案十一、方案十二的木瓜汁在MLF发酵期间总酸和pH的变化情况。方案十一、方案十二选取的实验材料均是没有去皮的酸木瓜汁，而且都是先进行MLF发酵再进行AF发酵。不同的是，方案十一提高糖含量的方式是加蔗糖，而方案十二提高糖含量的方式是加玉米淀粉的糖化液。从表中可以看出，MLF两天

后，两种方案的酸木瓜汁的总酸均从 10.31 g/L 降到 8.63 g/L，因此，MLF 对木瓜酒降酸有一定作用。之后酸木瓜汁的总酸一直没有变化，表明酸木瓜汁中的苹果酸极其有限，此时已经发酵完了。两种方案的酸木瓜汁的 pH 均在 MLF 两天内降幅较明显，从 4.60 降到 4.45 左右，之后缓慢降低，这与总酸和 pH 的变化成反比的结论恰恰相反。原因与之前的冷冻降酸有很大关系，可以利用酒石酸的一级电离及冷冻过程中酒石酸氢钾的形成进行解释。冷冻过程中酒石酸氢根离子(RH^-)与钾离子(K^+)形成酒石酸氢钾结晶，不断析出，导致木瓜酒中的总酸减小，而氢离子浓度增大，pH 降低，这与邢凯等[13]的研究一致，也说明木瓜汁中含有酒石酸。

表 1－23　MLF 发酵中酸、pH 的变化情况

		1.7	1.8	1.9	1.10	1.11	1.12
方案十一	总酸(g/L)	10.31	8.63	8.63	8.63	8.63	8.63
	pH	4.60	4.46	4.44	4.45	4.38	4.40
方案十二	总酸(g/L)	10.31	8.63	8.63	8.63	8.63	8.63
	pH	4.60	4.45	4.42	4.46	4.38	4.37

(4) 方案十一和十二的木瓜汁在酒精发酵期间温度、比重、总糖、总酸和 pH 的变化情况

表 1－24 为 2019 年 1 月 13 日至 19 日方案十一和方案十二的木瓜汁在酒精发酵过程中温度、比重、糖、酸、pH 的变化情况。方案十一的实验中，7 天内酸木瓜汁的糖含量从 78 g/L 快速降到 40 g/L，表明在酸木瓜汁中添加蔗糖能够快速启动酒精发酵，使发酵正常进行。同时，酸木瓜汁中比重在缓慢降低，变化趋势和总糖不一致，表明比重和总糖之间没有直接关系。比重中除了总糖外，还有很多其他的成分。总酸从 8 月 12 日 MLF 末期的 8.63 g/L 降低到 13 日酒精发酵起始的 7.125 g/L，表明从进入酒精发酵的起始阶段，MLF 就开始了，酒精发酵起始需要一定浓度的总酸促进其启动。在 1 月 15 日之前总酸保持不变，总糖在持续下降；之后总酸快速上升，总糖下降迟缓，导致 pH 下降。总酸的快速上升可能是酒精发酵产生的乙醇分解、软化木瓜皮和果肉中的细胞壁，快速释放总酸的结果。总糖在 17 日以后下降不明显，表明经过酒精发酵后，木瓜汁中仅剩下非发酵糖，或许正是总酸的升高导致比重上升或者保持不变。另外，总体上看，适当提高温度会加快发酵的进行，降低总糖和比重，缩短发酵的时间。

表 1－24　酒精发酵期间酸木瓜汁的温度、比重、总糖、总酸和 pH 的变化情况

		13	14	15	16	17	18	19
方案十一	温度(T,℃)	19	15	18	15.5	17	13.5	17.5
	比重(D)	1.126	1.121	1.119	1.118	1.126	1.118	1.115
	总糖(S,g/L)	78		54		41		40

续 表

		13	14	15	16	17	18	19
方案十一	总酸(A,g/L)	7.125		7.125		8.625		8.625
	pH	4.34		4.42		4.29		4.27
方案十二	T 温度(℃)	20	15					
	D(比重)	1.205	1.050					
	总糖(S,g/L)	42						
	总酸(A,g/L)	6.375						
	pH	4.48						

实验过程中,方案十二的酸木瓜汁起始发酵温度达到 20 ℃;第 2 天,温度就从 20 ℃降低到 15 ℃;比重从 1.205 快速降低到 1.050;总酸从 1 月 12 日的 8.63 g/L 降低到了 13 日的 6.375 g/L。原因可能是方案十二的酸木瓜汁提高糖含量的方式采用的是添加糖化液,稀释了酸木瓜汁,导致比重和总酸下降较快;同时,糖化液的温度较高,将其加进酸木瓜汁后,迅速提高了酸木瓜汁的温度,然后在第二天快速降低到 15 ℃,这种急剧的温度变化导致了酸木瓜汁的酸败,出现了白霉,导致腐臭味。最终,方案十二失败了。

(5) 四种方案的酸木瓜汁色度、香气、口感、颜色的变化情况

表 1-25 为四种方案的不去皮的酸木瓜汁在发酵期间色度、香气、口感、颜色的变化情况。方案九是蔗糖+AF+MLF 的木瓜汁,方案十是糖化液+AF+MLF 的木瓜汁,方案十一是 MLF+蔗糖+AF 的木瓜汁,方案十二是 MLF+糖化液+AF 的木瓜汁。

表 1-25 四种方案的酸木瓜汁在 1 月 7 日至 11 日发酵期间色度、香气、口感、颜色的变化情况

	方案九(AF)	方案十(AF)	方案十一(MLF)	方案十二(MLF)
1.7	木瓜的清香,甜腻,大量气泡金黄色	木瓜和玉米香气,酸甜,大量气泡米黄色	粪臭味,木瓜味,酸感突出,涩味明显,轻微气泡,金黄色	粪臭味,木瓜味,酸感突出,涩味明显,轻微气泡,金黄色
1.8	木瓜的清香,甜腻,大量气泡金黄色	木瓜和玉米香气,酸甜,大量气泡米黄色	粪臭味,木瓜味,酸感突出,涩味明显,轻微气泡,金黄色	粪臭味,木瓜味,酸感突出,涩味明显,轻微气泡,金黄色
1.9	木瓜清香,气泡丰富,糖酸平衡,清爽感突出,金黄色	玉米香,气泡丰富,微酸,有清爽感,米黄色	臭味减轻,木瓜味,突出,酸涩,有细微气泡,金黄色	臭味减轻,木瓜味,突出,酸涩,有细微气泡,金黄色
1.10	木瓜清香,酸甜可口,大量气泡,金黄色	玉米味、木瓜味,酸,微苦,米黄色	粪臭味,酸涩,金黄色	粪臭味,酸涩,金黄色
1.11	木瓜清香,酸甜平衡,有明显酒味,大量气泡,金黄色	玉米味、木瓜味,酸,微苦,米黄色,有许多气泡	木瓜香,酸涩,金黄色,有少量气泡	木瓜香,酸涩,金黄色,有少量气泡

从整个实验结果可以看出，先酒精发酵后 MLF 的木瓜汁在酒精发酵期间没有异味（方案九和方案十），先 MLF 后酒精发酵的木瓜汁在 MLF 期间明显出现了异味（方案十一和方案十二），证明了发酵工艺环节必须先经过酒精发酵，然后进行 MLF 发酵。方案九的木瓜汁提高糖分的方法是加入蔗糖，风味单一，因此，在整个发酵期间保持木瓜的清香味；方案十的木瓜汁提高糖分的方法是加入玉米淀粉糖化液，风味比较复杂，因此，在整个发酵期间除了保持木瓜香味，还出现了明显的玉米香味。另外，这两种方案的木瓜汁在发酵期间都产生了大量气泡，这是酒精发酵的正常现象，这也是这两种方案的木瓜汁保持清爽感、酸甜可口、酸甜平衡的重要原因。方案九的木瓜汁的颜色为金黄色，这是木瓜自身的颜色，而方案十的木瓜汁呈现的是米黄色，这是玉米淀粉糖化液和木瓜汁的复合颜色，表明原料的颜色是最终产品颜色的基础。

方案十一和方案十二的酸木瓜汁在实验期间，除了能闻到酸木瓜自身的木瓜味外，还有独特的粪臭味。粪臭味从最初的较高浓度逐渐减轻，直至最后消失。粪臭味产生的原因可能是，MLF 期间，一方面，乳酸菌发酵较平缓，导致发酵液中的烈性微生物繁殖、分解发酵液的有效成分，产生粪臭味；另一方面，温度的波动导致各种相应的微生物不断繁殖，产生了大量具有粪臭味的物质。酸涩感从最初的突出到最后慢慢降低，气泡从最初的轻微到最后的少量，颜色没有发生明显变化，表明 MLF 不会明显影响颜色的变化。这主要是在发酵期间，温度的不断上下波动造成的（表 1－24）。方案九和方案十的酸木瓜汁的发酵温度尽管也有波动，但能够正常发酵，风味纯正（表 1－25），这与其先进行酒精发酵有关（表 1－22）。这也证明，酒精发酵温度在合理的范围内可以有明显波动，但 MLF 发酵温度不能有明显波动。MLF 发酵温度是风味品质优劣的“晴雨表”。

方案一，降酸效果不明显，木瓜醪酸低，加蔗糖转入酒精发酵，一天之后才有酒精发酵的迹象。之后酒精发酵也很缓慢。虽然发酵慢可以增加其细腻度，但是发酵慢增加了微生物污染的可能性，不利于发酵过程的控制。最后酿出来的木瓜酒酸涩。经过后期的处理，其品质得到了提高。酒体颜色不深，为淡黄色。因此，方案一木瓜酒酿造工艺经过优化，是成功的。

方案二，分析失败原因，$CaCO_3$冷处理降酸效果不明显，木瓜醪酸度还是很高，因为糖化液浓度太低，将其加入至木瓜醪中反而没有提高它的糖含量。酸高糖低，木瓜醪难以发酵，放置一段时间后很快就发生微生物污染。发现之后将其在高温状态下沸腾，然后待其温度降至常温后，重新活化酵母，放入蔗糖进行正常工艺发酵，但是污染比较严重，最终也未能成功。

方案三和方案四，失败原因分析：先进行 MLF，由于木瓜醪酸度太低，抑制发酵，久而放置，出现不愉快的味道，不仅酸涩，而且有一股难闻的乳臭味。转入酒精发酵，乳酸菌和其他有害细菌共同作用导致酒精发酵难以进行，造成实验失败。

2018 年 7 月 2 日，进行第一次正式实验，实验最终结果为，方案一成功，方案二、方案三、方案四失败。

方案五、六、七、八的木瓜汁，经过15天发酵，加糖化液进行的酒精发酵已经结束，之后转入苹—乳发酵[14-17]，而加蔗糖的酒精发酵未结束。通过对发酵液的监控发现，不去皮的两罐木瓜酒带有木瓜原料的清香，香气持久。去皮发酵的酒，在发酵过程中香气消失比较快，香气淡，得出酿造酸木瓜酒不去皮更好的结论，由此淘汰方案五、方案六。发酵期间温度在14 ℃～19 ℃。发酵第一天温度14 ℃，有点低，发酵期间温度变化不大，比重下降慢，发酵缓慢。方案七的木瓜酒香气清新，微苦，酒体偏暗黄色。方案八的木瓜酒酒体呈淡黄色，有木瓜香但是玉米味突出，破坏了酒整体香味。

方案九、十、十一、十二。1月17日，方案十的木瓜汁转入MLF，1月19日，木瓜汁表面出现一层白膜，因此，方案十失败。1月15日，方案十二的木瓜汁出现白霉、腐臭味，因此，方案十二失败。分析这两个方案的失败原因，可能是：由于加入糖化液进行发酵，糖化液里的其他物质影响了正常发酵的顺利进行，造成实验失败。方案九的木瓜酒有木瓜清香，蜂蜜味，酸甜平衡，有明显酒味，单宁含量适宜，构成木瓜酒酒体的基本骨架，并未给酒带来不和谐的苦涩口感，酒体金黄色。方案十一，木瓜酒有木瓜香，酸涩，微苦，为金黄色酒体。因此，方案九、方案十一成功。

四、结论

本研究以临沧酸木瓜为原料，通过优化木瓜酒的酿造工艺，设计了12种酿造工艺，对木瓜酒的发酵过程进行监控，并检测相关指标。结果表明，方案一的木瓜酒酸涩味突出，酒体颜色不深，呈淡黄色，经过处理后酒体呈棕黄色，有氧化现象。方案九的木瓜酒有木瓜清香，蜂蜜味，酸甜平衡，有明显酒味，单宁含量适宜，构成木瓜酒酒体的基本骨架，并未给酒带来不和谐的苦涩口感，酒体呈金黄色。方案十一的木瓜酒有木瓜香，酸涩，微苦，酒体呈金黄色。综合分析，方案九优于方案十一。方案七的木瓜酒香气清新，微苦，酒体偏暗黄色。方案八的木瓜酒酒体呈淡黄色，有木瓜香但是玉米味突出，破坏了酒整体的香味。其中加糖化液在木瓜酒酿造过程中造成的微生物腐败现象仍需进一步的研究和探讨。不去皮的原料酿造的木瓜酒带有木瓜原料的清香，香气持久，去皮发酵的木瓜酒在发酵过程中香气消失得比较快，香气淡。因此，酿造酸木瓜酒不去皮更好。

基于以上分析，得出木瓜酒酿造工艺的成功度比较结果如下：方案九＞方案十一＞方案七＞方案一＞方案八。因此，方案九的工艺为酿造酸木瓜酒的最佳工艺。

方案九的具体工艺如下：原料→分选→清洗→不去皮、去核、打浆→入罐冷浸渍，同时加入果胶酶→皮渣分离→降酸（碳酸钙）→冷冻降酸→加蔗糖→AF→MLF→澄清（化学澄清）→调配→稳定性检测→过滤→灭菌→灌装→成品。

参考文献

[1] 赵微，白丽，刘云春.大理酸木瓜中齐墩果酸的提取及其降血糖、血脂作用的体内研究[J].医学信息，2014，23：146－147.

[2] 柏旭，袁唯.云南酸木瓜风味果醋的研制[J].饮料工业，2011，12：27－30.

[3] 汪增乾，单杨，李高阳，付复华，李绮丽.脐橙酸木瓜复合汁制备工艺的优化及其稳定性研究[J].中国酿造，2016，(7)：184－188.

[4] 万红贵，洪厚胜，沈佳，李宗成，周益强.云南酸木瓜果酒研制工艺[J].江苏食品与发酵，2003，1：33－35，32.

[5] Vera E, Ruales J, Dornier M, Sandeaux J, Persin F. Comparision of different methords for deacidification of clarified passion fruit juice[J]. *Journal of Food Engineering*. 2013, 1(59): 361－367.

[6] Lee, Pin-Rou; Chong, Irene Siew-May; Yu, Bin; Curran, Philip; Liu, Shao-Quan. Effect of precursors on volatile compounds in Papaya wine fermented by mixed yeasts [J]. *Food Technology and Biotechnology*, 2013, 51 (1): 92－100.

[7] 周倩，蒋和体.干型番木瓜果酒酿造工艺研究[J].西南师范大学学报(自然科学版)，2016，41(5)：122－128.

[8] 赵翾，李红良，秦诗韵.番木瓜果酒的酿造工艺研究[J].中国酿造，2010，11：180－182.

[9] 中华人民共和国国家质量监督检验检疫总局，中国国家标准化管理委员会.《GB/T 15038—2006》总酸的测定 [S].北京：中国标准出版社，2006.

[10] 王华，李艳，李景明，张予林，魏冬梅.葡萄酒分析检验单宁的测定[S].北京：中国农业出版社，2011，152－153.

[11] 乔玲玲，马雪蕾，张 昂，吕晓彤，王 凯，王 琴，房玉林.不同因素对赤霞珠果实理化性质及果皮花色苷含量的影响[J].西北农林科技大学学报，2016，44(2)：129－136.

[12] 梁冬梅，林玉华.分光光度法测葡萄酒的色度[J].中外葡萄与葡萄酒，2002，3：9－10.

[13] 邢凯，张春娅，张美玲，吕文，俞然.总酸、pH 与红葡萄酒稳定性的关系[J].中外葡萄与葡萄酒，2004，5：13－14.

[14] 向进乐，罗磊，马丽苹，张彬彬，樊金玲，朱文学.木瓜酒和木瓜醋发酵工艺及其有机酸组成分析[J].食品科学，2016，37(23)：191－195.

[15] 韦广鑫，龙立利，杨笑天，曾凡坤，张惟广.野木瓜果酒发酵工艺优化研究[J].酿酒科技，2015，5：83－85，93.

[16] 刘小雨，李科，张惟广.纯种发酵和混菌发酵对野木瓜果酒品质的影响[J].食品与发酵工业，2018，44(10)：134－140.

[17] 刘兆玺，徐康，李艳玲，张俊丽，郭萌萌.番木瓜果酒发酵及其抗氧化能力分析[J].中国酿造，2017，36(8)：45－48.

第五节　木瓜酒的酿造工艺——辅料

【目的】研究碳酸钙用量、酵母接种量和初始糖浓度对木瓜酒品质的影响，优化木瓜酒酿造工艺。

【方法】以临沧酸木瓜为主要原料，以安琪酿酒酵母（葡萄酒活性干酵母 BV88）为发酵菌株，通过单因素实验，设置不同梯度的碳酸钙（16 g/L、19 g/L、22 g/L、25 g/L 和 28 g/L）对木瓜汁进行降酸，每 2 h 测定一次总酸，共测三次，确定最佳碳酸钙用量。分别以不同酵母接种量（200 mg/L、250 mg/L、300 mg/L、350 mg/L 和 400 mg/L）、不同初始糖浓度（119 g/L、153 g/L、187 g/L、221 g/L 和 255 g/L）进行单因素实验，监控总酸和可溶性固形物随发酵时间的变化，同时结合感官品评分析不同酵母接种量和不同初始糖浓度对发酵过程的影响。

【结果】最终得出木瓜酒最佳工艺参数：碳酸钙降酸最适用量为 22 g/L，最佳酵母接种量为 350 mg/L，最佳初始糖浓度为 187 g/L。

一、背景

酸木瓜是一种营养丰富、百益而无一害的药食两用的“百益之果”。酸木瓜含有丰富的天然果酸、抗氧化酶、超氧化物歧化酶、有机酸和膳食纤维，特别含有大量的维生素 C 和酚类物质，具有美颜白肤之功效。多酚类物质包括单宁、黄酮类和各种酚酸等，是具有应用价值的抗氧化剂[1]。

目前我国主要栽培的木瓜品种是皱皮木瓜和光皮木瓜。皱皮木瓜，又称贴梗海棠、酸木瓜等。皱皮木瓜果实大多呈卵形，果皮颜色呈黄色或黄绿色，表面有斑点，气味清香，果肉脆，味酸涩，主要分布于四川、重庆、湖北、安徽、浙江、湖南、陕西、云南等地。酸木瓜可以用作药材，通过腌制、糖渍、酿造等方法加工成果脯、木瓜饮料、木瓜酒、木瓜醋之后食用，也可制作木瓜盆景。我国南方安徽、四川、浙江、云南等地的酸木瓜以野生小果型木瓜为主，主要供观赏和药用[2]。云南酸木瓜，学名贴梗木瓜，蔷薇科，木瓜属[3]。成熟的酸木瓜色泽金黄、气味芳香、果实质地较硬。

在木瓜酒酿造技术上，国内木瓜酒存在工艺落后、专用酿造设备缺乏、专用优良木瓜酒酿造酵母匮乏、稳定性不佳四大技术难题。其中稳定性不佳的问题，极大地损害了酒体品质，严重制约了木瓜酒业的进一步发展[4]。

在木瓜酒酿造工艺上，茅粮集团以临沧市特有的白花木瓜为原料，根据白花木瓜的特性设计酿造工艺、技术参数等，开发出世界第一支司岗里木瓜发酵果酒，对于发酵过程中酸高、澄清、去涩、沉淀等难题，采用化学降酸和生物降酸相结合，较好地保留了木瓜营养成分[5]。

云南许多地区都有酸木瓜种植,其中临沧酸木瓜居多。酸木瓜药用价值高,但鲜食口感不佳,生硬、酸涩,为大多数人所不喜。大量酸木瓜闲置,利用率低,未能充分发挥其应有价值。酸木瓜果实糖低、酸高的特点很突出,酸高会抑制酵母繁殖,影响发酵正常进行。因此为保证木瓜酒发酵正常进行、优化木瓜酒的酿造工艺,就要对木瓜汁进行加糖、降酸实验。

本实验采用云南临沧具有地方特色的酸木瓜为实验材料。以木瓜汁碳酸钙降酸用量、酵母接种量、不同初始糖浓度为单因素进行实验,其他实验操作保持一致,监控总酸和可溶性固形物随发酵时间的变化,同时结合感官品评分析不同酵母接种量和不同初始糖浓度对发酵过程的影响[6]。根据发酵时间、木瓜酒酒度、糖分析不同酵母接种量对木瓜酒品质的影响,优化木瓜酒发酵工艺参数[7]。利用木瓜香味及其有效营养成分酿制保健型果酒,一方面保留酸木瓜的营养成分和生理活性物质,另一方面酸木瓜酒作为深加工后的产品,具备耐贮藏、经济效益高的优点,因此,对木瓜酒酿造工艺的研究有很大的应用前景[8]。

二、材料与方法

(一) 材料与辅料

材料:临沧酸木瓜(市售),外体金黄,气味清香。

辅料:安琪酵母(葡萄酒活性干酵母 BV818),湖北宜昌市城东大道 168 号。乳酸菌,用量 1 g/100 kg,烟台帝伯仕自酿机有限公司。果胶酶,南宁庞博生物工程有限公司。

(二) 仪器与试剂

试剂:氢氧化钠、酒石酸钾、葡萄糖、次甲基蓝、硫酸铜、磷酸氢二钠、柠檬酸、氯化钾、无水醋酸钠、pH 缓冲溶液。

表 1-26 主要仪器设备

仪器	型号规格	生产厂家
电子天平	Sop OUINITIX224-1CN	赛多利斯科学仪器北京有限公司
电热鼓风干燥箱	DHG-9070A	上海一恒科学仪器有限公司
紫外可见分光光度计	UV-5500	上海元析仪器有限公司
酸度计	PB-10	赛多利斯科学仪器北京有限公司
电热恒温水浴锅	HWS26	上海一恒科学仪器有限公司
分析天平	TG328A	上海精科仪器厂
磁力搅拌器	1kA-RTC	邦西仪器科技上海有限公司

（三）方法

1. 工艺流程

参照游新勇等人[9-10]对木瓜酒发酵工艺的研究，略做修改：

原料→分选→清洗→不去皮、去核、打浆→加果胶酶冷浸渍→皮渣分离→降酸（碳酸钙）→加蔗糖→AF→转罐→MLF→澄清

2. 工艺操作要点

（1）原料（市售），酸脆，味清香，口感佳。

（2）分选，挑选成熟度比较好并且没有病害的果实，去除青果和霉烂果。清洗干净，晾干。

（3）不去皮、去核，用榨汁机打浆。

（4）入罐，8 ℃～10 ℃冷浸渍 48 h，同时加入 200 mg/L 的果胶酶。

（5）皮渣分离。

（6）用 22 g/L 碳酸钙降酸处理后放入冰柜，8 ℃～10 ℃低温存放 12 h。

（7）酒精发酵：温度 18 ℃～28 ℃。

（8）A 组变量为酵母添加量，按不同酵母接种量（200 mg/L、250 mg/L、300 mg/L、350 mg/L 和 400 mg/L）添加酵母，初始糖浓度 255 g/L。

（9）B 组变量为蔗糖添加量，按不同初始糖浓度（119 g/L、153 g/L、187 g/L、221 g/L 和 255 g/L）添加蔗糖，酵母接种量 300 mg/L。

（10）添加蔗糖量：目标糖浓度减去木瓜汁原始糖浓度再乘以木瓜汁体积（木瓜汁原始糖浓度为 11 g/L）。

（12）转罐，除酒泥。

（13）添加 1 g/100 kg 乳酸菌，进行苹果酸—乳酸发酵。

（14）澄清，皂土用量 1 g/L。

3. 单因素实验

参照谢洋洋等人[11]的方法进行以下实验设计。

（1）碳酸钙最适用量的确定

先测定降酸前滴定酸的含量。设置碳酸钙用量梯度：16 g/L、19 g/L、22 g/L、25 g/L 和 28 g/L。对每个试样（300 mL 木瓜汁），降酸 6 h，在降酸期间不间断进行搅拌。测定降酸2 h、4 h、6 h 后滴定酸含量。用滴定酸含量表示降酸效果。最后确定碳酸钙最佳用量。优化木瓜酒发酵工艺参数。

（2）安琪酵母接种量的选择

设置酵母添加量梯度：200 mg/L、250 mg/L、300 mg/L、350 mg/L 和 400 mg/L，每个发酵罐装 2 L 木瓜汁，分别编号 A①、A②、A③、A④和 A⑤。其他实验操作保持一致。监控总酸和可溶性固形物随发酵时间的变化，同时结合感官品评分析不同酵母接

种量对发酵过程的影响。根据发酵时间、木瓜酒酒度、糖度分析不同酵母接种量对木瓜酒品质的影响，优化木瓜酒发酵工艺参数。

（3）木瓜汁初始糖浓度的选择

以木瓜汁初始糖浓度为单因素，设置五个目标酒度梯度 7%vol、9%vol、11%vol、13%vol 和 15%vol。依据 17 g 糖可转换为 1%vol 酒精可知，木瓜醪初始糖浓度梯度应为 119 g/L、153 g/L、187 g/L、221 g/L 和 255 g/L，每个发酵罐装 2 L 木瓜汁，分别编号B①、B②、B③、B④和 B⑤。其他实验操作保持一致。监控总酸和可溶性固形物随发酵时间的变化，同时结合感官品评分析不同初始糖浓度对发酵过程的影响。根据发酵时间、木瓜酒酒度、糖度分析不同初始糖浓度对木瓜酒品质的影响，优化木瓜酒发酵工艺参数。

4. 指标测定方法

（1）糖：直接滴定法

（2）总酸：电位滴定法（依据《GB/T 15038—2006》总糖、总酸的测定标准进行测定[12]）

（3）色度[13]

① 用 pH 计检测酒样的 pH。

② 制备缓冲溶液

A 液：0.2 mol/L 磷酸氢二钠。称取 7.12 g 磷酸氢二钠定容至 200 mL。

B 液：0.2 mol/L 柠檬酸。称取 4.2 g 柠檬酸定容至 200 mL。

将 A 液和 B 液混合，用 pH 计直接测定缓冲液 pH。

③ 用大肚吸管吸取 2 mL 酒样于 25 mL 比色管中，再用与木瓜汁相同 pH 的缓冲液稀释至 25 mL，然后用 1 cm 比色皿在分光光度计的 λ_{420}、λ_{520}、λ_{620} 处分别测吸光值（以蒸馏水作空白）。

④ 计算：待测样品应在比色槽中放置 15 min，此后观察比色皿中是否有气泡，若有气泡需驱赶后再开始比色，将在分光光度计上测得 λ_{420}、λ_{520}、λ_{620} 的吸光值三值相加后乘以稀释倍数 12.5，即为色度。

（4）pH

① 调零，先用蒸馏水冲洗电极，并用滤纸吸干，将其插入 pH6.864 的标准缓冲液中，待读数稳定后按“定位”键，当 pH 计显示 pH6.86 时，按“确定”键。若读数不为 6.86，再标定一次直到读数为 6.86。

② 测酒样，将电极清洗后插入 pH4.003 的缓冲溶液中，待读数稳定后，当 pH 计显示 4.00 时，按“确认”键。清洗电极并用滤纸吸干，插入待测酒液中，待 pH 计读数稳定后，读数并记录。

（5）酒度：密度瓶法（依据《GB/T 15038—2006》酒度测定标准进行测定）

（6）可溶性固形物：折光仪法[14]

打开手持式折光仪盖板，用干净的纱布或卷纸小心擦干棱镜玻璃面。在棱镜玻璃面上滴 2 滴蒸馏水，盖上盖板。于水平状态，从接眼部处观察，检查视野中明暗交界线是否处在刻度零线上。若与零线不重合，则旋动刻度调节螺旋，使分界线面刚好落在零线上。打开盖板，用纱布或卷纸将水擦干，然后如上法在棱镜玻璃面上滴 3 滴木瓜汁，进行观测，读取视野中明暗交界线上的刻度，即为木瓜酒中可溶性固形物含量(%)。

(7) 感官评价

① 将酒样从发酵罐中取出，置于酒杯中并编号，调温至 20 ℃～25 ℃，对号注入酒样约 25 mL。

② 将注入酒样的评酒杯置于明亮处，举杯齐眉，用眼观察杯中酒的透明度、澄清度，以及有无沉淀和聚合物等，做好详细记录。

③ 手握杯柱，慢慢将酒杯置于鼻孔下方，嗅闻其挥发香气，慢慢摇动酒杯，嗅闻香气，用手握酒杯腹部 2 min，摇动后，再嗅闻香气，依据上述程序，判断是原料香或其他异香。饮入少量酒样于口中，尽量使其均匀分布于味觉区，仔细品评口感，咽下再回味口感和后味，仔细记录。

按表 1-27 中的标准对木瓜酒进行感官评价。

表 1-27　感官评价表

感官评价(100 分)	评分标准	分数
外观(20 分)	澄清，透亮，有光泽，典型金黄色	18～20
	轻微雾状，微失光，微黄色	15～17
	浑浊，失光	＜14
香气(30 分)	具有木瓜酒特有的清香，醇香柔和，协调，无异香	26～30
	具有木瓜酒典型的香气，香气较平衡，无异味	22～25
	香气沉闷，无异香	18～21
	香气较平淡，稍有异香	＜17
口感(40 分)	酒体醇和、圆润、协调，酸甜适度，和谐纯正	35～40
	酒体协调，酸甜适度，无明显苦味，口感较好	28～34
	酒体平淡，微酸，微苦，无明显缺陷	21～27
	口感较差，欠协调，酸味明显，苦味明显，无异味	＜20
余味(10 分)	余味长，具有木瓜酒典型风格，无缺陷	9～10
	余味较长，具有木瓜酒的典型性，无缺陷	6～8
	余味较短或辨别不出，木瓜酒典型性不明显	＜5

三、结果

（一）基本指标

酸木瓜原料和木瓜酒糖、酸、色度的测定结果如表 1 - 28 所示，酸木瓜原料糖 11 g/L，酸 39.38 g/L，色度 3.33。随着酵母接种量和初始糖浓度的增加，木瓜酒色度出现上下波动，但木瓜酒色度都大于木瓜汁的色度。木瓜汁初始颜色为浅黄色，随着发酵进行，色度值上升，导致木瓜酒颜色加深，呈金黄色，色泽更好，这与赵晨霞关于干红酒色度的研究一致[15]。酸木瓜原料具有糖低、酸高的特点，因此，要进行加糖、降酸实验。

A 组实验中，随着酵母接种量的增加，木瓜酒酸度在降低，但酵母接种量为 400 mg/L 时，A 组木瓜酒酸度却升高了，这主要是因为在发酵过程中产生的乙醇分解了果皮和果肉中的有机酸。A 组每一罐中的有机酸都不一样，表明酵母接种量会对发酵过程中产生的有机酸含量造成一定的影响[16]。并不是酵母添加量越多越好，要综合考虑其他参数，如发酵速度对酒口感的影响，发酵过程中的色度等等。随着酵母接种量的增加，木瓜酒还原糖先增大后减小，200 mg/L、250 mg/L、300 mg/L 酵母接种量增多而转化糖的能力却在降低，350 mg/L、400 mg/L 酵母接种量增多而转化糖的能力在增强，这主要是由于在发酵初始阶段，酵母发酵产生的乙醇分解、释放果皮和果肉中总糖的速度高于发酵速度，导致还原糖含量增加，当果皮和果肉中的糖释放完以后，或者酵母的添加量增加时，酵母发酵糖的速度高于乙醇分解、释放果皮和果肉中的总糖的速度，还原糖的含量开始降低。

B 组实验中，随着初始糖浓度 119 g/L、153 g/L、187 g/L、221 g/L 和255 g/L的增加，糖含量都降至 2 g/L 左右，但初始糖浓度 255 g/L 木瓜醪发酵后还原糖还有 68 g/L，表明糖浓度会通过影响酵母细胞的渗透压影响酵母的发酵活性，降低对糖的分解能力。发酵过程中酵母活性增强，转化糖的转化速度加快，发酵后期酵母活性下降，转化糖的速度降低，导致残留的还原糖较多，这与朱祥和吴中歧[17]的研究结果一致。实验同时发现，色度和酸成反比关系。酸低，色度高，酸高，色度反而低，表明酸的高低会影响色度的变化。

表 1 - 28　原料和酒的基本指标

		还原糖(g/L)	总酸(g/L)	色度
原料	—	11	39.38	3.33
A 组 酵母接种量 (mg/L)	A①200	64	19.88	4.24
	A②250	77	19.13	3.76
	A③300	87	17.63	6.46

续 表

		还原糖(g/L)	总酸(g/L)	色度
A组 酵母接种量 (mg/L)	A④350	83	16.88	5.56
	A⑤400	71	19.88	4.88
B组 初始糖浓度 (g/L)	B①119	2	14.63	3.86
	B②153	3	18.38	3.43
	B③187	2	16.88	4.06
	B④221	2	18.38	3.88
	B⑤255	68	16.13	5.74

(二) 碳酸钙最适用量的确定

2019 年 4 月 14 日，做碳酸钙降酸实验。降酸前木瓜汁滴定酸为 40.875 g/L。设置碳酸钙梯度为 16 g/L、19 g/L、22 g/L、25 g/L 和 28 g/L，每个试样 300 mL，降酸 6 h，降酸期间不间断进行搅拌。测定降酸 2 h、4 h、6 h 后滴定酸的含量。用滴定酸含量表示降酸效果。最后得出碳酸钙最佳用量。

表 1－29 中的数据为五个碳酸钙降酸梯度 16 g/L、19 g/L、22 g/L、25 g/L 和 28 g/L 的实验结果。从这五个梯度可以看出，降酸 2 h，效果很明显，降酸 2～4 h，酸度降低很少，降酸 4 h 和 6 h 后酸不再变化。这个实验表明，从效率上，最佳的降酸时间是 2 h。就浓度梯度来说，碳酸钙浓度越高，降酸效果越明显，降酸速度越快。从发酵的角度，酸度越高，发酵越困难；酸度越低，发酵过程中越容易感染有害微生物，产生大量的副产物。通常果酒酒精发酵需要的最佳酸度为 6～12 g/L，在酒精发酵过程中和酒精发酵后的苹果酸—乳酸发酵过程中，酸会被进一步分解，酸度降低，因此，宜将最佳的碳酸钙浓度控制在 22 g/L，降酸时间控制在 2 h。另外，从外观上看，28 g/L 碳酸钙处理的木瓜汁已经变成了黄绿色，这是降酸过度对木瓜汁颜色造成的影响。从香气上分析，随着碳酸钙用量的增加，木瓜汁的清香逐渐减弱。从降酸效果上来看，16 g/L 和 19 g/L 碳酸钙处理的木瓜汁的酸分别降到 17.625 g/L 和 14.625 g/L，酸还是相对较高，对酒精发酵不利。28 g/L 碳酸钙使木瓜汁的酸降至 3 g/L 左右，降酸过度，会引起有害微生物繁殖，降低颜色，引起木瓜汁氧化、破败。25 g/L 碳酸钙使木瓜汁的酸降至 6.7 g/L 左右，尽管能够在短期内抑制有害微生物繁殖，使发酵正常进行，但是在后期的陈酿期间，酸度会进一步降低，引起有害微生物繁殖，对陈酿不利。22 g/L 碳酸钙使木瓜汁的酸度在 2 h 后降低至 12.375 g/L，能够使发酵正常进行，但是会影响发酵速度。木瓜汁酸度较高，在发酵后期可以保护木瓜酒的颜色[18-19]。综上分析，本实验认为使用 22 g/L 的碳酸钙降酸 2 h 最佳。

表 1-29　降酸时间对碳酸钙降酸效果的影响

	16 g/L	19 g/L	22 g/L	25 g/L	28 g/L
0 h	40.875	40.875	40.875	40.875	40.875
2 h	18.375	15.375	12.375	6.750	3.000
4 h	17.625	14.625	11.625	6.375	2.250
6 h	17.625	14.625	11.625	6.375	2.250

（三）温度和比重

2019 年 4 月 16 日，启动酒精发酵。A 组酵母接种量不同，初始糖浓度 255 g/L；B 组初始糖浓度不同，酵母接种量 300 mg/L。对不同酵母接种量和不同初始糖浓度的木瓜醪温度、比重在发酵期间进行监控，如图 1-1。

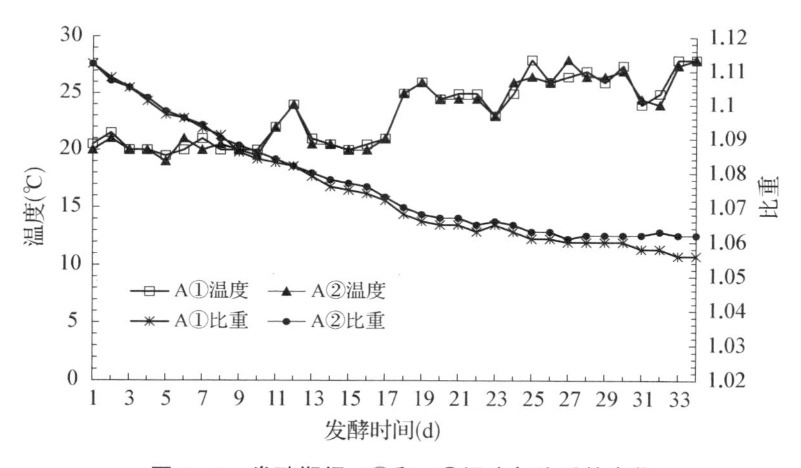

图 1-1　发酵期间 A①和 A②温度与比重的变化

如图 1-1，A①罐酵母接种量为 200 mg/L，A②罐酵母接种量为 250 mg/L，两罐初始糖浓度都是 255 g/L，每罐 2 L 木瓜汁。发酵温度 18～28 ℃。两罐发酵温度呈上升趋势，发酵前 10 天采用控温处理，温度保持在 20 ℃左右。发酵第 11 天后不控温，外加黑色塑料袋进行避光升温处理，加速发酵进程。发酵 12 天温度升到 24 ℃，发酵期间比重稳步下降，发酵第 12 天后 A①罐比重下降比 A②罐比重下降快，早晚温差大，避光升温后发酵温度上升对发酵的影响大于酵母接种量对发酵的影响[20]。中期温度为 20 ℃～25 ℃，发酵后期温度为 23 ℃～28 ℃。升温之后酵母的活性增强，转换糖的速度加快，比重下降速度加快，发酵后期比重趋于平稳。因此，在酵母适宜活性的温度范围内，随着温度升高，酵母活性变强，发酵速度加快，使发酵尽早结束，避免了有害微生物的繁殖。

A③罐接种酵母量 300 mg/L，A④罐接种酵母量 350 mg/L，每罐 2 L 木瓜汁。如图 1-2，发酵期间比重呈下降趋势。发酵 18 天后，A④比重开始明显低于 A③，发酵 34 天后，A③比重大于 A④。发酵前期酵母接种量对发酵影响较大，酵母接种量越大，发酵越快。但发酵后期，外界温度对发酵速度影响大于酵母接种量影响[21]。发酵温度18～28 ℃。两罐温度呈上升趋势，发酵前10天控温，使温度保持在20 ℃左右。发酵第11天后不控温，外加黑色塑料袋避光升温，加速发酵。发酵12天温度升到24 ℃，因为早晚温差大，避光升温后发酵温度有所波动。发酵第19天后，A③温度大于A④，A③酵母接种量小于A④，A③比重比A④下降慢，发酵后期酵母活性下降，温度对酵母活性影响变小。

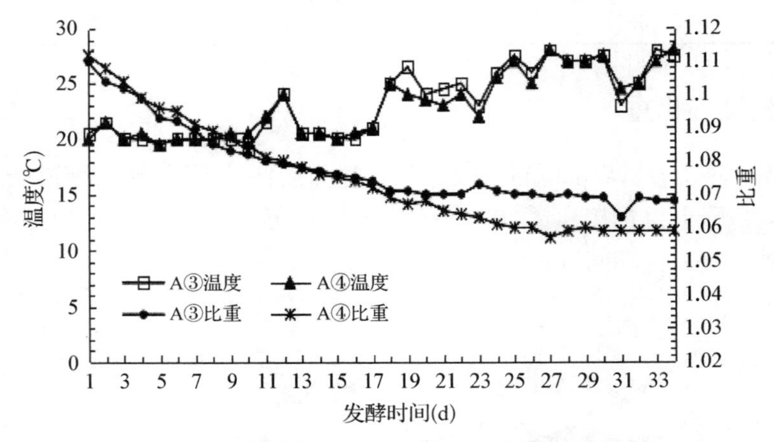

图1-2　发酵期间A③和A④温度与比重的变化

A⑤罐接种酵母量为400 mg/L，初始糖浓度为255 g/L。B①罐木瓜汁初始糖浓度119 g/L，酵母接种量300 mg/L，每罐2 L木瓜汁。如图1-3，发酵期间比重呈下降趋势，B①罐比重小于A⑤罐。B①发酵速度快，第26天发酵完。发酵温度18～28 ℃。两罐温度呈上升趋势，发酵前10天进行控温处理，保持20 ℃左右。发酵第11天后不控温，外加黑色塑料袋进行避光升温处理，加速发酵进行。发酵第12天温度开始上升，避光升温后发酵温度上下波动，且两罐温度差值不大，说明发酵后期温度对木瓜酒发酵速度影响较小。B①罐发酵26天结束，A⑤发酵34天时还未发酵完，由此分析，不同初始糖浓度对木瓜酒发酵周期影响较大，这与曹宇龙关于葡萄糖初始浓度的研究结果一致[22]。

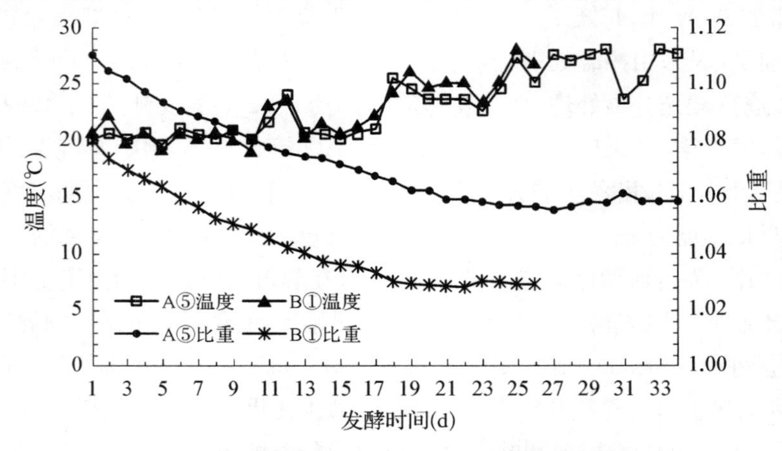

图1-3　发酵期间A⑤和B①温度与比重的变化

B②罐和B③罐木瓜汁初始糖浓度分别为153 g/L、178 g/L，酵母接种量为300 mg/L，每罐2 L木瓜汁。如图1－4，发酵期间比重呈下降趋势，发酵26天B③罐比重突然下降0.011。B②罐第27天发酵完，B③罐第31天发酵完，说明不同初始糖浓度对木瓜酒发酵周期的影响较大[22]。两罐温度呈上升趋势，发酵前10天进行控温处理，温度保持在20 ℃左右。发酵第11天后外加黑色塑料袋进行避光升温处理，发酵后期温度波动较小。

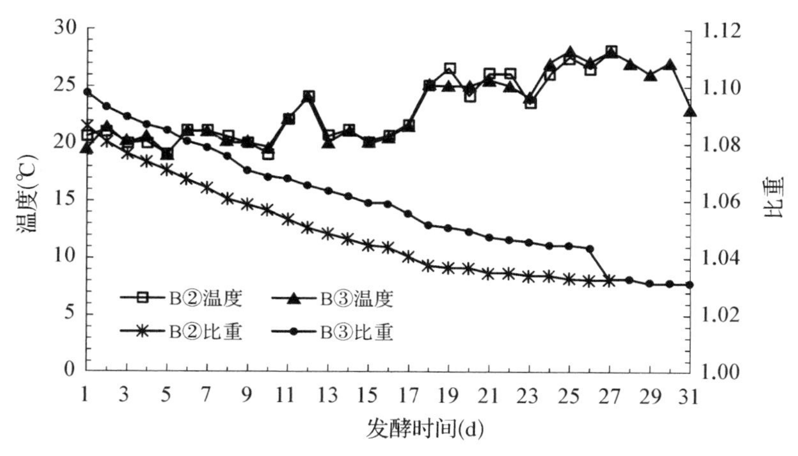

图1－4 发酵期间B②和B③温度与比重的变化

B④罐木瓜汁初始糖浓度为221 g/L，B⑤罐木瓜汁初始糖浓度为255 g/L，酵母接种量300 mg/L，每罐2 L木瓜汁。如图1－5，发酵期间比重呈下降趋势。在发酵前期，比重下降比较快，到后期比重下降比较慢。发酵温度18 ℃～28 ℃。两罐温度呈上升趋势，发酵前10天作控温处理，温度保持在20 ℃左右。发酵第11天后外加黑色塑料袋进行避光升温处理，因为早晚温差大，避光升温后发酵温度有所波动。发酵后期比重有轻微的上、下波动情况，发酵完全的木瓜酒比重在1.30左右。后期避光升温，日温差大，温度变化波动较大，对发酵温度有一定的影响。升温能加速发酵，但在一定程度上也会减弱木瓜酒的香气；发酵周期太长不利于果香、酒香的保存[23-24]。

（四）可溶性固形物和总酸

图1－6为发酵过程中酵母接种量、木瓜汁初始糖浓度对可溶性固形物和总酸含量变化的影响，每隔一天测定一次总酸和可溶性固形物（0天表示碳酸钙降酸处理后测得的酸和可溶性固形物，1天表示加糖后测的可溶性固形物，2天表示发酵第一天测得的酸和可溶性固形物，之后数字就表示发酵的天数）。

如图1－6，加糖前木瓜汁可溶性固形物6.1%，加糖之后木瓜汁可溶性固形物在26%左右。碳酸钙降酸处理之后，木瓜汁总酸8.625 g/L。发酵期间可溶性固形物呈下降趋势，发酵前期变化很小，发酵第17天之后，A①可溶性固形物下降得比A②快，而A①的温度大于A②的，说明在发酵后期影响发酵速度的不是酵母接种量，而是温度[25]。A①的总酸大于 A②，发酵期间总酸整体上呈上升趋势，因为在发酵过程中会产生有机酸[26]。

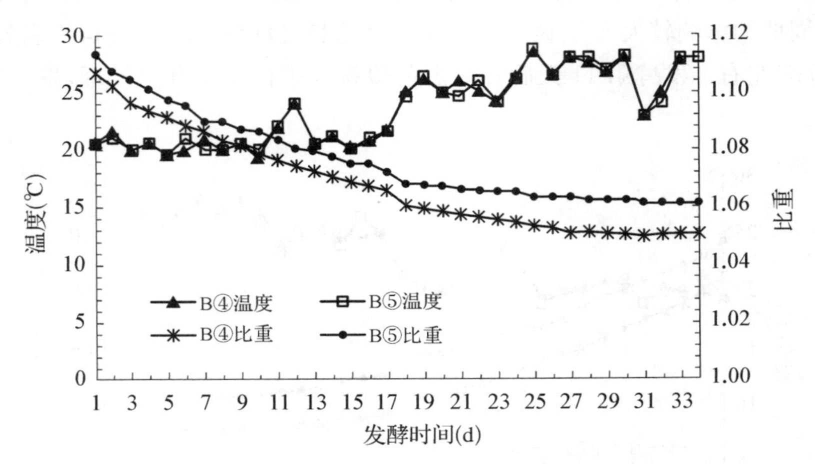

图 1-5　发酵期间 B④和 B⑤温度与比重的变化

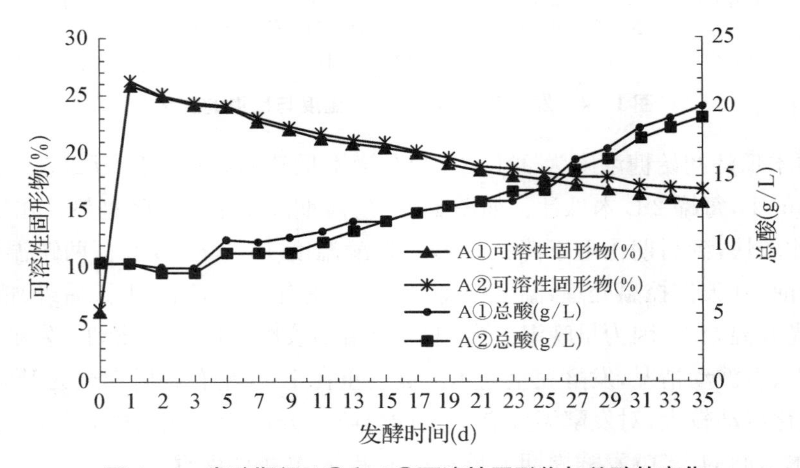

图 1-6　发酵期间 A①和 A②可溶性固形物与总酸的变化

A③和 A④加糖前木瓜汁可溶性固形物含量 6.1%，加糖之后木瓜汁可溶性固形物含量在 26%左右。碳酸钙降酸之后，木瓜汁总酸 8.625 g/L。如图 1-7，发酵期间总酸整体上呈上升趋势，但变化不大，但是可溶性固形物呈下降趋势，发酵第 17 天两罐可溶性固形物都降至 20%。发酵前期 A③可溶性固形物低于 A④，发酵后期则反之。说明前期 A③发酵速度快，后期则 A④发酵速度比较快。这与前期 A③的发酵温度高于 A④有关，至后期，A③还原糖降至很低，温度开始下降，而 A④正处于发酵旺盛期，温度仍然较高，所以发酵速度比较快(图 1-2、图 1-7)。另外，发酵前期酵母接种量对可溶性固形物影响较小，发酵后期酵母接种量越大，可溶性固形物降低得越快[22]。

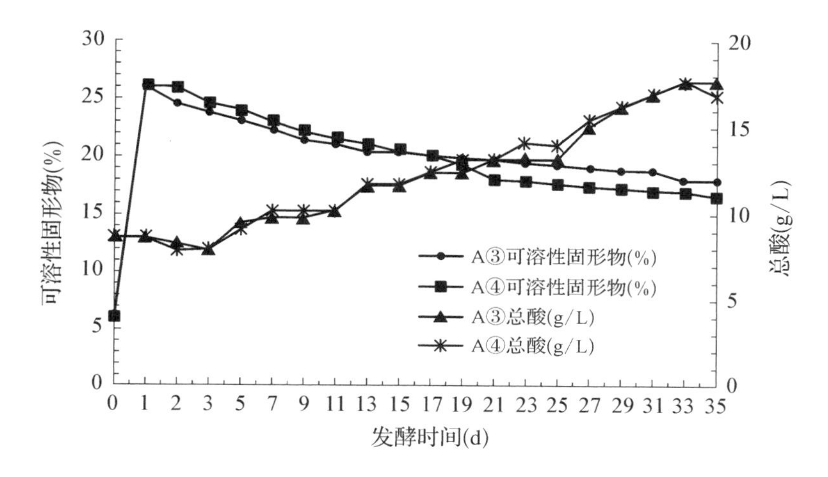

图 1-7　发酵期间 A③和 A④可溶性固形物与总酸的变化

A⑤和 B⑤初始糖浓度都是 255 g/L，A⑤罐接种酵母量为 400 mg/L，B⑤酵母接种量 300 mg/L，每罐 2 L 木瓜汁。加糖前木瓜汁可溶性固形物为 6.1%，加糖之后木瓜汁可溶性固形物在 26%左右。碳酸钙降酸处理之后，木瓜汁总酸 8.625 g/L。如图 1-8，发酵期间可溶性固形物呈下降趋势，两罐相差很小。发酵期间总酸整体上呈上升趋势，有很小的波动，发酵后期 B⑤总酸上升比 A⑤慢，说明酵母接种量越大，发酵产生的有机酸越高[26]。

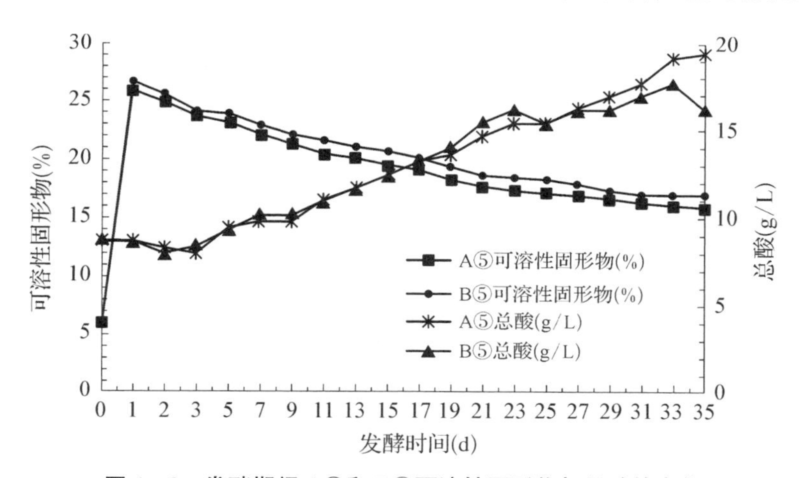

图 1-8　发酵期间 A⑤和 B⑤可溶性固形物与总酸的变化

如图1-9，B①罐初始糖浓度 119 g/L，B②罐初始糖浓度 153 g/L，酵母接种量都是 300 mg/L，每罐 2 L 木瓜汁。加糖前木瓜汁可溶性固形物 6.1%，加糖之后 B①可溶性固形物 18.6%，B②可溶性固形物 20%。碳酸钙降酸处理之后，木瓜汁总酸 8.625 g/L。发酵期间可溶性固形物呈下降趋势，两罐相差 2%左右。发酵期间总酸整体上呈上升趋势，有很小的波动，发酵第 25 天，B①罐发酵接近尾声，此时总酸呈下降趋势，说明有机酸产量在减少，而初始糖浓度较高的 B②还在继续发酵，总酸仍在上升[27]。

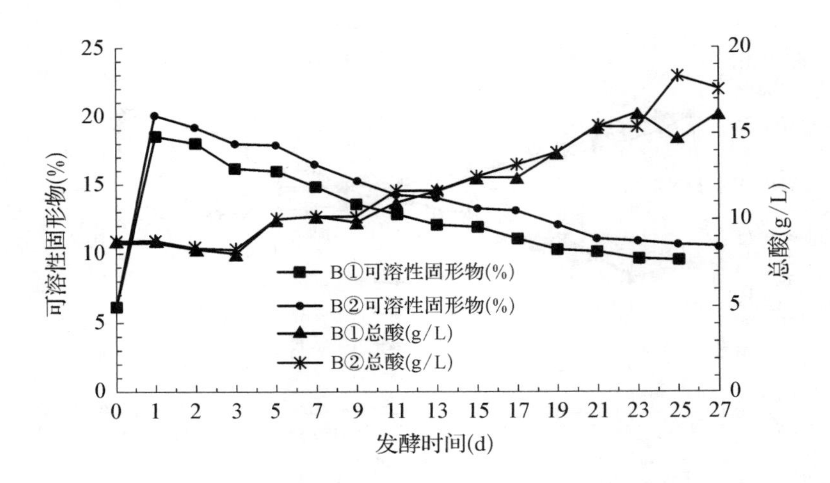

图 1-9 发酵期间 B①和 B②可溶性固形物与总酸的变化

如图1-10,B③罐初始糖浓度 178 g/L,B④罐初始糖浓度 221 g/L,酵母接种量都是 300 mg/L,每罐 2 L 木瓜汁。加糖前木瓜汁可溶性固形物 6.1%,加糖之后 B③可溶性固形物 23%,B④可溶性固形物 24.6%。碳酸钙降酸处理之后,木瓜汁总酸 8.625 g/L。发酵期间可溶性固形物呈下降趋势,两罐相差 2%左右。发酵结束后 B③总酸突然下降,发酵期间总酸整体上呈上升趋势,有很小的波动。

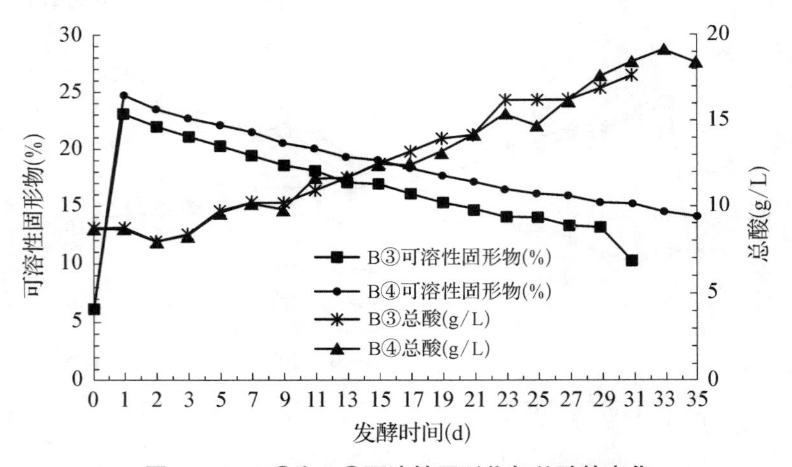

图 1-10 B③和 B④可溶性固形物与总酸的变化

发酵过程中可溶性固形物含量逐渐下降,总酸在逐渐升高。可溶性固形物指的是样品中的可溶性物质,包括糖、酸、维生素、矿物质等。木瓜醪加糖之后,不同酵母接种量的木瓜醪可溶性固形物都从 6.1%上升到 26%左右,说明木瓜醪可溶性固形物主要是糖。发酵过程中酵母将糖转化为酒精,同时可溶性固形物也不断下降,当可溶性固形物含量下降到 10%左右的时候,糖含量在 3 g/L 左右,木瓜醪已发酵完全。木瓜醪发酵过程中要供给酵母氧气,半开罐、木瓜醪发酵周期过长等因素容易造成挥发酸升高,从而使总酸上升,在发酵过程中产生的有机酸也会使总酸升高[28-29]。

（五）安琪酵母接种量的选择

1. 酵母接种量对酸木瓜醪酒精发酵的影响

以酵母接种量为单因素，设置酵母添加量梯度 200 mg/L、250 mg/L、300 mg/L、350 mg/L 和 400 mg/L，其他实验操作保持一致。监控总酸和可溶性固形物随发酵时间的变化情况，同时结合感官品评分析不同酵母接种量对发酵过程的影响。根据发酵时间、木瓜酒酒度、糖分析不同酵母接种量对木瓜酒品质的影响，优化木瓜酒发酵工艺参数。

表 1－30　酵母接种量对酸木瓜酒精发酵的影响

酵母接种量(mg/L)	启动发酵耗时(h)	发酵时间(d)	酒精度(%vol)	还原糖(g/L)
A①(200)	18	34	3.10	64
A②(250)	16	34	2.62	77
A③(300)	14	34	1.60	87
A④(350)	12	34	3.52	83
A⑤(400)	16	34	3.06	71

不同酵母接种量对发酵有影响。木瓜汁初始糖浓度都是 255 g/L，酸均为 8.625 g/L；添加蔗糖后木瓜醪可溶性固形物在 26%左右。A①、A②、A③、A④和 A⑤接种酵母量分别为 200 mg/L、250 mg/L、300 mg/L、350 mg/L 和 400 mg/L。不同的酵母接种量导致发酵快慢程度不同[30-32]。如表 1－30，根据相同时间内不同酵母接种量对木瓜醪的发酵速度、木瓜酒酒精度和糖的分析，按启动发酵耗时长短排列为 A④<A③<A②<A⑤<A①，A④罐启动发酵最快，A①罐启动发酵最慢，可见随着酵母接种量的增加，启动发酵耗时在减少；酵母接种量 400 mg/L，启动发酵耗时反而增加。发酵 34 天时，酒精度的高低顺序为 A④>A①>A⑤>A②>A③，糖含量的高低顺序为 A③>A④>A②>A⑤>A①。在发酵过程中，酵母进行有氧呼吸，由于采用半开罐模式，发酵周期过长，又由于发酵过程中的挥发，最后木瓜酒未能达到目标酒度。结果表明，随着酵母接种量的增大，启动发酵时间缩短，但酵母添加量达 400 mg/L 时，启动发酵时间反而延长了。酵母接种量为 350 mg/L 时酒度最高。故最佳酵母接种量为 350 mg/L。

2. 木瓜酒感官评价

由 10 位葡萄酒专业的学生组成品评小组对不同酵母接种量的木瓜酒进行评价并综合品尝意见，得出品评结果如表 1－31。

表 1－31　不同酵母接种量木瓜酒感官评价

	200 mg/L	250 mg/L	300 mg/L	350 mg/L	400 mg/L
外观(20 分)	15.9	16	16.6	18	15.1
香气(30 分)	22.2	23.6	22.8	26.7	20.8

续　表

	200 mg/L	250 mg/L	300 mg/L	350 mg/L	400 mg/L
口感(40 分)	28.7	30.4	30.6	35.7	24.8
余味(10 分)	6.4	7.3	7.2	8.3	5.5
总分(100 分)	73.2	77.3	77.2	88.7	66.2

如表 1-31 和图 1-11，A①、A②、A③、A④和 A⑤接种葡萄酒活性干酵母 BV88 量分别为 200 mg/L、250 mg/L、300 mg/L、350 mg/L 和 400 mg/L。对不同酵母接种量的木瓜酒进行感官品评[33-34]，结果为：外观评分从高到低为 A④＞A③＞A②＞A①＞A⑤；香气评分从高到低为 A④＞A②＞A③＞A①＞A⑤；口感评分从高到低为 A④＞A③＞A②＞A①＞A⑤；余味评分从高到低为 A④＞A②＞A③＞A①＞A⑤；总评评分从高到低为 A④＞A②＞A③＞A①＞A⑤。不同酵母接种量的木瓜酒感官评价中，余味都相对薄弱，外观其次，口感和香气相对较好，其中酵母接种量为 350 mg/L 的 A④木瓜酒在外观、香气、口感和余味上总体表现最好。故最佳酵母接种量为 350 mg/L。

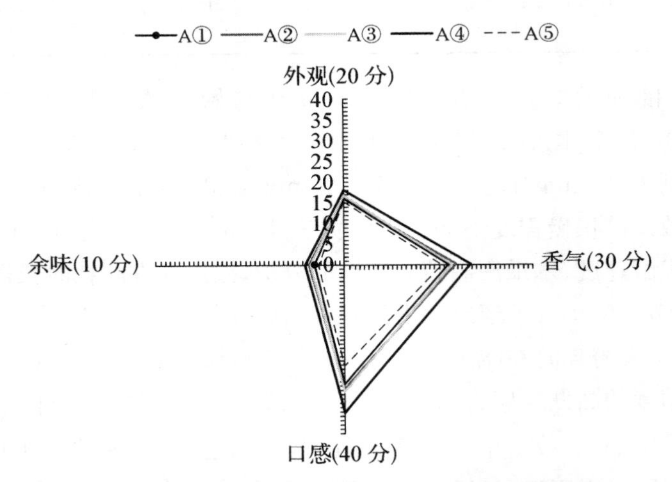

图 1-11　不同酵母接种量木瓜酒感官评价雷达图

(六) 木瓜汁初始糖浓度的选择

1. 初始糖浓度对酸木瓜酒精发酵的影响

依据 17 g 糖发酵可转换为 1％vol 酒精，设置五个目标酒度 7％vol、9％vol、11％vol、13％vol 和 15％vol，那么理论上木瓜汁初始糖浓度梯度为 119 g/L、153 g/L、187 g/L、221 g/L 和 255 g/L。以初始糖浓度为单因素，其他实验操作保持一致。监控总酸和可溶性固形物随发酵时间的变化，同时结合感官品评分析不同初始糖浓度对发酵过程的影响。根据发酵时间、木瓜酒酒度、糖分析不同初始糖浓度对木瓜酒品质的影响，优化木瓜酒发酵工艺参数。

如表1－32，B①、B②、B③、B④和B⑤木瓜汁初始糖浓度分别为：119 g/L、153 g/L、187 g/L、221 g/L和255 g/L，酸8.625 g/L；添加蔗糖后木瓜醪可溶性固形物分别为18.6%、20%、23%、24.6%和26.5%。根据木瓜醪不同初始糖浓度对发酵速度、木瓜酒酒精度和糖进行分析[11]，结果表明，启动发酵耗时由高到低为B④<B⑤<B③<B②<B①，B④罐启动发酵最快，B①罐启动发酵最慢，随着初始糖浓度的增加启动发酵耗时在减小，初始糖浓度为255 g/L时，启动发酵耗时延长。酒精度由高到低为B③>B④>B②>B⑤>B①；糖含量由高到低为B⑤>B②>B③＝B④＝B①。在发酵过程中，酵母进行有氧呼吸，由于采用半开罐模式，发酵周期过长，酒挥发，最后未能达到目标酒度。结果表明，木瓜汁初始糖浓度为187 g/L时，酒精发酵的速度比较快，酒精度也较高，当初始糖浓度为221 g/L和255 g/L时，发酵速度反而变慢，酒精度也随之降低[35]。得出最佳初始糖浓度为187 g/L。

表1－32　初始糖浓度对酸木瓜酒精发酵的影响

初始糖浓度(g/L)	启动发酵耗时(h)	发酵时间(d)	酒精度(%vol)	还原糖(g/L)
B①(119)	16	26	1.85	2
B②(153)	15	27	3.55	3
B③(187)	14	31	4.51	2
B④(221)	12	34	3.67	2
B⑤(255)	13	34	2.32	68

2. 木瓜酒感官评价

由10位葡萄酒专业的学生组成品评小组对不同初始糖浓度的木瓜酒进行评价并综合品尝意见，得出品评结果。

如表1－33和图1－12，B①、B②、B③、B④和B⑤初始糖浓度分别为119 g/L、153 g/L、187 g/L、221 g/L和255 g/L。以初始糖浓度为单因素，其他实验操作保持一致，对不同初始糖浓度的木瓜酒进行感官品评[33]。外观评分由高到低为B③>B②>B④>B⑤>B①；香气评分由高到低为B③>B④>B⑤>B②>B①；口感评分由高到低为B③>B⑤>B④>B②>B①；余味评分由高到低为B③>B②>B⑤>B④>B①；总评评分由高到低为B③>B④>B⑤>B②>B①。在不同初始糖浓度的木瓜酒感官评价中，余味都相对薄弱，外观其次，口感和香气相对较好，其中B③初始糖浓度为187 g/L的木瓜酒在外观、香气、口感和余味上总体最好。故最佳初始糖浓度为187 g/L。

表1－33　不同初始糖浓度木瓜酒感官评价

感官指标	119 g/L	153 g/L	187 g/L	221 g/L	255 g/L
外观(20分)	15.2	16.6	17.8	16.1	16
香气(30分)	21.8	23.5	26.6	25.4	23.6

续　表

感官指标	119 g/L	153 g/L	187 g/L	221 g/L	255 g/L
口感(40 分)	24.6	27.6	34.8	28.4	28.5
余味(10 分)	5.8	6.9	8.4	6.6	6.7
总分(100 分)	67.4	74.6	87.6	76.6	74.8

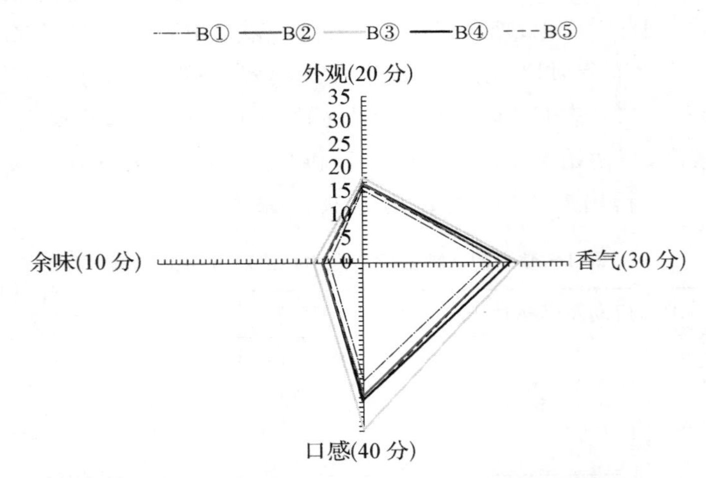

图 1－12　不同初始糖浓度木瓜酒感官评价雷达图

酸木瓜是一种药食两用的原料，鲜食口感不佳，具有糖低、酸高的特点，酸高会抑制酵母繁殖，影响发酵正常进行，因此酿造木瓜酒时要进行必要的加糖、降酸实验，这与游新勇等[9]关于降酸实验的观点一致。原料去核时要尽量去除硬核和核内白芯，硬核容易损伤榨汁机，而核内白芯极其苦涩，会影响木瓜酒品质。

28 g/L 碳酸钙处理的木瓜汁已经变成了黄绿色，并且随着碳酸钙用量的增加，木瓜汁清香逐渐减弱。因此，降酸过度会对木瓜汁颜色和香气造成不良的影响[17]。在木瓜酒发酵后期，酸度过低也不利于木瓜酒颜色的稳定。因此对木瓜汁进行降酸时要避免降酸过度。

木瓜酒发酵温度 18 ℃～28 ℃，初始糖浓度 221 g/L 和 255 g/L 的木瓜酒发酵了 34 天还未发酵完，初始糖浓度 119 g/L、153 g/L 和 178 g/L 的木瓜酒分别发酵了 26、27 和 31 天发酵完，但是测定酒度后发现，它们都未达到目标酒度。可以看出，初始糖浓度过高对发酵时间有一定影响。发酵过程中，酵母通过半开罐模式进行有氧呼吸，发酵周期过长，造成发酵后期酒挥发，使木瓜酒未能达到目标酒度，降低了木瓜酒的醇厚感。另外，在木瓜酒发酵过程中，发酵温度和发酵周期的关系还有待进一步的研究。

四、小结

本实验通过单因素实验优化木瓜酒酿造工艺参数，以碳酸钙用量、初始糖浓度、酵母接种量为自变量，监控总酸和可溶性固形物随发酵时间的变化，同时结合感官品评分析不同酵母接种量对发酵过程的影响，根据启动发酵耗时、发酵时间、酒度、糖、酸分析不同酵母接种量对木瓜酒品质的影响，优化木瓜酒酿造工艺。木瓜酒发酵的关键控制点为8 ℃～10 ℃，200 mg/L 果胶酶，冷浸渍 48 h，发酵温度 18 ℃～28 ℃。最终得出碳酸钙降酸最适用量 22 g/L；最佳酵母接种量 350 mg/L；最佳初始糖浓度为 187 g/L。由此可酿造出澄清透明、口感清新宜人、酒香柔和且富有特色的木瓜酒。

参考文献

[1] 白志川.药用木瓜规范化栽培及开发利用[M].北京:中国农业出版社,2008:2-172.

[2] 赵微,白丽,刘云春.大理酸木瓜中齐墩果酸的提取及其降血糖、血脂作用的体内研究[J].医学信息,2014(23):146-147.

[3] 柏旭,袁唯.云南酸木瓜风味果醋的研制[J].饮料工业,2011,14(12):27-30.

[4] 李作良,于博,孙言,刘谨瑞,覃智森.不同澄清剂对发酵木瓜酒澄清效果的研究[J].食品安全导刊,2015(21):135-142.

[5] Curran, P, Shao-Quan Liu, Bin Yu, Pin-Rou Lee, Yuen-Ling Ong. Evolution of volatile compounds in papaya wine fermented with three Williopsis saturnus yeasts[J]. International journal of food science & technology, 2010, 45(10): 2032-2041.

[6] Lee, Pin-Rou, Chong, Irene Siew-May, Yu, Bin, Curran, Philip, Liu, Shao-Quan. Effect of precursors on volatile compounds in Papaya wine fermented by mixed yeasts [J]. Food Technology and Biotechnology, 2013, 51 (1): 92-100.

[7] 汪增乾,单杨,李高阳,付复华,李绮丽.脐橙酸木瓜复合汁制备工艺的优化及其稳定性研究[J].中国酿造,2016,(7):184-188.

[8] 王晓静.木瓜、木瓜酒、木瓜醋多酚物质组成的研究[D].重庆:西南大学,2011.

[9] 游新勇,李琼,王国泽,徐怀德.木瓜干酒苹果酸乳酸发酵降酸工艺技术研究[J].食品工业科技,2012,33(15):202-205.

[10] 周倩,蒋和体.干型番木瓜果酒酿造工艺研究[J].西南师范大学学报(自然科学版),2016,41(5):122-128.

[11] 谢洋洋,李延红,王传华,樊友宏,汪宏涛,武佳斌.蓝莓果酒发酵工艺的优化[J].饮料工业,2015(2):58-61.

[12] 中华人民共和国国家质量监督检验检疫总局,中国国家标准化管理委员会.《GB/T 15038—2006》总酸的测定[S].北京:中国标准出版社,2006.

[13] 梁冬梅,林玉华.分光光度法测葡萄酒的色度[J].中外葡萄与葡萄酒,2002,3(9):13.

[14] 马玮,史玉滋,段颖,王长林.南瓜果实淀粉和可溶性固形物研究进展[J].中国瓜菜,2018,31(11):1-5.

[15] 赵晨霞,王辉.酒精发酵工艺对干红葡萄酒色度的影响[J].食品与机械,2008,24(5):111-112,124.

[16] 向进乐,罗磊,马丽苹,张彬彬,樊金玲,朱文学.木瓜酒和木瓜醋发酵工艺及其有机酸组成分析[J].食品科学,2016,37(23):191-195.

[17] 朱祥,吴中歧.木瓜酒的研制[J].酿酒科技,2006(6):77-78.

[18] 柯旭清,徐兆伯,王力,沈晖.浸泡型树莓果酒降酸方法的研究[J].酿酒科技,2019(3):99-101.

[19] 梁敏,包怡红,徐福成.蓝靛果酒化学降酸工艺及对花色苷组成的影响[J].现代食品科技,2018,34(10):188-195.

[20] 孙悦,叶冬青,褚越,张怡飞,刘延琳.不同接种方式及温度对活性干酵母发酵的影响[J].酿酒科技,2019(3):24-28,37.

[21] 李阳，周涛，陈善平，张骏，宋立杰，赵由才.温度对接种酵母菌和醋酸菌餐厨垃圾微氧发酵产乙酸的影响[J].中国环境科学，2015，36(1)：175－180.
[22] 曹宇龙，伍时华，武文强，黄翠姬等.不同初始葡萄糖浓度乙醇发酵过程研究[J].酿酒科技，2014(9)：20－25.
[23] 赵翾，李红良，秦诗韵.番木瓜果酒的酿造工艺研究[J].中国酿造，2010，29(11)：180－182.
[24] 韦广鑫，龙立利，杨笑天，曾凡坤，张惟广.野木瓜果酒发酵工艺优化研究[J].酿酒科技，2015(5)：83－85，93.
[25] 左松，伍时华，张健，赵东玲，黄翠姬.糖浓度对酒精酵母 GJ2008 果糖与葡萄糖利用差异性的影响[J].中国酿造，2013，32(12)：25－29.
[26] 赵伟，赵兵涛，次仁潘多，俞璐，林燕.酿酒酵母代谢有机酸对乙醇发酵的影响[J].可再生能源，2017，35(7)：971－977.
[27] 蒋成，陈安均，付云云，陈劼，刘兴艳，侯晓艳，申光辉，张志清.酵母对无花果酒有机酸的影响[J].食品与机械，2018，34(7)：39－42.
[28] 周杨，李思伦，李晓娟，曾新安.百香果降酸及混合果汁酿酒研究[J].酿酒科技，2018(2)：91－96.
[29] 高娟，张雪林，杨性民，刘青梅.杨梅果酒的澄清与降酸工艺研究[J].浙江万里学院学报，2015，28(4)：91－97.
[30] 刘小雨，李科，张惟广.纯种发酵和混菌发酵对野木瓜果酒品质的影响[J].食品与发酵工业，2018，44(10)：134－140.
[31] 刘晓静，于立梅，庄雪莹，陈海光，曾晓房.百香果果酒发酵工艺及香气成分分析[J].中国酿造，2017，36(12)：153－157.
[32] 屠梦婷，陈琦，朱婉姣，孙辰茹，金清馨，张有做，许光治.两种果酒酵母对杨梅果酒发酵及风味的影响[J].食品研究与开发，2019，40(2)：91－97.
[33] 刘延岭，邓林，隋明.基于模糊综合评判法的猕猴桃酒感官评价的研究[J].酿酒科技，2018(12)：52－56.
[34] 花旭斌，刘洪.感官评价法在石榴果酒研制中的应用[J].食品研究与开发，2010，31(5)：33－36.
[35] 武文强，伍时华，赵东玲，张健，黄翠姬.基于二次发酵糖代谢曲线下面积法对高浓度酒精发酵后期酵母发酵活力的评估[J].食品与发酵工业，2015，41(3)：53－57.

第六节　木瓜果汁和果酒的澄清

【目的】木瓜汁和木瓜酒的浑浊和沉淀现象严重影响其感官品质，要减少木瓜汁浑浊对发酵的影响并保证木瓜酒的感官品质。

【方法】先以木瓜汁为实验材料，以 20 mg/L、25 mg/L、30 mg/L、35 mg/L、40 mg/L 和 45 mg/L 果胶酶为梯度进行澄清实验，选出木瓜汁澄清过程中果胶酶的最佳用量。然后以发酵后的木瓜原酒为实验材料，通过化学澄清法（皂土和壳聚糖）澄清和稳定发酵原酒，设置皂土用量梯度为 0.8 g/L、0.9 g/L、1.0 g/L、1.1 g/L、1.2 g/L、1.3 g/L，选出木瓜酒澄清过程中皂土的最适用量；设置壳聚糖用量梯度为 1.2 g/L、1.5 g/L、1.8 g/L、2.1 g/L、2.4 g/L、2.7 g/L，选出澄清木瓜酒的壳聚糖最适用量，然后分别将最佳用量的皂土和壳聚糖应用于木瓜酒中，同时测定花色苷含量、浊度、色度、透光率等澄清指标，分析其澄清效果。

【结果】选出果胶酶最佳用量为 35 mg/L，澄清木瓜汁 5 h 后的色度为 2.425，透光率为 54.7%，澄清效果最佳。皂土用量为 1.0 g/L 时，处理 12 h 后的木瓜酒透光率为 29.3%，浊度为 90.04 NTU，是 6 个梯度中澄清效果最好的一组，故确定澄清木瓜酒的皂土用量为 1.0 g/L。用 1.8 g/L 壳聚糖溶液处理木瓜酒 12 h 后，透光率为 9.80%，浊度为 199.2 NTU，澄清效果在 6 个梯度中为最优，故确定壳聚糖最佳用量为 1.8 g/L。

【结论】用 35 mg/L 果胶酶处理的木瓜汁，澄清效率高，效果好，且颜色保留完整。1.0 g/L皂土溶液的澄清效果明显优于 1.8 g/L 壳聚糖的澄清效果。

一、背景

木瓜果汁中含有果胶、树胶、蛋白质等胶体物质，还含有细小的果肉粒子，胶态、分子态或离子态的溶解物质以及悬浮的果皮、种子、纤维素等物质，它们会对后期发酵产生潜在危险，且浸渍发酵会对木瓜果酒香气产生不良影响。

果酒中的蛋白质和果胶物质与多酚类物质长时间共存时会产生混浊的胶体，乃至沉淀[1]；新酒中含有悬浮状态的酵母、细菌、凝聚的蛋白质、单宁、粘液质和浆果组织的碎片等物质；残存的微生物代谢酒的组成成分而破坏酒的胶体平衡，引起雾浊、浑浊或沉淀等，对果酒储存造成潜在危害。

目前，常用的澄清方法有自然澄清、离心分离和硅藻土板框过滤等，使用较多的澄清剂有皂土、壳聚糖、明胶和膨润土等[2]。考虑到离心分离澄清法成本较高且澄清度难以控制，硅藻土板框过滤机的支撑板需定期更换，成本高；澄清结束后需拆开板框排出废硅藻土，劳动强度大；纸板边缘暴露在板框外，容易出现渗酒或漏酒，导致表面长霉菌，且酒头酒尾较多等，通常选用添加澄清剂的方式进行澄清。为了不影响后期的发酵，发酵前果汁的澄清一般采用冷处理澄清法和果胶酶澄清法；而果酒澄清可以适当添加化学澄清剂以达目的。

本实验中，采用的澄清剂有果胶酶、皂土、壳聚糖。果胶酶由黑曲霉经发酵精制而得，外观呈浅黄色粉末状，主要用于果蔬汁饮料和果酒的榨汁与澄清，对分解果胶具有良好的作用。果胶酶 pH 稳定范围 3.0～6.0，最适 pH3.5～5.5，在 60 ℃恒温下酶活性下降较快，最适温度 45～50 ℃[3]。在木瓜汁中加入酶制剂水解果胶质，使木瓜汁中其他胶体失去果胶的保护作用而共聚沉淀，达到澄清目的。皂土是由天然膨润土精制而成的无机矿物凝胶。皂土集合体常呈土状，其中常含石英、长石、白云石、方解石等矿物，故又被称为皂土(也称膨润土、火山黏土)。当皂土浸在热水中时，各个片状体分散，形成均匀的胶体悬浮液。皂土吸水膨胀而分散于水中，形成稳定的胶体悬浮液。这些胶体细粒带负电荷，酒中的浑浊物质大多带正电荷，添加皂土后，由于正负电荷的吸引，浑浊物质与皂土作用产生絮状沉淀，使酒澄清。使用皂土进行澄清最主要的因素是它吸收蛋白质的能力，蛋白质分子的电荷由果酒 pH 决定，常带正电。皂土还可以吸附沉淀铁离子，提高抗铁破败病的能力，而棕色破败病的发生与氧化酸和多元氧化酸有直接关系，酶本身是蛋白质，这些物质的减少无疑提高了果酒稳定性[4]。壳聚糖又称脱乙酰甲壳素，是在自然界中广泛存在的几丁质(Chitin)经过脱乙酰作用得到的，化学名称为聚葡萄糖胺(1－4)－2－氨基－B－D 葡萄糖，是一种白色或灰白色半透明的片状或粉状固体，无味、无臭、无毒性，纯壳聚糖略带珍珠光泽。作为化学澄清剂的壳聚糖因有良好的澄清效果，被广泛应用于澄清工艺中。研究表明，壳聚糖在汁液澄清中能够促进固液分离，从而使汁液的透光率显著升高。当壳聚糖添加量较少时，壳聚糖絮凝剂的量不足以与提取液中的蛋白质、鞣酸等杂质分子发生电中和与吸附架桥作用，因此，胶体颗粒难以絮凝沉淀。果汁或原酒中含有大量带负电荷的果胶、纤维素、鞣质和多聚戊糖等物质，在存放期间会使果汁浑浊。当壳聚糖的正电荷和上述负电荷吸附絮凝后，处理后的澄清果汁或果酒成为一个稳定的热力学体系，所以能长期存放，不产生浑浊。壳聚糖作为安全无毒的天然澄清剂，与带负电荷的胶体相互作用，具有优良的絮凝性能，对蛋白质、果胶、多酚都有一定的作用，具有快速、简便、易操作等特点，且产品风味、营养成分基本不受影响，生物稳定性良好[5-8]。使用壳聚糖溶液进行澄清时，要注意搅拌均匀，壳聚糖与体系中微粒的接触概率随着搅拌速度的增加而增加，只有搅拌均匀，电中和、吸附架桥作用才能比较充分发挥出来，从而得到较高的澄清度。

二、材料与方法

(一) 材料

木瓜，来自云南省临沧市云县。

木瓜汁，由楚雄师范学院化生学院葡萄酒工艺室压榨上述木瓜得到。

木瓜原酒，葡萄酒工艺室酿制。

(二) 工艺流程

原料—分选—去皮去核—澄清—降酸—调糖—酒精发酵—苹果酸乳酸发酵—澄清—稳定性实验—装瓶—储存。

(三) 澄清剂

皂土、壳聚糖、果胶酶,均为食品级,市售。

(四) 仪器设备

UV-5500 紫外可见分光光度计(上海元析仪器有限公司)、SGZ-10001 浊度计(上海悦丰仪器仪表有限公司)、Quintix224-1CN 电子天平、PB-10 酸度计(北京赛多利斯科学仪器有限公司)、AS3120B 超声波脱气机(天津奥特赛恩斯仪器有限公司)。

(五) 实验方法

1. 澄清剂的制备

(1) 100 g/L 皂土溶液

称取皂土 10 g,用 50 ℃的蒸馏水溶解后,用室温蒸馏水定容至 100 mL,搅拌均匀,避免结块,浸泡 24 h,使其充分吸水膨胀后搅拌均匀,备用。取 50 mL 酒样,按照如下的浓度梯度添加相应体积的配制好的皂土溶液。然后充分搅拌,添加进酒液。静置 12 h,即可分离酒脚。

① 0.8 g/L:向 50 mL 酒样里加 0.40 mL 配制好的皂土溶液;
② 0.9 g/L:向 50 mL 酒样里加 0.45 mL 配制好的皂土溶液;
③ 1.0 g/L:向 50 mL 酒样里加 0.50 mL 配制好的皂土溶液;
④ 1.1 g/L:向 50 mL 酒样里加 0.55 mL 配制好的皂土溶液;
⑤ 1.2 g/L:向 50 mL 酒样里加 0.60 mL 配制好的皂土溶液;
⑥ 1.3 g/L:向 50 mL 酒样里加 0.65 mL 配制好的皂土溶液。

(2) 100 g/L 壳聚糖溶液的配制

参考李晓红等[9]的方法,略做修改。

以 96%脱乙酰度的壳聚糖为原料。称取 0.05 g 柠檬酸,加入 8.95 mL 去离子水,并加热溶解,再加入 1 g 壳聚糖,缓慢加热溶解,边加热边搅拌,配成 100 g/L 的壳聚糖溶液,浸泡 10 h 以上,搅拌均匀,备用。取 50 mL 酒样,按照如下的浓度梯度添加相应体积的配制好的壳聚糖溶液。充分搅拌,添加进酒液。静置 12 h,即可分离酒脚。

① 1.2 g/L:向 50 mL 酒样里加 0.60 mL 配制好的壳聚糖溶液;
② 1.5 g/L:向 50 mL 酒样里加 0.75 mL 配制好的壳聚糖溶液;
③ 1.8 g/L:向 50 mL 酒样里加 0.90 mL 配制好的壳聚糖溶液;

④ 2.1 g/L：向 50 mL 酒样里加 1.05 mL 配制好的壳聚糖溶液；

⑤ 2.4 g/L：向 50 mL 酒样里加 1.20 mL 配制好的壳聚糖溶液；

⑥ 2.7 g/L：向 50 mL 酒样里加 1.35 mL 配制好的壳聚糖溶液。

2. 酶法澄清

用于木瓜汁的澄清。

（1）取 6 个 50 mL 比色管，向每个比色管里加入 50 mL 木瓜汁，分别按比例加入 20 mg/L、25 mg/L、30 mg/L、35 mg/L、40 mg/L、45 mg/L 果胶酶；

（2）用玻棒缓缓搅拌，果胶酶溶解后，在室温条件下酶解；

（3）5 h 后，取其上清液，测定色度、透光率值，以透光率为主要指标确定果胶酶用量；

（4）采用筛选出的最佳果胶酶用量进行实验，处理 12 h 后，测定木瓜汁的浊度、色度、透光率、花色苷含量。

3. 皂土澄清

用于木瓜酒的澄清。

（1）配制 100 g/L 皂土溶液；

（2）取 6 个比色管，每个比色管中加入 50 mL 木瓜酒；

（3）皂土溶液搅拌均匀后，按所设置梯度 0.8 g/L、0.9 g/L、1.0 g/L、1.1 g/L、1.2 g/L、1.3 g/L 逐次加入酒样中，混匀；

（4）室温静置 12 h 后，测定浊度和透光率，并依此筛选出最佳皂土用量。

（5）采用筛选出的最佳皂土用量进行实验，测定木瓜酒的浊度、色度、透光率、花色苷含量。

4. 壳聚糖澄清

用于木瓜酒的澄清。

（1）配制 100 g/L 壳聚糖溶液；

（2）取六个比色管，分别加入 50 mL 木瓜酒；

（3）将壳聚糖溶液按所设置的浓度梯度 1.2 g/L、1.5 g/L、1.8 g/L、2.1 g/L、2.4 g/L、2.7 g/L 分别加入木瓜酒中；边搅拌边加入，使壳聚糖充分接触溶液中的微粒；

（4）室温静置 12 h 后，在自然条件下测定各项澄清指标，分析在木瓜酒澄清过程中壳聚糖的最佳用量；

（5）采用筛选出的最佳壳聚糖用量进行实验，测定木瓜汁的浊度、色度、透光率、花色苷含量；

（6）对比分析皂土和壳聚糖对木瓜酒的澄清效果。

（六）指标

1. 色度

（1）用 pH 计检测样液的 pH。

（2）制备缓冲溶液：

A 液：0.2 mol/L 磷酸氢二钠。称取 7.12 g 磷酸氢二钠定容至 200 mL。

B 液：0.2 mol/L 柠檬酸。称取 4.2 g 柠檬酸定容至 200 mL。

用 pH 计直接测定 A 液和 B 液混合液的 pH，调整缓冲液 pH，使其与样液 pH 相同。

（3）用大肚吸管吸取 2 mL 样液于 25 mL 比色管中，再用与样液相同 pH 的缓冲液稀释至 25 mL，待测样品在比色槽中放置 15 min，此后观察比色皿中是否有气泡，若有气泡需驱赶后再开始比色，用 1 cm 比色皿在 λ_{420}、λ_{520}、λ_{620} 处分别测吸光值，以蒸馏水作空白对照。

（4）计算：

$$色度=(A_{420}+A_{520}+A_{620})\times 稀释倍数$$

结果保留 1 位小数。平行实验测定结果绝对值之差不得超过 0.1。样液的色调用 A_{420}/A_{520} 表示，其中 A_{420} 和 A_{520} 分别表示样液在波长 420 nm、520 nm 处的吸光值。

2. 花色苷

（1）缓冲液的制备

pH1.0 缓冲液：使用电子分析天平准确称量 0.93 g 氯化钾，加蒸馏水约 480 mL，用盐酸和酸度计调至 pH1.0，再用蒸馏水定容至 500 mL。

pH4.5 缓冲液：使用电子分析天平准确称量 16.405 g 无水醋酸钠，加蒸馏水约 480 mL，用盐酸和酸度计调至 pH4.5，再用蒸馏水定容至 500 mL。

（2）花色苷的提取

取 1.0 mL 样品，按 1∶30(g/mL)的料液比加 70%乙醇提取液，超声波辅助提取 25 min 后过滤，得到花色苷提取液。

（3）花色苷含量

采用 pH 示差法：用 pH1.0、pH4.5 的缓冲液，分别将 1 mL 样液稀释定容到 10 mL，放在暗处，平衡 15 min。用光路直径为 1 cm 的比色皿在可见分光光度计的 510 nm 和 700 nm 处分别测定吸光度，以蒸馏水作空白对照。按下式计算花色苷含量。

$$A=[(A_{510}-A_{700})_{pH1.0}-(A_{510}-A_{700})_{pH4.5}]$$

花色苷浓度：

两式中：

$(A_{510}-A_{700})_{pH1.0}$——加 pH1.0 缓冲液的样液在 510 nm 和 700 nm 波长下的吸光值之差；

$(A_{510}-A_{700})_{pH4.5}$——加 pH4.5 缓冲液的样液在 510 nm 和 700 nm 波长下的吸光值之差；

$$C(\text{mg/L})=\frac{A\times MW\times DF\times 1\,000}{\varepsilon\times l}$$

MW＝449.2(矢车菊-3-葡萄糖苷的分子量,g/mol)；
DF＝样液稀释的倍数；
ε＝26 900(矢车菊—3—葡萄糖苷的摩尔消光系数,mol^{-1})；
l＝比色皿的光路直径,为1 cm。

3. 透光率

透光率值均在波长为700 nm处测定。

三、结果

(一) 果胶酶处理木瓜汁

1. 果胶酶用量的确定

本次实验将木瓜压榨成汁后,取出一部分,按梯度添加果胶酶进行澄清,分别测定其色度、透光率,确定果胶酶最佳用量。如表1-34,往木瓜汁中添加不同梯度用量的果胶酶,处理5 h后,透光率由原来的0.92%上升至最大值,即54.70%,此时,果胶酶用量为35 mg/L,后随着用量的增加,又逐步降低至14.50%。色度由原来的8.138降至最低值2.425时,果胶酶用量为35 mg/L;色度再逐步上升至4.887时,果胶酶用量已达到45 mg/L。从透光率和色度综合考虑,筛选出果胶酶最佳用量为35 mg/L。

表1-34　果胶酶用量的确定

果胶酶用量(mg/L)	透光率(%)	色度
0	0.92	8.138
20	5.02	5.990
25	45.30	3.250
30	30.10	2.475
35	54.70	2.425
40	54.10	3.713
45	14.50	4.887

从本实验中可看出,用35 mg/L和40 mg/L果胶酶处理木瓜汁,透光率相差较小,而色度则相差了1.288,故如果要提高木瓜汁澄清度,则选用35 mg/L的果胶酶,如果要保留较高的色度,则选用40 mg/L的果胶酶进行处理。

2. 果胶酶处理效果

为了降低成本,果胶酶的浓度采用35 mg/L。如表1-35,随着果胶酶处理时间的延长,木瓜汁中花色苷浓度有所下降,处理6 h以后,花色苷浓度降低至0 mg/L;随着果胶酶处理时间延长，透光率明显快速增大，由0.36%上升到35.70%；2 h后，浊度由最初的超过1 000 NTU降低至245.3 NTU，6 h后，降低至144.6 NTU；色度由最初的26.75降低至2.65，下降十分明显，但仍有残留。因此，用果胶酶澄清木瓜汁，用时短、效率高、效果好，对木瓜汁中悬浮物的沉降有极大的促进作用，且有助于木瓜果肉悬浮物中天然成分的提取，对后期木瓜酒的色泽、香气都有极大的改善；但是果胶酶同时也吸附沉降了大量的花色苷，这是不利的影响。

表1-35　果胶酶的处理时间对木瓜汁中各项指标的影响

处理时长(h)	花色苷(mg/L)	透光率	浊度(NTU)	色度
0	0.718	0.36%	1 675.2	26.75
3	0.050	21.10%	245.3	6.00
6	0	35.70%	144.6	2.65

为了比较不同果汁的澄清效果，我们收集整理了6种不同果汁的澄清实验相关信息，如表1-36。

表1-36　果胶酶对不同澄清材料的澄清效果的比较

	果胶酶用量(mg/L)	pH	时间	透光率(%)	出处
酸木瓜汁	35	2.8	6.0 h	35.7	pH源于本实验，透光率源于钟映雪的研究。
蜜柚汁	500	3.5	2.0 h	77.8	余森艳和李志红[10]
火焰菜果醋	0.08 ml/L	3.5	90 min	94.79	杜国军等[11]
桑椹酒	35	4.0		92.5	范作卿等[12]
胡萝卜醋	70	4.5	40 min	97.8	杜国军等[13]
红柠檬汁	2 200	4.3	62 min	93.8	晏敏等[14]

由表1-36可以看出，不同的澄清对象的pH不同，采用的果胶酶用量和澄清时间也不同，最终的透光率不一样。pH越高，澄清需要的时间越短，透光率越高。

(二) 皂土处理木瓜酒

1. 皂土用量的确定

当皂土用量适当时，果酒澄清处理后更为清新，酒味醇正协调，有利于果酒酒质形成[15]。如表1-37，在0.8～1.0 g/L的梯度内，随着皂土用量的增加，透光率逐渐上升，上升至29.3%，当皂土用量超出1.0 g/L后，透光率逐渐下降，但下降速度缓慢。造成此种现象的主要原因是皂土与蛋白质发生絮凝沉淀[16]，而剩余的皂土含量对木瓜酒的澄清作用甚微，甚至导致木瓜酒浑浊。随着皂土用量的增多，浊度呈先降低后升高的趋势，其转折点也为1.0 g/L。由以上分析可得，用皂土澄清木瓜酒时，最佳用量为1.0 g/L。

皂土吸水膨胀后形成胶体悬浮液，带负电荷，酒中蛋白质等浑浊物大部分带正电荷。添加皂土后，由于正负电荷的吸引，浑浊物质与皂土形成絮状沉淀，酒得以澄清。最主要的因素是皂土具有吸收蛋白质的能力，而蛋白质分子的电荷由果酒的 pH 决定，通常带正电荷[17]。

表 1－37　皂土用量的确定

皂土用量(g/L)	透光率(%)	浊度(NTU)
0.8	19.1	118.80
0.9	21.9	112.20
1.0	29.3	90.04
1.1	28.1	92.80
1.2	27.8	100.00
1.3	23.8	121.70

2. 皂土的澄清效果

如表 1－38，经过 12 h 的皂土澄清处理后，花色苷含量已从 0.08 降低至 0 mg/L。花色苷稳定性受 pH、温度、添加剂、光照等诸多因素影响[18]，在木瓜酒中含量极少且不稳定。在发酵前，木瓜汁澄清实验已使花色苷浓度降低至 0 mg/L；但在后续发酵过程中，加入玉米淀粉糖化液调糖，同时又带入少量花色苷，所以，本实验中木瓜酒在澄清前产生了 0.08 mg/L 花色苷。花色苷含量与淀粉含量成正比[19]，也与颜色和色素含量成正比[20]，花色苷含量越高，色素含量越高，颜色越深；温度和时间会影响花色苷的含量[21]，长时间的热处理会降低花色苷含量。因此，在糖化实验中，在糖化效果最佳的情况下，应尽量降低糖化温度，缩短糖化时间；糖化结束后，应尽快降低温度，这样可以最大限度保留花色苷和颜色。皂土对木瓜酒澄清效果极佳，用 1.0 g/L 皂土处理后，木瓜酒透光率由 9.12%上升至 54.90%，浊度由 367.90 NTU 降低至 49.23 NTU，色度也从澄清前的7.000降低至 1.988，且肉眼可看出木瓜酒浑浊度明显降低。但使用皂土进行澄清，要防止造成澄清过度，从而影响木瓜酒的品质。

表 1－38　皂土对木瓜酒澄清效果的影响

	花色苷(mg/L)	透光率(%)	浊度(NTU)	色度
澄清前	0.08	9.12	367.90	7.000
澄清后	0	54.90	49.23	1.988

(三) 壳聚糖处理木瓜酒

1. 壳聚糖用量的确定

如表 1－39，用壳聚糖澄清木瓜酒时，在 1.2～2.7 g/L 范围内，以 0.3 g/L 壳聚糖为梯度，将木瓜酒用不同浓度的壳聚糖溶液处理 12 h 后发现，壳聚糖用量在 1.2～1.8 g/L 范围内，透光率逐渐增大，而浊度逐渐降低，超出 1.8 g/L 后，透光率逐渐降低，而浊度逐渐增大，因此木瓜酒澄清实验中壳聚糖最佳用量为 1.8 g/L，此时木瓜酒透光率为 9.80%，为本组中最高，而浊度为 199.2 NTU，为本组最低。木瓜酒澄清实验中，壳聚糖的吸附架桥和中和作用随着絮凝剂加入量的增加而增强，澄清效果也越来越好。但是，加入量过多会导致壳聚糖将酒液中的微粒全部包裹起来，从而失去在微粒之间的架桥作用，与此同时胶体表面也会发生二次吸附，使微粒处于稳定状态，不利于澄清。同时壳聚糖加入量过多会使酒液黏度和浊度变高，壳聚糖对酒液有效成分的吸附也会增加[22]，易对木瓜酒的风味造成不利影响。

表 1－39　壳聚糖用量的确定

壳聚糖用量(g/L)	透光率(%)	浊度(NTU)
1.2	1.68	931.1
1.5	5.76	328.4
1.8	9.80	199.2
2.1	1.59	911.8
2.4	1.55	923.0
2.7	1.54	949.2

2. 壳聚糖的澄清效果

澄清实验中，以壳聚糖为澄清剂具有澄清用时短、操作简单、成本低、澄清效果好等优点[23-24]。在木瓜酒澄清过程中，将木瓜酒用 1.8 g/L 壳聚糖溶液进行处理，12 h 后测定各指标。如表 1－40，壳聚糖澄清木瓜酒效果较为明显，花色苷含量由澄清前的 0.080 mg/L 降至 0.067 mg/L，浊度由 367.90 NTU 降至 83.56 NTU，色度保留较好，仅由最初的 7.000 降低至 5.038，透光率上升明显，由 9.12%上升至 34.00%。夏文水和王璋[25]用壳聚糖澄清苹果清汁，室温保存一年多后，清汁的透光率和吸光度均基本不变，反映出很好的贮藏稳定性。本实验得到相似结果(表 1－40)。同样，酶法澄清的苹果清汁，却有微量的浑浊和色泽变化。因此，壳聚糖有非常显著的絮凝作用。

纤维素、果胶、鞣质和多聚戊糖等带负电荷，会使果汁在贮存期间浑浊。壳聚糖带正电荷，与上述负电荷通过相互吸附絮凝，使果汁澄清成一个稳定的热力学体系，有利于长期存放。Spagna 等[26]研究发现，壳聚糖与儿茶酸和肉桂酸等聚苯酚类化合物具有较好亲合性，所以能够使纯葡萄酒由最初的淡黄色变为深金黄色，提高了葡萄酒质量。Rwan 等[27]在葡萄汁中加入 0.1～0.15 g/mL 壳聚糖，使柠檬酸、酒石酸、L-苹果酸、草酸和抗坏血酸分别减少 56.6%、41.2%、38.8%、36.8%和 6.5%，最终使总酸降低 52.6%，较好地净化了果汁。因此，壳聚糖对葡萄柚果汁的澄清效果非常显著。本实验得到相似结果(表 1－40)。

表 1-40　壳聚糖对木瓜汁澄清效果的影响

	花色苷(mg/L)	透光率(%)	浊度(NTU)	色度
澄清前	0.080	9.12	367.90	7.000
澄清后	0.067	34.00	83.56	5.038

四、小结

在木瓜汁澄清实验中,用 35 mg/L 和 40 mg/L 果胶酶处理木瓜汁,透光率相差较小,35 mg/L 果胶酶处理的木瓜汁的透光率仅高出 40 mg/L 果胶酶处理的木瓜汁 0.6%,而在色度上却低了 1.288,故若要提高木瓜汁澄清度,应选用 35 mg/L 的果胶酶进行处理,若要求保留较高的色度,则选用 40 mg/L 的果胶酶进行处理。

在木瓜酒澄清实验中,通过设置澄清剂浓度梯度,对浊度、透光率进行分析,得出最佳皂土使用量为 1.0 g/L,最佳壳聚糖使用量为 1.8 g/L。

对同一批木瓜酒分别进行澄清处理,在木瓜酒中按比例加入筛选出的皂土和壳聚糖最佳用量,12 h 后测定两个样品的浊度、色度、透光率和花色苷含量。结果表明,处理前,木瓜酒的透光率为 9.12%,经皂土处理后透光率达到了 54.9%,而经壳聚糖处理后透光率仅达到 34.0%;处理前,木瓜酒浊度为 367.9 NTU,皂土处理后达到 49.23 NTU,而经壳聚糖处理后,浊度只降低至 83.56 NTU。由此得出,在同一时间段内,对同一批木瓜酒进行澄清,皂土的澄清效果明显优于壳聚糖的。

参考文献

[1] 凌关庭，唐述湖，陶名强.食品添加剂手册[M].北京：轻工业出版社，1995.

[2] 孟军，张建才，部静，吴桐桐.山楂利口酒最佳澄清工艺研究[J].农产品加工，2018，2：31－33.

[3] 薛茂云，杨爱萍，郑萍等.果胶酶酶学性质研究[J].中国调味品，2016，3：74－76.

[4] 顾国贤.酿造酒工艺学[M].第二版.北京：中国轻工业出版社，1996.414－415.

[5] 张晓娟，吴昊，王成荣.壳聚糖金属配合物对冬枣保鲜作用及降解有机磷农药[J].农业工程学报，2013，29(07)：267－276.

[6] Rinaudo，Marguerite.Chitin and chitosan：Properties and applications.[J].*Progress in Polymer Science*. 2007，31(7)：603－632.

[7] Vilai Rungsardthong，Nijarin Wongvuttanakul，Nilada Kongpien，Pachara Chotiwaranon. Application of fungal chitosan for clarification of apple juice[J]. *Process Biochemistry*，2005，41(3)：589－593.

[8] Jan Oszmiański，Aneta Wojdyło. Effects of various clarification treatments on phenolic compounds and color of apple juice[J]. *European Food Research and Technology*，2007，224(6)：755－762.

[9] 李晓红，陈长武，王天龙.壳聚糖澄清剂在蓝莓冰酒中的应用[J].吉林工程技术师范学院学报，2015，(12)：94－96.

[10] 余森艳，李志红.果胶酶澄清蜜柚汁的工艺优化[J].农产品加工，2020，3：33－35.

[11] 杜国军，张以超，彭凯，田英华，刘祥，王伟.果胶酶澄清火焰菜果醋的研究[J].中国调味品，2020，45(6)：24－26.

[12] 范作卿，郭光，王娜，朱琳，邹德庆.果胶酶澄清桑椹酒的条件优化研究[J].山东农业科学，2016，48(9)：124－126.

[13] 杜国军，田英华，刘晓兰.果胶酶处理对胡萝卜醋澄清效果的影响[J].中国调味品，2016，41(11)：24－27.

[14] 晏敏，周宇，贺肖寒，梅明鑫，董全.红柠檬果汁澄清工艺的优化[J].食品与发酵工业，2018，44(8)：224－230.

[15] 吴翔，尹智华，吴龙英，等.混合发酵果酒澄清方法及澄清剂的筛选[J].贵州农业科学，2017，10：123－125.

[16] 陈娟，阚建全，杨蓉生，杜木英.蜂蜜桑椹酒的澄清研究[J].食品工业科技，2010，6：203－206.

[17] 丁筑红，王准生，谭书明，伍佳琪.壳聚糖、皂土澄清剂对发酵酒澄清作用的研究[J].中国酿造，2005 (11)：11－15.

[18] 石光，张春枝，陈莉，王伟，安利佳. 蓝莓花色苷稳定性研究[J]. 食品与发酵工业，2008，34(2)：97－99.

[19] 杨振东.紫玉米酿酒工艺研究及其花色苷组分分析[J].中国酿造，2008，12X：53－56.

[20] 张海艳.糯玉米籽粒色素积累规律与营养特性的关系[J].华北农学报，2015，30(4)：101－104.

[21] 汪慧华，赵晨霞，廖小军，汪长钢，柳青.热处理对加工紫玉米饮料颜色的影响[J].食品工业，2012(4)：4－6.

[22] 罗世江.影响壳聚糖絮凝法澄清效果因素浅析[J].中国医药指南，2012,10(12):455－457.

[23] Ozge Tastan,Taner Baysal. Clarification of pomegranate juice with chitosan: Changes on quality characteristics during storage[J]. *Food Chemistry*, 2015, 180: 211－218.

[24] Cesar Leiliane Teles,de Freitas Cabral Marília,Maia Geraldo Arraes,de Figueiredo Raimundo Wilane, de Miranda Maria Raquel Alcântara,de Sousa Paulo Henrique Machado,Brasil Isabella Montenegro, Gomes Carmen Luiza. Effects of clarification on physicochemical characteristics, antioxidant capacity and quality attributes of açaí (Euterpe oleracea Mart.) juice[J]. *Journal of food science and technology*, 2014,51 (11):3293－3300.

[25] 夏文水，王璋.壳聚糖澄清果汁作用的研究[J].无锡轻工业学院学报，1993,12(2):111－117.

[26] Spagna G, Pifferi P G, Rangoni C, Mattivi F, Nicolini G, Palmonari R. The stabilization of white wines by adsorption of phenolic compounds on chitin and chitosan[J]. *Food Research International*. 1996, 29(3): 241－248.

第二章　冰糖橙—葡萄酒的新工艺

第一节　概述

一、背景

冰糖橙又名冰糖柑，属芸香科，原产湖南洪江市（原黔阳县），是当地普通甜橙的变异，在云南、四川、重庆、广东、广西等地也有栽培。其味甜而香，含有大量的糖和一定量的柠檬酸以及丰富的Vc，营养价值较高。此外，橙皮还含有丰富的类胡萝卜素、黄酮类化合物、Vc、Ve和糖类及K、Mg、Ca、P等。

红提葡萄又名红地球，欧亚种。该品种自1987年引入我国以来，在华北和西北大部分地区栽培表现极好，果实品质优，晚熟，耐贮运，丰产，是发展优质高效的首选品种。目前，中国产区主要分布在陕西渭南、新疆、云南、甘肃、宁夏、胶东半岛、江苏宝应等。

红提冰糖橙配制酒与现在的复合果酒相似，但工艺较简单，方便自酿和大批量生产，前景较好。选用冰糖橙、红提为原料酿酒，不仅能够促进冰糖橙、红提葡萄市场的扩大，提高冰糖橙、红提葡萄的附加值，提高百姓的经济收入，一定程度上还能提高就业率。

张鹏和刘敦[1]在对金桔利口酒的澄清实验中发现，0.04%明胶澄清3天的效果最好。研究还发现，壳聚糖对金桔有较好的澄清效果。目前国内外用于除苦的技术有热烫法脱苦、吸附法脱苦、酶法脱苦、乙烯利代谢脱苦、膜技术脱苦和基因工程脱苦等方法。夏辉和田呈瑞[2]分析发现吸附剂可以吸附苦味物质进行脱苦；酶法脱苦所用酶按作用对象可分为黄烷酮糖苷类化合物脱苦酶和柠檬苦素类化合物脱苦酶；膜技术脱苦对物质的分离是基于溶质分子在膜中的溶解性和扩散性。万萍和张方晓[3]发现，柑桔中苦味物质主要有柚皮苷和柠檬苦素2种，它们会影响其风味，因此进行柑桔脱苦可以改良其风味，使果酒味道更加纯正。

为此，通过以下研究改良冰糖橙-葡萄酒新工艺，主要研究内容包括用果胶酶对冰糖橙进行处理，β-环糊精对冰糖橙汁除苦工艺的优化，红提冰糖橙配制酒加糖优化工艺研究，并进行混合调配，进行红提冰糖橙配制酒的澄清工艺研究，最终调配出一款红提冰糖橙配制酒。基于此，我们以色泽鲜亮、质地香甜、具有果香味、口感好的红提葡萄和果肉多汁、味道酸甜、口感好且带有清香味、金黄色的冰糖橙为材料，将红提葡萄和经过除苦处理后的冰糖橙通过接种酵母的方式进行酒精发酵，发酵完成后进行进行澄清处理，最终酿造出一款呈金黄色、带有红提葡萄特有果香和冰糖橙清香味的调配酒。将成果转化到企业生产中，为农户创收，为云南地区经济发展做出贡献，并且为水果深加工提供参考借鉴，推动云南省高原特色农业市场的进一步发展。

二、技术路线

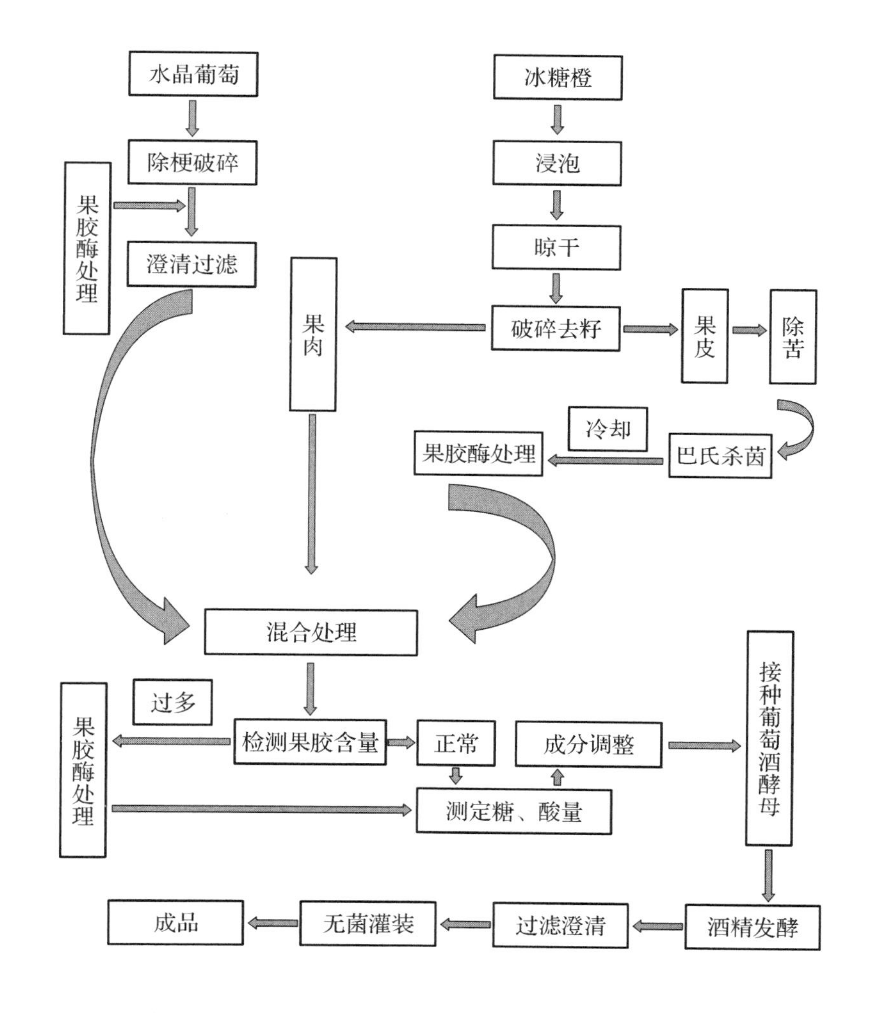

三、目标

1. 研发出一款冰糖橙葡萄酒的新工艺。
2. 运用新工艺酿造出质量上乘、颜色橙黄可爱的冰糖橙葡萄酒。

3. 筛选一种适宜的除苦技术，改善冰糖橙葡萄酒的风味，提高其经济价值和附加值。

四、主要内容

除果胶、加糖操作、除苦、澄清、降酸等技术。

参考文献

[1] 张鹏,刘学文.金桔利口酒的开发研究[J].酿酒科技,2010,2:97-100.
[2] 夏辉,田呈瑞.柑桔果汁中苦味物质的去除方法[J].现代生物医学进展,2006,6(6):50-52.
[3] 万萍,张方晓.柑桔汁脱苦条件的研究[J].食品与机械,2001,2:14-15.

第二节　果胶酶对冰糖橙汁的澄清

【目的】为使橙汁能更好地发酵，研究果胶酶澄清冰糖橙汁的工艺效果。

【方法】以冰糖橙为实验材料，以透光率、色度为衡量澄清效果的评价指标，同时考察澄清前后橙汁的 pH、可溶性固形物、还原糖、总酸变化，通过果胶酶加入量、酶解时间、酶解温度三个单因素实验，并且进一步结合正交实验，研究果胶酶加入量、酶解时间、酶解温度对澄清效果的影响。

【结果】各因素对澄清效果影响大小的次序为酶解温度＞果胶酶添加量＞酶解时间；最佳工艺条件为酶添加量 0.14 g/L、酶解温度 30 ℃、酶解时间 2.5 h。澄清后果汁透光率达到 39%；与对照相比，可溶性固形物、pH 和总酸含量无明显变化，还原糖变化较明显。果胶酶对橙汁有明显的澄清效果，能够提高还原糖浸出。

一、背景

冰糖橙带皮发酵，既提高了橙汁的风味，又能有效地把皮中的物质浸出；但是橙皮中含有丰富的果胶物质，会影响橙汁的澄清，为了使冰糖橙汁快速澄清、发酵，提高香味浓郁度，使颜色美观，本实验采用果胶酶研究其对橙汁的澄清效果。果胶酶通常是利用黑曲霉经液体深层培养、提取精制而成，具有分解植物果胶质的作用，是水果加工中最重要的酶之一[1-2]。果胶酶可将果胶分子分解成微小粒子，并且可降解果胶多糖链[3]。用果胶酶处理破碎果实不仅可加速果汁澄清，促进过滤，使果胶快速分解，提高出汁率，而且还能促进有益物质的释放、增强橙子配制酒的色泽和香气等[4]。

影响果胶酶活性的因素主要有果胶酶用量、温度和作用时间。基于此，本实验研究果胶酶用量、酶解时间、酶解温度三个因素对橙汁澄清效果的影响，并通过正交实验确定最佳因素组合。

二、材料与方法

（一）原料

冰糖橙：谭国园水果超市售。

（二）辅料

果胶酶：和氏璧生物科技有限公司。

（三）主要仪器设备

电热恒温水浴锅，HWS-26，上海一恒科学仪器有限公司；电子天平，SQP，赛多利斯科学仪器（北京）有限公司；紫外可见分光光度计，UV-5500，上海元析仪器有限公司。

（四）方法

1. 单因素实验

分别研究果胶酶用量、澄清温度和酶解时间对橙汁澄清效果的影响。以橙汁的透光率和色度为指标，确定用果胶酶处理橙汁时的各单因素最佳条件[5-7]。

2. 正交实验

在单因素实验的基础上，以冰糖橙汁透光率为考察指标，设计正交实验，见表2-1。

表2-1　正交实验的因素及水平

实验编号	果胶酶用量(g/L)	酶解温度(℃)	酶解时间(h)
1	0.06	25	1
2	0.08	30	1.5
3	0.10	35	2
4	0.12	40	2.5
5	0.14	45	3

（五）相关指标

1. 冰糖橙汁的澄清度

采用刘崑等[5]方法：用1 cm的比色皿，以蒸馏水作参比，于波长650 nm下测定橙汁的透光率；透光率越大，表明澄清效果越好。

2. 冰糖橙汁色度

制备缓冲溶液A液：0.2 mol/L磷酸氢二钠。称取7.12 g磷酸氢二钠定容至200 mL。B液：0.2 mol/L柠檬酸。称取4.2 g柠檬酸定容至200 mL。混合A液和B液，用pH计直接测定pH来制备缓冲液。

用刻度吸管取1 mL橙汁于25 mL比色管中，用与橙汁相同pH的缓冲液稀释至25 mL，用1 cm比色皿在$\lambda_{620\ nm}$、$\lambda_{520\ nm}$、$\lambda_{420\ nm}$分别测吸光值（以蒸馏水作空白）。

计算：三个吸光值相加后乘以稀释倍数12.5，即为色度。结果保留1位小数。平行实验测定结果绝对值之差不得超过0.1。

$$色度=(A_{420}+A_{520}+A_{620})\times 稀释倍数$$

3. 还原糖

(1) 斐林 A、B 液标定

① 预备实验:取斐林 A、B 液各 5.00 mL 于 250 mL 三角瓶中,加 50 mL 水,摇匀,在电炉上加热至沸腾,在沸腾状态下用制备好的葡萄糖标准溶液滴定,当溶液蓝色将消失呈红色时,加入 2 滴次甲基蓝指示液,继续滴至蓝色消失,记录消耗的葡萄糖标准溶液的体积。

② 正式实验:取斐林 A、B 液各 5.00 mL 于 250 mL 三角瓶中,加 50 mL 水和比预备实验少 1 mL 的葡萄糖标准溶液,摇匀,加热至沸腾,并保持 2 min,加 2 滴亚甲基蓝指示液,在沸腾状态下于 1 min 内用葡萄糖标准溶液滴至终点,记录消耗的葡萄糖标准溶液的总体积,重复测定三次,每次误差不超过 0.05 mL。

(2) 样品制备

将样品稀释,使其含糖在 2～4 g/L。

(3) 样品的测定

① 预备实验:斐林试剂 A、B 液各 5 mL→加入至 250 mL 三角瓶中→加入水 50 mL→加入两粒沸石→在沸腾状态下用标液滴定→至蓝色消失呈红色→加入 2 滴亚甲基蓝指示剂→继续滴定至蓝色消失,记录消耗样品的体积。

② 正式实验:斐林试剂 A、B 液各 5 mL→加入至 250 mL 三角瓶中→加入水 50 mL→加入5 mL稀释后的样品→加比预备实验少 1 mL 的标液→两粒沸石→加热至沸腾,并保持2 min→在沸腾状态下于 1 min 内用标液滴定→至蓝色消失呈红色时→加入 2 滴亚甲基蓝指示剂→继续滴定至蓝色消失,记录消耗样品的体积。重复测定三次,每次误差不超过0.05 mL。

$$X = \frac{c \times (V_1 - V_2) \times W}{V_0}$$

X——样品中还原糖的含量(以葡萄糖计),g/L;

c——葡标液溶液的浓度,mol/L;

V_1——标定斐林试剂的葡标液体积,mL;

V_2——测定稀释样品用的葡标液体积,mL;

V_0——吸取稀释样品的体积,mL。

W——稀释倍数。

4. 总酸

吸取样品 2 mL→加入至 250 mL 三角瓶中→加 50 mL 蒸馏水+2 滴酚酞(摇匀)→用氢氧化钠标准溶液滴定至终点,保持 30 s 不变色,记录消耗氢氧化钠溶液的体积。同时做空白实验。

总酸含量的计算:

$$X = \frac{c \times (V_1 - V_0) \times 75}{V_2}$$

式中：

X——样品中总酸的含量(以酒石酸计)，g/L；

c——氢氧化钠标准滴定溶液的浓度，mol/L；

V_0——空白实验消耗氢氧化钠标准滴定溶液的体积，mL；

V_1——样品滴定时消耗氢氧化钠标准滴定溶液的体积，mL；

V_2——吸取样品的体积，mL；

75——酒石酸的摩尔质量，g/mol。

所得结果保留一位小数。

5. 可溶性固形物

用手持测糖仪测定。吸取果汁滴在测糖仪上，读数，重复三次，取平均值。

三、结果

(一) 酶解时间的确定

由图 2-1 可知，在不同酶解时间下，透光率持续上升到 2 h 后开始有下降趋势，说明时间对澄清度的影响在 2 h 时达到最大，而色度则在缓慢上升到 2 h 后也有下降的现象。综合来看，酶解最佳时间为 2 h。

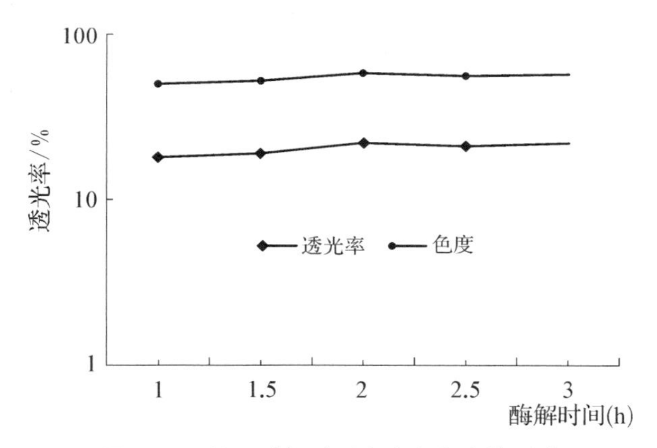

图 2-1　处理时间对透光率和色度的影响

(二) 酶解温度的影响

由图 2-2 可知，随着酶解温度的升高，透光率不断升高，即澄清度越来越好[5]。而色度在 25 ℃时逐渐上升，到 30 ℃后出现下降的趋势。这可能是由于酶活性受高温影响下降明显。因此可知，在 35 ℃后，澄清度大幅度上升，可能是橙汁的营养物质在高温下加速分解而出现物理沉淀，使其透光率变高。

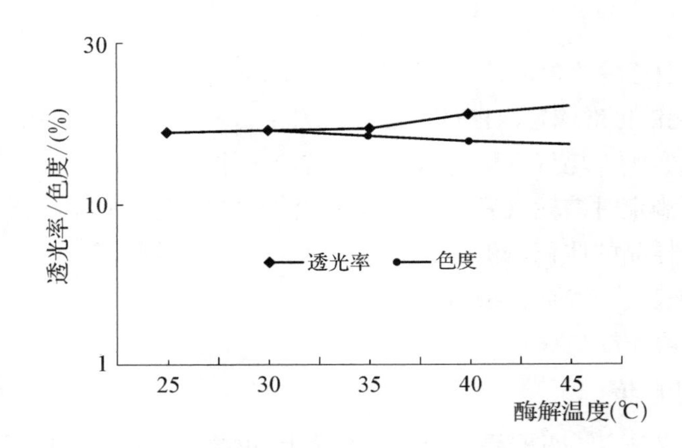

图 2-2　酶解温度对透光率和色度的影响

(三) 果胶酶用量的影响

由图 2-3 可知,随着果胶酶用量的增加,透光率先平缓升高,在 0.10 g/L 时,透光率趋于平缓,在 0.12 g/L 时,透光率略有下降,说明在 0.06 g/L～0.10 g/L 时,澄清度趋于平缓升高,而在 0.10 g/L～0.12 g/L 时,透光率最高且不变,在 0.12 g/L 后,透光率略有下降。可见果胶酶用量与澄清效果直接相关。用量较低时,果胶物质只能被部分分解,用量过高会导致果胶浑浊,同时成本也会增加[5-9]。图 2-3 中色度则一直处于上升阶段。色度在果胶酶用量 0.08 g/L～0.12 g/L 时,上升最为显著,在 0.12 g/L 后上升效果不再显著。所以,在一定范围内,果胶酶用量也会影响透光率和色度。

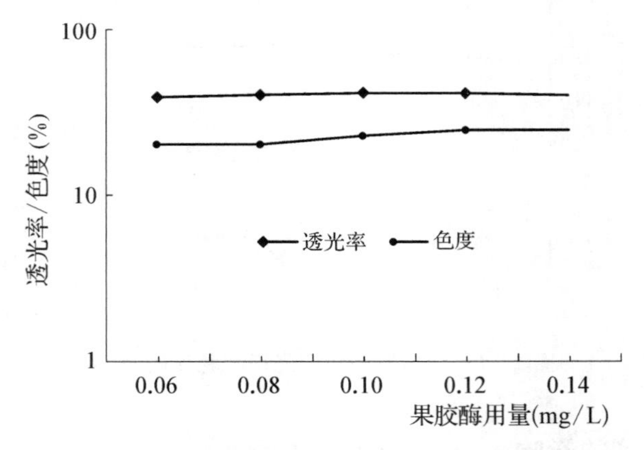

图 2-3　酶用量对透光率和色度的影响

(四) 正交实验结果

在单因素实验的基础上,选择果胶酶用量、酶解温度、酶解时间为研究因素,以透光率为考察指标,设置 3 因素 3 水平正交实验(表 2-2)。

由表 2－2 可知，影响橙汁澄清度的因素主次顺序是酶解温度＞果胶酶用量＞酶解时间。果胶处理最佳组合为 $A_3B_2C_1$，透光率为 39%，即果胶酶用量 0.14 g/L，温度 30 ℃，时间 2.5 h。

表 2－2　$L_9(3^4)$正交实验表

水平	A 果胶酶用量(g/L)	B 酶解温度(℃)	C 酶解时间(h)	D(空列)	透光率(%)
1	1	1	1	1	27
2	1	2	2	2	22
3	1	3	3	3	19
4	2	1	2	3	19
5	2	2	3	1	34
6	2	3	1	2	19
7	3	1	3	2	22
8	3	2	1	3	33
9	3	3	2	1	26
K_1	22.667	22.667	26.333	29.000	
K_2	24.000	29.667	22.333	21.000	
K_3	27.000	21.333	25.000	23.667	
R	4.333	8.334	4.000	8.000	

（五）果胶酶对冰糖橙汁理化指标的影响

在酿造冰糖橙克伦生葡萄配制酒的过程中，用 0.14 g/L 的果胶酶在 30 ℃下处理 2.5 h，与对照组（未处理橙汁）相比，透光率、pH、还原糖、可溶性固形物等均高于对照组[7]。具体表现为，加入果胶酶处理的橙汁，透光率达到 39%，pH3.85，可溶性固形物 11%，还原糖 86 g/L，而未进行处理的橙汁透光率为 18%，pH3.81，可溶性固形物 10.6%，还原糖 78 g/L。可见处理后的橙汁澄清度高，色泽鲜亮，可溶性固性物和还原糖略高（表 2－3）。

表 2－3　果胶酶对处理前后的冰糖橙汁的理化指标的影响

指标	未处理的橙汁	处理过的橙汁
透光率(%)	18	39
pH	3.81	3.85
可溶性固形物	10.6	11
还原糖含量(g/L)	78	86
总酸(g/L)	9.0	9.1

在果汁加工过程中，果胶压榨和澄清困难，采用果胶酶可解决这一问题[11]。冰糖橙中存在很多果胶物质，果胶酶可以破坏果实细胞的网状结构，提高果实破碎程度，有效降低黏度，不仅能提高出汁率，而且能保留果汁的营养成分[5]。此外，橙皮中含有多种物质，主要有香精油、橙皮色素、果胶、柚皮苷等[12]。带皮发酵不仅可浸出橙皮中的多种物质，而且能够很好利用资源，避免橙皮浪费。但是在果胶酶处理中，也会浸出过多的柠檬苦素，使酒体过苦，所以后期适当除苦极其关键。

四、小结

以冰糖橙为原料，在一定的果胶酶、酶解温度和酶解时间下进行处理，得到最佳的酶解方案，以利于后期的澄清和发酵等。研究得到橙汁澄清的最佳工艺参数为果胶酶0.14 g/L、温度30 ℃、时间2.5 h，此时果汁透光率达到39.00%。经果胶酶处理的橙汁与原汁相比，易于澄清，色泽透亮，固性物含量无明显变化。

参考文献

[1] 蒋燕明，彭欢，唐赟，陈清婵.带皮发酵橘子酒工艺研究[J].酿酒科技，2018，9:68-73.

[2] 薛茂云，杨爱萍，郑萍，毕静，余芳.果胶酶酶学性质研究[J].中国调味品，2016，41(03):74-76.

[3] 孙雪梅，张葆春，乔春.果胶酶在葡萄酒生产中的应用[J].食品工业，1996，1:41-42.

[4] 俞惠明，蔡建林，刘宗芳，李新榜.果胶酶在葡萄酒酿造中的作用及其实践应用[J].中外葡萄与葡萄酒，2010，7:65-68.

[5] 刘崑，杨玲辉，闫迎春.果胶酶澄清葡萄汁的工艺研究[J].中国农学通报，2011，27(05):447-451.

[6] 姜守军，周广麒.果胶酶澄清葡萄汁的工艺研究[J].安徽农业科学，2007，4:1109-1110.

[7] 戴铭成.果胶酶添加条件对葡萄酒品质的影响[J].山西农业科学，2018，46(09):1461-1464.

[8] 付勋，谭鹏昊.果胶酶对玫瑰香橙汁澄清效果的影响[J].中国酿造，2016，35(01):125-128.

[9] 王鸿飞，李和生，马海乐，孙玉喜，黄静.果胶酶对草莓果汁澄清效果的研究[J].农业工程学报，2003，3:161-164.

[10] 崔伟荣，逄焕明，杨静，热合满·艾拉.果胶酶澄清哈密瓜汁工艺研究[J].新疆农业科学，2010，47(04):698-704.

[11] 高振红，岳田利，袁亚宏，张志伟，高振鹏.果胶酶在果品加工中的应用及其固定化研究[J].农产品加工(学刊)，2007，3:31-33+43.

[12] 宋秋华，姚小丽，钟洪鸣，张磊.橙皮综合利用研究进展[J].保鲜与加工，2007，2:5-7.

第三节　β-环糊精对冰糖橙汁的除苦

【目的】采用β-环糊精对冰糖橙汁进行除苦，探讨冰糖橙汁除苦时β-环糊精的最佳添加量、最佳作用温度和最佳作用时间。

【方法】以冰糖橙汁为实验原料，以除苦剂β-环糊精的五个梯度添加量0.60 g/L、0.65 g/L、0.70 g/L、0.75 g/L、0.80 g/L，五个梯度加热温度30 ℃、35 ℃、40 ℃、45 ℃、50 ℃和五个梯度除苦时间5 min、10 min、15 min、20 min、25 min为单因素进行实验，初步确定除苦的最佳条件。通过单因素实验结果设计正交实验，并以正交实验的分析结果优化冰糖橙汁除苦的最佳条件。

【结果】单因素实验结果表明：β-环糊精的最佳添加量为0.065 g/L，最佳作用温度为30 ℃，最佳作用时间为10 min；通过正交实验发现，β-环糊精的最佳添加量为0.70 g/L，最佳作用温度为25 ℃，最佳作用时间为10 min。

【结论】利用β-环糊精对冰糖橙汁进行除苦的方法可行，冰糖橙汁苦味得到有效改善。

一、背景

柑橘是芸香科柑橘亚科植物，包括柠檬、柚、葡萄柚、甜橙、宽皮橘等，是世界上种植面积最大、产量最多的一类水果之一[1]。柑橘类水果的营养价值极高，对人体健康有很大益处。柑橘类水果在世界各地都有很大产量，近年来中国柑橘类水果种植规模和产量也在增加。但我国柑橘加工业并不发达，加工品比例不足总产量的5%[2]。所以柑橘基本以鲜食为主，果汁和果酒等加工品很少。而柑橘加工业成熟和的主要原因是加工过程中会产生一种由类黄酮和柠檬苦素类似物质导致的让人无法接受的苦味。黄酮化合物主要包括柚皮柑、新橙皮苷、枸桔苷，柚皮苷是最重要的组成物质；柠檬苦素类似物主要有游离苷元和配糖体两种类别[3]。以上问题严重阻碍了柑橘业的发展。目前柑橘的脱苦方法有代谢、吸附、基因工程、膜分离技术、超临界CO_2、酶法、苦味抑制剂等，但普遍采用的是吸附法和苦味抑制剂法[3]。吸附脱苦法中吸附剂会吸附一部分营养成分，但易饱和、阻塞，再生时间长。苦味抑制剂法通过添加一些抑制苦味的物质减轻苦味。常用的苦味抑制剂有蔗糖、新地奥明、β-环糊精[3-4]。β-环糊精是一种由7个葡萄糖分子组成的环状结构物质，像一个两端开放、中间空洞的筒，可与很多无机、有机分子结合成主客体包合物，改变被包合物性质，其次β-环糊精还有保护、稳定、增溶客体分子和选择性定向分子的特性[5]。橙皮中既含有丰富的香气物质，也含有大量苦味物质。因此，添加橙皮可提升冰糖橙汁香气。除苦剂β-环糊精既能除去苦味物质，又不影响原有香气。生产成本低，无毒，保持和缓释香气，延长风味保存期;在食品饮料中还有乳化作用,促进不相容成分混合均匀。因此,β-环糊精是本实验最佳的除苦剂。

云南种植了大量的冰糖橙,以华宁县为代表。华宁县享有"桔乡"美称。近年来云南省冰糖橙种植规模还在不断扩大。冰糖橙属于柑橘的一种,果实较大、肉质细嫩化渣、含糖量高、果实皮薄光滑、果色黄而亮、果肉鲜嫩、汁多浓甜、香气浓郁、品质好、少核和无核,深受消费者喜爱[6-7]。冰糖橙含有非常丰富的Vc,有益人体健康和营养补充。综合以上,本实验选取冰糖橙为实验原料,以β-环糊精为除苦剂,探讨β-环糊精对冰糖橙汁除苦的最佳添加量和除苦过程中最佳作用温度和时间。

二、材料与方法

(一) 原料

冰糖橙,从云南省楚雄彝族自治州楚雄市鹿城镇谭国云水果店购买。

(二) 除苦剂

β-环糊精。

(三) 化学药品及试剂

柚皮苷标准品、柠檬苦素标准品、一缩二乙二醇、氢氧化钠、对二甲氨基苯甲醛、硫酸、无水乙醇、三氯化铁、二氯甲烷。

(四) 仪器

恒温水浴锅、紫外分光光度计、分析天平。

(五) 实验设计方法

1. 原料处理

冰糖橙→淡盐水浸泡10 min(杀菌消毒,除去少量苦味和果皮表面蜡质)→洗净→晾干→手工去皮、分瓣、去籽→压榨→称一半果皮,切成碎片加入压榨汁中→搅拌均匀→备用。

2. 单因素实验参数的确定

(1) β-环糊精最佳添加量确定

充分搅拌原料,混合、过滤,分别吸取50 mL滤液到250 mL锥形瓶中,取6瓶。设置β-环糊精添加量0.60 g/L、0.65 g/L、0.70 g/L、0.75 g/L、0.80 g/L五个梯度,称量后分别加入取好的果汁中,在恒温水浴锅中40 ℃下水浴10 min,同时做空白实验。根据数据分析结果初步确定 β-环糊精除苦的最佳添加量。

(2) 除苦最佳加热温度确定

充分搅拌原料,混合、过滤,分别吸取 50 mL 滤液到 250 mL 锥形瓶中,取 6 瓶。设置 30 ℃、35 ℃、40 ℃、45 ℃、50 ℃五个温度梯度,用恒温水浴锅控制温度。β-环糊精添加量以上面单因素实验结果为准,时间为 10 min,同时以常温(20 ℃)做空白实验。根据数据分析结果初步确定 β-环糊精除苦的最佳作用温度。

(3) 最佳除苦时间确定

充分搅拌原料,混合、过滤,分别吸取 50 mL 滤液到 250 mL 锥形瓶中,取 6 瓶。设置 5 min、10 min、15 min、20 min、25 min 五个时间梯度,β-环糊精添加量和加热温度以上述实验结果为准,用恒温水浴锅控制温度,同时做空白实验。根据数据分析结果初步确定 β-环糊精除苦的最佳加热时间。

3. 正交实验

以单因素实验结果为基础,用 SPSS17 软件设计正交实验并进行实验。实验操作方法同单因素实验。

(六) 测定方法

1. 柚皮苷含量

参照陆雪梅[8]的方法,略作修改。

(1) 标准曲线的绘制

准确称取一定质量的柚皮苷标准品,分别配制成 0.00 g/L、0.04 g/L、0.08 g/L、0.12 g/L、0.16 g/L、0.20 g/L、0.24 g/L 柚皮苷标准溶液,用移液管取以上不同质量浓度的柚皮苷标准液各 1.0 mL 分别注入 10 mL 具塞比色管中,在每个比色管中再加入体积浓度 90%的一缩二乙二醇 5 mL、4 mol/L 的 NaOH 溶液 0.1 mL、蒸馏水 3.9 mL 后混匀,于 40 ℃水浴加热 10 min,在 420 nm 下测吸光度,以吸光度值对标样含量作图。

(2) 样品测定

取冰糖橙汁滤液 1 mL,注入 10 mL 具塞比色管中,向每个比色管中再加入体积浓度 90%的一缩二乙二醇 5 mL、4 mol/L 的 NaOH 溶液 0.1 mL、蒸馏水 3.9 mL 后混匀,40 ℃水浴加热 10 min,显色后在波长 420 nm 处测吸光度值。

2. 柠檬苦素含量

参照许海丹等[9]的方法,略作修改。

(1) 显色液配制

显色液:125 mg 对二甲氨基苯甲醛溶解于 100 mL 硫酸—无水乙醇混合液(V_1 : V_2=35 : 65,放冷使用)中,加入 0.5 mL0.9%三氯化铁水溶液,混匀,得 Ehrlich 试剂,现配现用。

（2）标准曲线绘制

① 柠檬苦素标准溶液的制备：

精密称取柠檬苦素标准品 7.5 mg，用二氯甲烷溶解至 10 mL，即得浓度为 0.75 mg/mL的柠檬苦素标准溶液。

② 分别取柠檬苦素标准溶液 0.00 mL、0.20 mL、0.50 mL、1.00 mL、1.50 mL、2.00 mL、2.50 mL 于 6 支 10 mL 比色管中，用二氯甲烷定容。加入 3 mL 显色液，摇匀，静置 60 min，在 490 nm 波长处测其吸光度。以吸光度为纵坐标，浓度为横坐标，绘制标准曲线。

（3）样品测定

① 样品制备

取冰糖橙汁滤液 1 mL，加 2 mL 二氯甲烷溶解，分层后，取有机层分析。

② 准确移取一定量的样品溶液于比色管中，加入 3 mL 显色液，摇匀，静置60 min，在 490 nm 波长处测其吸光度。

（七）数据处理

单因素实验结果用 Excel 绘图；正交实验用综合评分法中的排队评分法进行结果分析。

三、结果

（一）标准曲线

1. 柚皮苷标准曲线

柚皮苷标准曲线如图 2－4，回归方程：$y = 2.2036x + 0.0223$，相关系数：$R^2 = 0.9942$，二者线性关系良好。

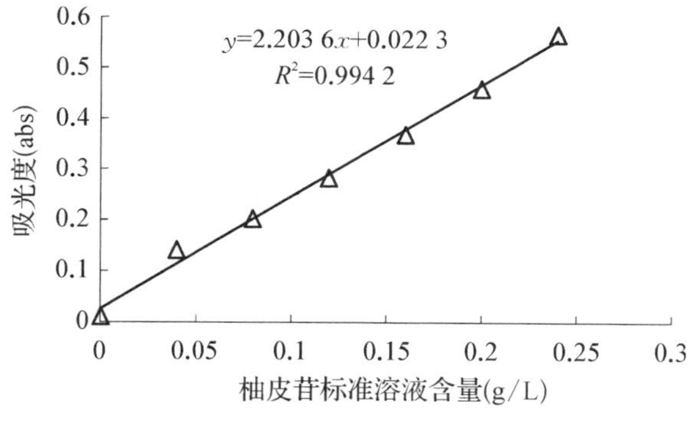

图 2－4　柚皮苷标准曲线

2. 柠檬苦素标准曲线

柠檬苦素标准曲线如图 2－5，回归方程：$y = 0.209x + 0.1847$，相关系数：$R^2 = 0.9925$，二者线性关系良好。

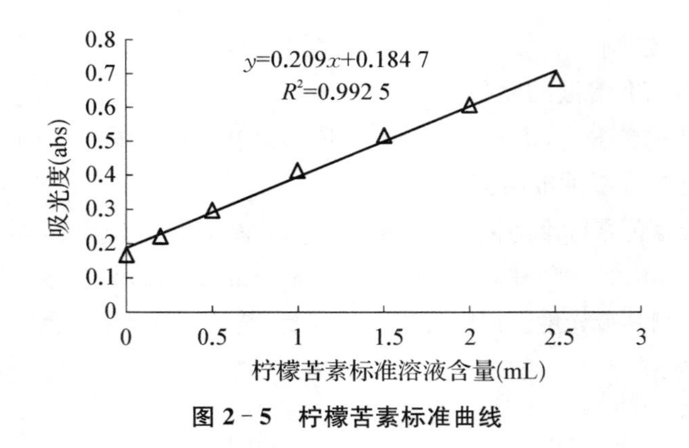

图 2-5　柠檬苦素标准曲线

(二) 单因素实验

1. 不同 β-环糊精添加量对除苦效果的影响

实验结果见图 2-6。两者均呈现“S”形的变化趋势。β-环糊精添加量在少于 0.65 g/L 时，柚皮苷含量呈先轻微增加又快速减少的趋势，柠檬苦素含量则呈先快速减少再缓慢减少的趋势；β-环糊精添加量在 0.65～0.75 g/L 时，随着添加量增加，除苦效果逐步减弱，β-环糊精添加量为 0.75 g/L 时，柚皮苷含量和柠檬苦素含量出现最大值，除苦效果最差；当 β-环糊精继续添加到 0.80 g/L 时，除苦效果又增强，柚皮苷含量和柠檬苦素含量开始呈减少趋势，且柠檬苦素以快速减少的趋势变化。总体上，β-环糊精添加量在0.65 g/L时柚皮苷和柠檬苦素含量出现最低值，分别为 0.057 mg/100 mL、1.528 mg/kg，此时的除苦效果最好，即 β-环糊精的最佳添加量是 0.65 g/L。

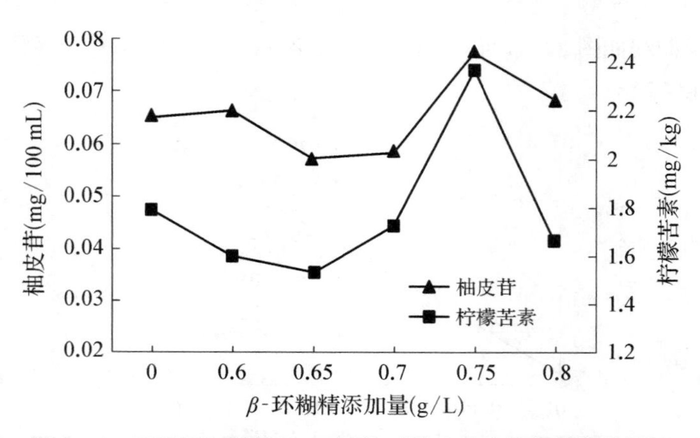

图 2-6　不同添加量的 β-环糊精对柚皮苷和柠檬苦素的影响

随着 β-环糊精添加量从 0 增加到 0.65 g/L，柚皮苷出现了一个小小反变化，这可能是柚皮苷在果汁中被少释放；柠檬苦素的除苦效果则逐步增强，即 β-环糊精添加量的增加使柠檬苦素的包埋作用增强。β-环糊精添加量从 0.65 增加至 0.75 g/L 时，柚皮苷和柠檬苦素的除苦效果均逐步减弱，可能是由于当 β-环糊精添加量在 0.65 g/L 时，其对柚皮苷和柠檬苦素的包埋作用达到了饱和状态，这一作用不会再随着 β-环糊精添加量的增加而增强，添加量增加反而抑制了除苦效果，同时 β-环糊精添加量的增加也会使得它对果汁中苦味物质的分解作用增强，导致大量苦味物质释放，除苦效果减弱。当 β-环糊精添加量从 0.75 增加至 0.80 g/L 时，除苦效果又增强，这可能是苦味物质释放后，添加足够的 β-环糊精增强了对苦味物质的包埋作用，导致除苦效果增强。所以，β-环精既具有除苦功能，也具有分解释放苦味物质功能，具体功能与其浓度有关。

2. 不同温度对除苦效果的影响

见图 2-7，柚皮苷呈"V"型变化，而柠檬苦素呈"W"形变化，并且最后快速下降。当温度从室温(20 ℃)上升到 30 ℃时，柚皮苷含量和柠檬苦素含量都呈快速减少的趋势，但柠檬苦素含量减少的速度更快。在 30～45 ℃时，柚皮苷含量呈匀速增加趋势；45～50 ℃，柚皮苷含量保持不变。柠檬苦素含量则在从 30 ℃到 35 ℃时快速增加；从 35 ℃到 40 ℃时，柠檬苦素含量缓慢减少；从 40 ℃到 45 ℃时，柠檬苦素含量又快速增加，导致除苦效果不佳；从 45 ℃到 50 ℃时，柠檬苦素含量又快速减少。总体上看，当温度为 30 ℃时柚皮苷和柠檬苦素含量出现最低值，分别为 0.061 mg/100 mL 和 0.327 mg/kg，此时的除苦效果最好，即 β-环糊精的最佳作用温度是 30 ℃。

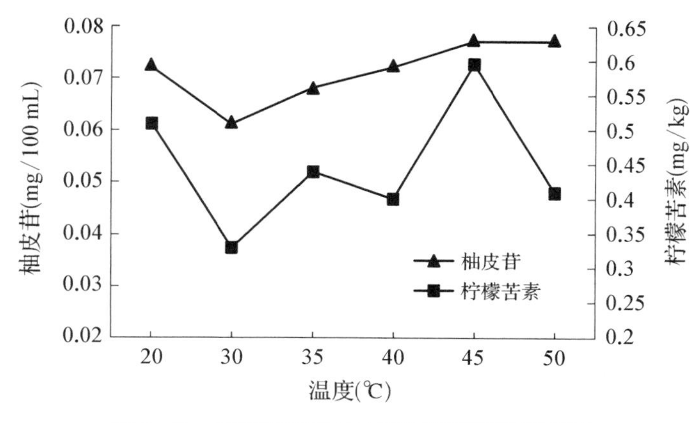

图 2-7 不同温度对柚皮苷和柠檬苦素的影响

在温度从室温上升到 30 ℃时除苦效果明显上升，即温度上升，β-环糊精对苦味物质的包埋作用增强。从 30 ℃上升到 50 ℃时，柚皮苷除苦的效果随着温度上升而减弱，可能是由于温度升高，柚皮苷的结构被破坏了，柚皮苷由可溶性到不可溶性的转变越来越多，导致 β-环糊精对它的包埋作用减弱；而柠檬苦素的除苦效果变化不规律，pH 和果胶含量都会影响柠檬苦素溶解性，温度升高引起柠檬苦素配糖体结构的变化，从而影响除苦效果[10]。在一定条件下，柠檬苦素前体物 A 环内酯在柠檬苦素 D 环内酯水解酶作用下转换为柠檬苦素导致苦味增强[11]。温度上升到 50 ℃时，高温破坏了柠檬苦素 D 环内酯水解酶的活性，导致柠檬苦素前体物 A 环内酯的转换减弱，柠檬苦素减少，除苦效果增强。

3. 不同时间对除苦效果的影响

见图 2-8，两者均呈现倒“N”型的变化趋势。从 0 到 10 min 时，柚皮苷含量呈先缓慢减少再快速减少的趋势，柠檬苦素含量呈先快速减少再缓慢减少的趋势；10～20 min时，柚皮苷含量呈先快速增加再缓慢增加的趋势，柠檬苦素含量匀速增加；20～25 min时，两者均呈快速减少的趋势。总体上看，当作用时间为 10 min 时，柚皮苷和柠檬苦素含量出现最低值，分别为 0.060 mg/100 mL 和0.265 mg/kg，此时的除苦效果最好，即 β-环糊精的最佳作用时间是 10 min。

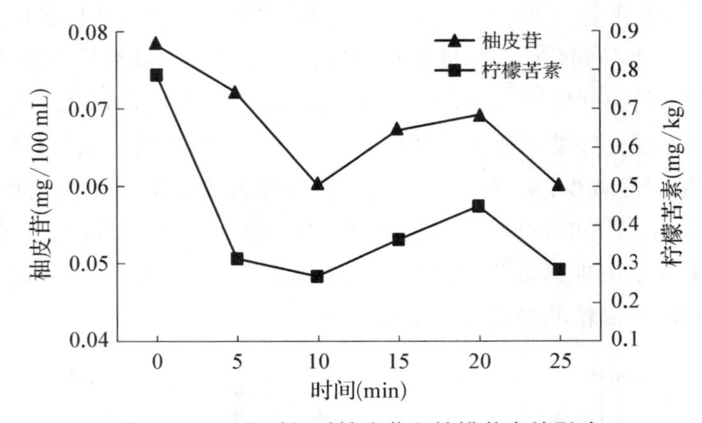

图 2-8　不同时间对柚皮苷和柠檬苦素的影响

随着作用时间从 0 延长至 10 min，柚皮苷和柠檬苦素的除苦效果也增加，而 10～20 min 时，除苦效果逐步减弱，可能是作用时间延长影响了冰糖橙汁的 pH，改变了柚皮苷和柠檬苦素结构，β-环糊精对柚皮苷和柠檬苦素的分解量随时间的增长而增加，β-环糊精的分解作用大于包埋作用，从而导致除苦效果减弱。作用时间在 20～25 min 区间内时，除苦效果又增强，可能由于是此时β-环糊精对柚皮苷和柠檬苦素的包埋作用大于分解作用，从而增强了除苦效果。

从以上三个实验结果看，柠檬苦素脱除率明显大于柚皮柑脱除率，与前人研究结果相同，这可能与柠檬苦素的疏水性较大有关[10]。在本实验中，柚皮苷含量和柠檬苦素含量都不稳定，但变化趋势一样。造成这一变化的原因除了实验过程，还可能是取原料时搅拌不均匀、添加 β-环糊精时搅拌不均匀等。由以上实验可得，当 β-环糊精添加量为 0.65 g/L，30 ℃下处理 10 min 时除苦效果达到最佳。

(三) 正交实验

正交实验设计表如表 2-4 所示。

表 2-4　因素水平表

水平	A	B	C
	β-环糊精添加量(g/L)	温度(℃)	时间(min)
1	0.60	25	5
2	0.65	30	10
3	0.70	35	15

正交实验的实验方案及结果数据如表 2-5 所示。

表 2-5　实验方案及结果

实验号	因素/水平			实验指标	
	A	B	C	柚皮柑(mg/100 mL)	柠檬苦素(mg/kg)
1	1	1	1	0.05	0.43
2	1	2	3	0.07	0.46
3	1	3	2	0.06	0.40
4	2	1	2	0.08	0.29
5	2	2	1	0.07	0.56
6	2	3	3	0.06	0.54
7	3	1	3	0.06	0.27
8	3	2	2	0.06	0.17
9	3	3	1	0.07	0.47

正交实验分析结果如表 2-6、2-7 所示。

表 2-6　排队评分法获得的结果

实验号	实验指标评分		
	柚皮苷	柠檬苦素	综合评分
1	10	4	14
2	4	3.31	7.31
3	7	4.69	11.69
4	1	7.24	8.24
5	4	1	5
6	7	1.45	8.45
7	7	7.69	14.69
8	7	10	17
9	4	3.07	7.07

表 2-7 排队评分法极差分析表

	因素			实验指标
	A	B	C	（综合评分）
K_1	33	36.93	26.07	$\Sigma=93.45$
K_2	21.69	29.31	36.93	
K_3	38.76	27.21	30.45	
k_1	11	12.31	8.69	
k_2	7.23	9.77	12.31	
k_3	12.92	9.07	10.15	
R	5.69	3.24	3.62	

用排队评分法分析多指标正交实验[12]。将各指标的评分最大值定为 10 分，最小值定为 1 分，其他值的评分则按此比例打分。对于柚皮苷含量指标，第 1 组实验含量为 0.05 mg/100 mL，脱除效果最理想，满分 10 分；第 4 组实验含量为 0.08 mg/100 mL，脱除效果最不理想，最低分 1 分。对于柠檬苦素含量指标，第 8 组实验含量为 0.17 mg/kg，脱除效果最理想，满分 10 分；第 5 号实验含量为 0.56 mg/kg，脱除效果最不理想，最低分 1 分；对其他实验结果值的打分则按照最高分和最低分之间的比例计算进行。由表 2-6 可知，在 9 次实验中，8 号实验综合评分最高，即 8 号实验除苦效果较好，实验条件为 $A_3B_2C_2$。由表 2-7，各因素对实验指标影响的大小顺序为 A>C>B，即 β-环糊精添加量>作用时间>作用温度。结合表 2-6 和表 2-7 得：本实验较佳工艺方案是 $A_3B_1C_2$，即 β-环糊精添加量 0.70 g/L，温度 25 ℃，时间 10 min。

本实验分别针对 β-环糊精的添加量、加热温度、加热时间探究 β-环糊精对冰糖橙的除苦效果，并从除苦后柚皮柑含量和柠檬苦素含量得出结论。通过分析得出 β-环糊精对冰糖橙的最佳除苦条件是：β-环糊精添加量 0.70 g/L，加热温度 25 ℃，加热时间 10 min。徐国胜等[13]以舟山胡柚为原料，用 β-环糊精作除苦剂探究其除苦效果，得出 β-环糊精最佳添加量 0.5 g/100 mL，最佳作用温度 45 ℃，最佳加热时间 90 min。梁秀媚等[14]以佛手果汁为原料，用 β-环糊精除苦，并用响应面优化，得出 β-环糊精的最佳添加量 0.78 g/100 mL，最佳作用温度 44 ℃，最佳加热时间 42 min。任文彬等[15]以新会柑果汁为原料，用 β-环糊精除苦，得出 β-环糊精添加是 0.7%，加热时间 60 min，加热温度 40 ℃时脱除效果最好。王贝妮等[16]以柚汁为实验原料，用 β-环糊精作除苦剂，得出 β-环糊精最佳添加量 0.07 g/100 mL，最佳作用温度 40 ℃，最佳加热时间 10 min。徐仲伟[17]等以柑桔汁为实验原料，得出结论，β-环糊精对柠碱和柚苷的包埋作用使柚苷由可溶性变成不可溶性，增加了被包埋的苦味成分，而 β-环糊精对柠碱（橙类主要的苦味物质）的包埋作用大于对柚苷的包埋作用，对柑桔汁其他成分基本不起包埋作用。该结论也合理解释了为什么其他文献里和本实验中柠檬苦素的脱除效果都大于柚皮苷。

四、小结

单因素实验结果表明，β -环糊精的最佳添加量为 0.065 g/L，最佳作用温度为 30 ℃，最佳作用时间为 10 min；通过正交实验发现，β -环糊精的最佳添加量为 0.70 g/L，最佳作用温度为25 ℃，最佳作用时间为 10 min。利用 β -环糊精对冰糖橙汁进行除苦方法可行，冰糖橙汁苦味得到有效改善。该实验结果与其他除苦实验结果存在差异，有以下几个方面原因：一是原料不同，导致苦味物质有差异；二是实验过程中人为造成的误差较多；三是为了增加香气，添加了橙皮，造成汁水里苦味物质增多。本实验除苦研究为云南省内柑橘类水果的除苦提供了参考。在此除苦条件下，除苦效果明显，在此基础上生产出的柑橘类果汁、果酒等更符合众多消费者口味，将会增加柑橘水果深加工产品的消费群体数量，从而间接提高柑橘类水果的产业链和经济价值，也解决了因霉烂果造成的环境污染。但通过本实验，建议柑橘类加工产品最好还是用纯果汁，不加果皮。因为尽管果皮中含有大量香气物质，但苦味物质含量实在太高，对除苦不利；若能把果皮中的香味物质提取出来加入果汁，这也是个不错的办法；或者若要加入果皮，一定要做足够的预实验来探究加入果皮对除苦的影响。

参考文献

[1] 吴今人,耿平,胡田叶,霍晨曦,江海,郭念文,刘惠钧.柑橘不同部位中柠檬苦素的分布及含量分析[J]. 湖北农业科学,2015,54(4):882-885.

[2] 许少丹,谢婧.柑橘类果汁脱苦技术研究进展[J].饮料工业,2012,15(06):15-19.

[3] 刘永安,刘欣,魏法山,李娜,李栓栓,李存良.柑橘类果汁脱苦技术研究进展[J].食品安全导刊,2015,27:137-138.

[4] 吴长青,何国庆.柑桔果汁中的苦味物质及其去除方法[J].中国商办工业,2000,2:53-54.

[5] 廖才智.β-环糊精的应用研究进展[J].化工科技,2010,18(5):69-72.

[6] 张兴旺.玉溪甜橙注册“高原王子”商标[J].中国果业信息,2006,1:30.

[7] 曾柏全,甘霖,熊兴耀,邓秀新,罗正荣,姚跃飞. 冰糖橙和冰糖脐橙的性状研究[J].广西园艺,2006,17(2):3-4.

[8] 陆雪梅.比色法测定饮料中柚皮苷含量的研究[J].食品工程,2011,2:44-46.

[9] 许海丹,顾敏霞,梁丹霞.柑橘中类柠檬苦素的含量测定方法研究[J].应用化工,2012,41(11):2006-2008.

[10] 贺红宇,高佳,汤浩茹,朱永清,罗芳耀,李华佳,曾晓丹. β-环糊精对柠檬汁脱苦效果的研究[J].食品科技,2013,38(12):100-103.

[11] 文帅,刘伟.柑橘中苦味物质种类及其测定方法概述[J].农产品加工.学刊,2009,11:81-84.

[12] 苑玉凤.多指标正交实验分析[J].湖北汽车工业学院学报,2005,19(4):53-56.

[13] 徐国胜,潘利华,杨阳,宛雯,汪杨. β-环糊精对柑橘类果汁脱苦效果的研究[J].安徽农业科学,2006,34(20):5366-5367.

[14] 梁秀媚,周爱梅,杨慧,刘冬英,邱凯娜,陈树喜,陈汉民. 响应面优化β-环糊精对佛手果汁脱苦效果的研究[J].食品安全质量检报,2014,5(6):1847-1854.

[15] 仁文彬,赵文红,白卫东,陈海光,汪薇,肖亮钟.新会柑果汁脱苦工艺的研究[J].食品科技,2009,34(3):45-47.

[16] 王贝妮,王海鸥. β-环糊精对柚汁脱苦工艺的改进研究[J].食品工艺科技,2008,29(7):192-196.

[17] 徐仲伟,刘心怒.三种脱苦方法脱除柑桔汁苦味的研究[J].食品与发酵工业,1992,4:6-16.

第四节　加糖工艺

【目的】研究加糖种类、加糖方式对红提冰糖橙配制酒酒度的影响，探讨提高红提冰糖橙配制酒酒度的最优加糖工艺，最终调配出优质红提冰糖橙配制酒。

【方法】酒精发酵开始前测定红提葡萄和冰糖橙混合汁含糖量，确定加糖量，并将红提葡萄汁和冰糖橙汁分为 4 份，设置加糖方式、加糖种类和对照组；酒精发酵结束后测定酒度，并结合感官品尝确定红提葡萄酒和冰糖橙酒最优加糖工艺。

【结果】加糖处理的红提葡萄酒和冰糖橙酒与不加糖处理的红提葡萄酒和冰糖橙酒相比，酒度都明显提高。其中在发酵 2～3 天时一次性加入白砂糖的红提葡萄酒和冰糖橙酒的酒度提高最显著，各提高了3.9%vol 和 4.4%vol，而感官品尝时，在发酵 2～3 天时一次性加入白砂糖的红提葡萄酒的品尝评分最高，在发酵刚开始时一次性加入白砂糖的冰糖橙酒的评分最高。

【结论】最优的红提葡萄酒加糖方案为在发酵 2～3 天时一次性加入白砂糖；最优的冰糖橙酒加糖方案为在发酵刚开始时一次性加入白砂糖。

一、背景

柑橘是我国第二大水果，橘皮营养丰富，富含类胡萝卜素、黄酮类化合物、Vc、V_E、糖类、K、Mg、Ca、P 等多种物质，具有开胃通气、化痰镇咳、止吐解酒等作用，是一种廉价的营养保健品，带皮发酵冰糖橙酒可有效利用皮中的营养物质[1]，而葡萄酒中的多酚物质决定其结构和颜色[2]。

葡萄是一种含糖量很高的水果，主要有葡萄糖、果糖和多糖等。果皮与果梗中主要有纤维素和戊聚糖等多糖，葡萄汁中主要有葡萄糖、果糖和蔗糖。葡萄酒发酵过程中糖能被酵母转换为酒精和二氧化碳。

冰糖橙是含糖量较低、含酸量较高但香气浓郁的水果，而红提葡萄香气略差于冰糖橙，但含糖量较冰糖橙高。所以，双方通过混合可以互补，促进酸平衡，同时提高一定酒度，达到国家规定的标准。红提采用纯汁发酵，酿造出的葡萄酒不容易破坏冰糖橙的色泽。国家规定果酒一般酒度为 10%vol，酿造果酒的水果潜在酒度不得低于 2%vol。通过计算潜在酒度确定加糖量。一般情况下，17 g/L 蔗糖使酒度提高 1%vol，而实际上由于转化不完全，会一次性加入 17.5 g/L 蔗糖[3]。发酵结束后测定酒度，并与未外加糖源的原酒对比，分析外加糖源提高酒度的效果。

二、材料与方法

(一) 材料

原料:楚雄水果批发市场售冰糖橙、红提。

辅料:楚雄鸿福超市售白砂糖、蜂蜜、食盐;果胶酶、酵母。

除苦剂:β-环糊精。

(二) 方法

冰糖橙进行果胶酶和除苦处理,红提进行果胶酶处理。之后分别测还原糖含量,计算潜在酒度,按照 17.5 g/L 的转化率加入白砂糖和蜂蜜,并于 2019 年 12 月 5 日开始酒精发酵。添加方案如下:

方案一:发酵刚开始时将白砂糖一次性加入冰糖橙汁或红提葡萄酒汁中;

方案二:发酵 2 至 3 天后将白砂糖一次性加入冰糖橙汁或红提葡萄汁中;

方案三:发酵刚开始时将蜂蜜一次性加入冰糖橙汁或红提葡萄汁中;

方案四:发酵 2 至 3 天后将蜂蜜一次性加入冰糖橙汁或红提葡萄汁中。

工艺流程:

(1) 冰糖橙酒

原料挑选→盐水→浸泡压榨→加入二氧化硫→果胶酶处理→除苦处理→加糖→酒精发酵→过滤→成品酒

技术要点:

原料挑选:将生青果、病果和霉烂果选出。

盐水浸泡:将整个冰糖橙浸泡于蒸馏水中,并一次性加入少量食盐,使橙皮中苦味物质浸出并杀菌。

剥皮:盐水浸泡后用蒸馏水洗净,去果梗和皮。

1/2 皮与果肉压榨:称取一半果皮并切碎,与果肉混合均匀。

加二氧化硫;参照毕静莹等[4]的方法,加入 50 mg/L SO_2。

果胶酶处理:往冰糖橙汁里一次性加入 0.14 g/L 果胶酶,并混合均匀,30 ℃水浴 2.5 h。

除苦处理:25 ℃水浴条件下,按照 0.70 g/L 用量一次性加入冰糖橙汁,处理 10 min。

酒精发酵:按 3%添加量称取酵母溶于冰糖橙汁中并在 40 ℃条件下水浴活化,待除苦处理结束后的冰糖橙汁冷却至室温后,一次性加入活化后的酵母并搅拌均匀。

加糖:按 17.5 g/L 的添加量称取白砂糖或蜂蜜,取少量冰糖橙汁溶化后一次性加入已一次性加入酵母菌的冰糖橙汁中混合均匀,添加时间为刚开始发酵或发酵 2～3

天时。

酒精发酵：将称好的白砂糖和蜂蜜按照拟定方案一次性加入相应的酒中，并称取相应酵母菌进行活化，活化完成后一次性加入酒中开始酒精发酵。发酵过程中每天测定温度和比重，监测发酵进程，并于发酵2至3天时按照方案一次性加入其他的白砂糖和蜂蜜。

成品酒：发酵终止后，用纱布过滤并挤压，放置一段时间后得成品酒。

（2）红提葡萄酒

原料挑选→除梗破碎→取汁→果胶酶处理→纯汁酒精发酵→过滤→成品酒

原料挑选：去除生青果、病果、霉烂果及其他杂质。

除梗破碎：去除果梗，并破碎取汁，在破碎过程中加入50 mg/L二氧化硫（分3次添加入，取汁过程中加2次）以防止氧化。

取汁：用纱布过滤挤压，获得纯汁，并适时加入二氧化硫防止氧化。

果胶酶处理：称取适量果胶酶并取少量红提葡萄汁溶解后一次性加入红提葡萄汁搅拌均匀，处理12 h。

纯汁酒精发酵：按0.2 g/L加入酵母菌，活化方法与冰糖橙酒的酵母菌活化方法相同→加入白砂糖或蔗糖（与冰糖橙酒的加糖方法一致）过滤。

成品酒：用纱布过滤压榨，分离酒泥，得成品酒。

（三）感官品尝

感官品尝：以15人左右作为一个品尝小组，进行冰糖橙酒、红提葡萄酒、红提冰糖橙配制酒感官品尝。

以感官品尝为最终评判指标确定最佳冰糖橙酒和红提葡萄酒，并按照红提葡萄酒：冰糖橙酒为1∶1、2∶1、3∶1、4∶1、5∶1、6∶1、7∶1的比例混合，通过感官品尝确定最佳的混合比例，并将剩余的冰糖橙酒和红提葡萄酒按照最佳比例混合均匀。

（四）理化指标

1. 还原糖

冰糖橙：采用反滴法测定还原糖含量[5]；红提：采用正滴法测定还原糖含量[5]。

（1）斐林A、B液标定

预备实验：取斐林A、B液各5.00 mL于250 mL三角瓶中，加50 mL水，摇匀，在电炉上加热至沸腾，在沸腾状态下用制备好的葡萄糖标准溶液滴定，当溶液蓝色将消失呈红色时，加入2滴亚甲基蓝指示液，继续滴至蓝色消失，记录消耗的葡萄糖标准溶液的体积。

正式实验：取斐林A、B液各5.00 mL于250 mL三角瓶中，加50 mL水和比预备实验少1 mL的葡萄糖标准溶液，摇匀，加热至沸腾，并保持2 min，加2滴亚甲基蓝指示液，在沸腾状态下于1 min内用葡萄糖标准溶液滴至终点，记录消耗的葡萄糖标准溶液的总体积，重复测定三次，每次误差不超过0.05 mL。

(2) 样品还原糖含量的测定

准确吸取一定量的样品(液温 20 ℃)于 100 mL 容量瓶中,使之所含还原糖量为 0.2~0.4 g,加水定容至刻度。

① 反滴法

预备实验:取斐林 A、B 液各 5.00 mL 试样 5 mL 于 250 mL 三角瓶中,加 50 mL 水,摇匀,在电炉上加热至沸腾,用葡萄糖标准溶液滴定,当溶液蓝色将消失呈红色时,加入 2 滴亚甲基蓝指示液,继续滴至蓝色消失,记录消耗的样品体积。

正式实验:取斐林 A、B 液各 5.00 mL 试样 5 mL 于 250 mL 三角瓶中,加 50 mL 水和比预备实验少 1 mL 的葡萄糖标准溶液,摇匀,加热至沸腾,并保持 2 min,加 2 滴亚甲基蓝指示液,在沸腾状态下于 1 min 内用葡萄糖标准溶液滴至终点,记录消耗的葡萄糖标准溶液的总体积,重复测定三次,每次误差不超过 0.05 mL。

② 正滴法

预备实验:取斐林 A、B 液各 5.00 mL 于 250 mL 三角瓶中,加 50 mL 水,摇匀,在电炉上加热至沸腾,用稀释后的样品滴定,当溶液的蓝色将消失呈红色时,加入 2 滴亚甲基蓝指示液,继续滴至蓝色消失,记录消耗的样品的体积。

正式实验:取斐林 A、B 液各 5.00 mL 于 250 mL 三角瓶中,加 50 mL 水和比预备实验少 1 mL 的样液溶液,摇匀,加热至沸腾,并保持 2 min,加 2 滴亚甲基蓝指示液,在沸腾状态下于 1 min 内用样液滴至终点,记录消耗的样液总体积,重复测定三次,每次误差不超过 0.05 mL。

③ 实验结果计算

反滴法还原糖含量计算:

$$X = \frac{2.5 \times (V_{标} - V_{测}) \times 稀释倍数}{5}$$

正滴法还原糖含量计算:

$$X = \frac{2.5 \times V_{标} \times 稀释倍数}{V_{耗}}$$

2. 酒精度

试样制备:用一洁净、干燥的 100 mL 容量瓶准确量取 100 mL 样品(液温 20 ℃)于 500 mL 蒸馏瓶中,用 50 mL 水分三次冲洗容量瓶,洗液全部并入蒸馏瓶中,再加几颗玻璃珠,连接冷凝器,以取样用的原容量瓶作接收器。开启冷却水,缓慢加热蒸馏。收集馏出液接近刻度,取下容量瓶,盖塞。于 20.0 ℃水浴中保温 30 min,补加水至刻度,混匀,备用。

蒸馏水质量的测定:将密度瓶洗净并干燥,带温度计和侧孔罩称量。重复干燥和称量,直至恒重(m),取下温度计,将煮沸冷却至 15 ℃左右的蒸馏水注满恒重的密度瓶,插上温度计，瓶中不得有气泡。将密度瓶浸入 20.0 ℃±0.1 ℃的恒温水浴中，待内容物温度达 20 ℃，并保持 10 min 不变后，用滤纸吸去侧管溢出的液体，使侧管中的液面与侧管管口齐平，立即盖好侧孔罩，取出密度瓶，用滤纸擦干瓶壁上的水，立即称量(m_1)。

试样质量的测量：将密度瓶中的水倒出，用试样反复冲洗密度瓶 3 次～5 次，然后装满，按同样操作，称量(m_2)。

结果计算：

样品在 20 ℃时的密度，空气校正值按式计算：

$$\rho_{20}=\frac{m_2-m+A}{m_1+m+A}\times\rho_0 \tag{1}$$

$$A=\rho_a\times\frac{m_1-m}{997.0} \tag{2}$$

式中：ρ_{20}——试样馏出液在 20 ℃时的密度，g/L；

m——密度瓶的质量，g；

m_1——20 ℃时密度瓶与充满密度瓶蒸馏水的总质量，g；

m_2——20 ℃时密度瓶与充满密度瓶试样馏出液的总质量，g；

ρ_o——20 ℃时蒸馏水的密度(998.20 g/L)；

A——空气浮力校正值；

ρ_a——干燥空气在 20 ℃、1 013.25 hPa 时的密度值(≈1.2 g/L)；

997.0——在 20 ℃时蒸馏水与干燥空气密度值之差，g/L。

然后，根据计算所得 ρ_{20}，查表酒精水溶液与酒精度对照表(20 ℃)，求得酒精度。

(五) 感官品评

以 15 人左右一组作为品尝小组，取适量的冰糖橙酒和红提葡萄酒倒入酒杯中，并进行感官品尝。品尝标准如表 2-8。

表 2-8 品尝评分标准

<table>
<tr><th colspan="2">外观</th><th colspan="2">香气</th><th rowspan="2">滋味(40 分)</th><th rowspan="2">典型性(10 分)</th></tr>
<tr><th>色泽(10 分)</th><th>清浑(10 分)</th><th>果香(15 分)</th><th>酒香(15 分)</th></tr>
<tr><td colspan="2">澄清，透明，有光泽，呈现出应有颜色，悦目宜人：17～20 分；
澄清，透明，有光泽，呈现出应有颜色：14～17 分；
澄清，无悬浮物，无沉淀：11～14 分；
稍微浑浊，无光泽：10 分以下。</td><td colspan="2">果香，酒香浓郁优雅，香味纯正协调：26～30 分；
果香，酒香不突出，香味欠佳：22～26 分；
果香，酒香不足，或不悦人：18～22 分；
香气不足，或有其他异味使人生厌：18 分以下。</td><td>酒体协调，醇香浓厚，清新爽口，回味较好：35～45 分；
酒质平衡，口感柔和，酸味适中：30～35 分；
味偏酸，略微苦涩，欠浓郁：25～35 分；
酸，苦涩，有异味，平淡：25 分以下。</td><td>具有特有该品种的香气或典型特征：5～10 分；
特征性较弱或无：5 分以下。</td></tr>
</table>

(六) 含糖量与酒度换算表

表 2-9　含糖量与酒度换算表

密度	糖度(g/L)	潜在酒度(%)	密度	糖度(g/L)	潜在酒度(%)
1 050	103	6.0	1 065	143	8.4
1 051	106	6.2	1 066	146	8.6
1 052	108	6.3	1 067	148	8.7
1 053	111	6.5	1 068	151	8.9
1 054	114	6.7	1 069	154	9.0
1 055	116	6.8	1 070	156	9.2
1 056	119	7.0	1 071	159	9.3
1 057	122	7.2	1 072	162	9.5
1 058	124	7.3	1 073	164	9.6
1 059	127	7.5	1 074	167	9.8
1 060	130	7.6	1 075	170	10.0
1 061	132	7.8	1 076	172	10.1
1 062	135	7.9	1 077	175	10.3
1 063	138	8.1	1 078	178	10.5
1 064	140	8.2	1 079	180	10.6

三、结果

(一) 发酵前含糖量

如表 2-10,冰糖橙的含糖量为 57.6 g/L,通过查阅含糖量与酒度算表(表 2-9)可知,其潜在酒度为 3.2%vol,因果酒酒度一般要求 10%vol,选择提高 4%vol。

表 2-10　发酵前测冰糖橙和红提的还原糖含量

冰糖橙汁(g/L)	57.6
红提葡萄汁(g/L)	171.0

红提的含糖量为 171 g/L,通过查阅含糖量与酒度换算表(表 2-9)可知,其潜在酒度为 10%vol,因葡萄酒酒度一般要求 12%vol,且人为提高酒度不得超过 2%vol,选择提高 2%vol。

（二）发酵过程中的比重变化

由图 2－9 可知(2019 年 12 月 4 日 15:40 开始发酵)，发酵比较快速的时期是发酵刚开始的第 2 至第 3 天，发酵至第 4 天时，发酵速度变慢。发酵第 3 天外加糖源时，酵母再次利用糖源进行酒精发酵，一天后发酵速度变慢，发酵刚开始一次性加糖源和不加糖源发酵速度几乎相同，且同时到达发酵终点。

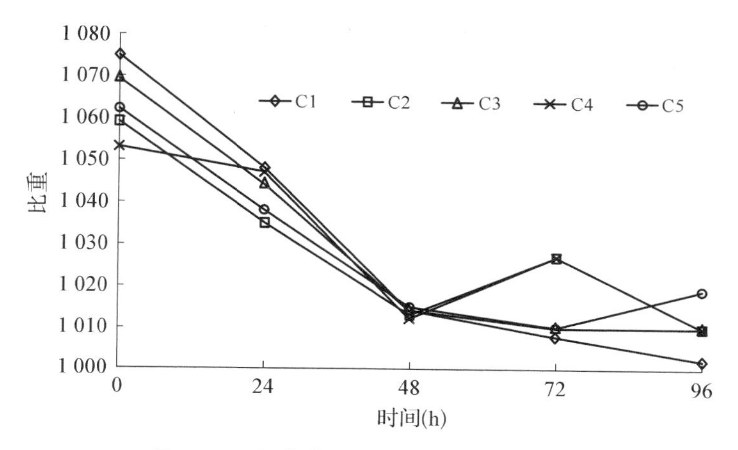

图 2－9　发酵过程中冰糖橙酒的比重变化

注：C1 为发酵刚开始时一次性加入全部白砂糖的冰糖橙酒；C2 为发酵 2～3 天时一次性加入全部白砂糖的冰糖橙酒；C3 为发酵刚开始时一次性加入全部蜂蜜的冰糖橙酒；C4 为发酵 2～3 天时一次性加入全部蜂蜜的冰糖橙酒；C5 为不进行加糖处理的冰糖橙酒，下同。

由图 2－10 可知，发酵第三天发酵速度最快，发酵至第四天时发酵速度明显降低。在发酵过程中外加糖源时酵母会再次利用糖源，但发酵速度明显低于发酵第三天时的速度。

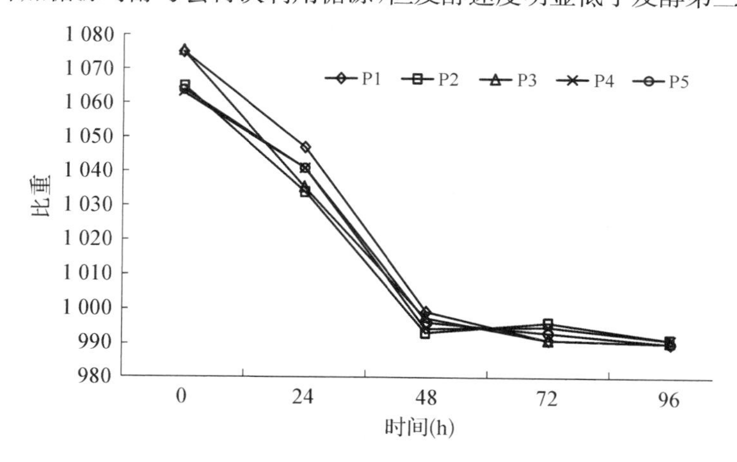

图 2－10　发酵过程中红提葡萄酒的比重变化

注：P1 为发酵刚开始时一次性加入全部白砂糖的红提葡萄酒；P2 为发酵 2～3 天时一次性加入全部白砂糖的红提葡萄酒；P3 为发酵刚开始时一次性加入全部蜂蜜的红提葡萄酒；P4 为发酵 2～3 天时一次性加入全部蜂蜜的红提葡萄酒；P5 为不进行加糖处理的红提葡萄酒，下同。

结合图 2－9 和图 2－10 可以看出，冰糖橙酒和红提葡萄酒的发酵速度大致相同，发酵的趋势也比较类似。都于发酵的第 4 天接近至发酵末期，但在发酵过程中外加糖源时，红提葡萄酒的利用速度低于冰糖橙酒的利用速度。

（三）发酵结束后的酒度

由图 2－11 可知，不做加糖处理时，柑橘酒的酒度为 6.43％vol，而当做了加糖处理后酒度都有了明显提高。在计算潜在酒度时，脐橙的潜在酒度为 3.2％vol，人为提高 4％vol 的酒度，通过发酵可知，冰糖橙中含有大量的能被酵母菌利用的多糖，导致酒度明显高于潜在酒度。而对于外加糖源人为酒度，仍没有达到提高 4％vol 的酒度预算，说明仍有较大一部分糖源没有被利用。

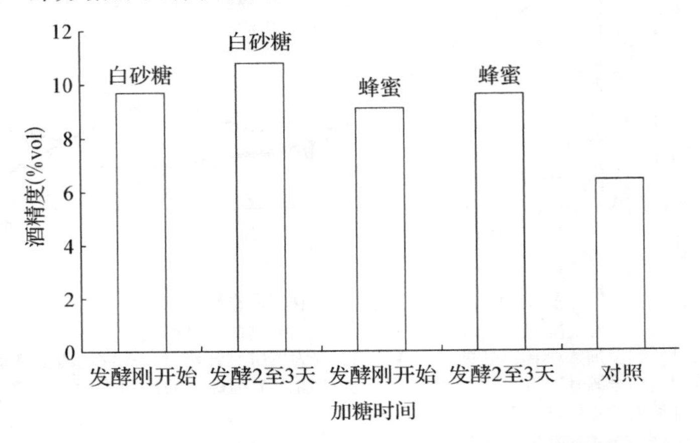

图 2－11　不同加糖处理的冰糖橙汁在发酵期间酒度的变化情况

注：对照为不进行加糖处理。

由图 2－12 可知，不做加糖处理时，葡萄酒的酒度为 8.8％vol，而当做了加糖处理后酒度都有了明显的提高。在计算潜在酒度时，红提的潜在酒度为 10％vol，人为提高 2％vol 的酒度，通过发酵可知，红提中仍含有一部分还原糖未被利用。

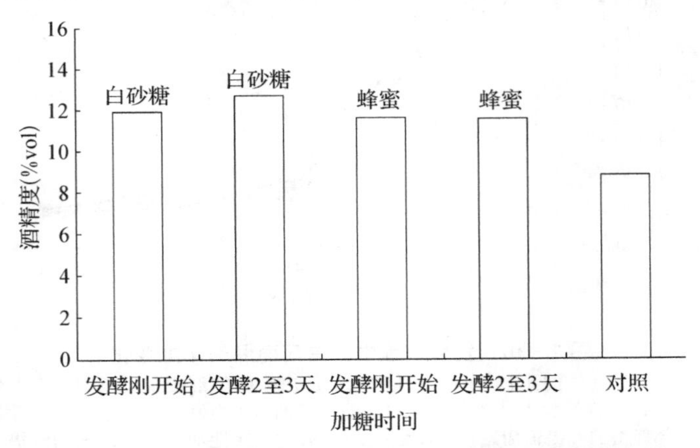

图 2－12　不同加糖处理的红提葡萄在发酵期间酒度的变化情况

（四）感官品评

以 15 个人左右作为品尝小组，取适量的冰糖橙酒和红提葡萄酒倒入酒杯中，并进行感官品尝。结果见表 2-11 和 2-12。

表 2-11　冰糖橙酒的感官品尝数据表

	C1	C2	C3	C4	C5
评分	65.0	65.9	62.9	60.8	59.2

表 2-12　红提葡萄酒感官品尝数据表

	P1	P2	P3	P4	P5
评分	68.8	71.3	62.1	67.3	62.0

由表 2-11 和表 2-12 可知，对红提葡萄酒和冰糖橙酒进行感官品尝时，不进行加糖处理的红提葡萄酒的评分为 62.0，不进行加糖处理的冰糖橙酒的评分为 59.2，评分最低，发酵 2～3 天一次性加入白砂糖的红提葡萄酒和冰糖橙酒的评分最高，分别为 71.3 和 65.9。

由表 2-13 可知，红提葡萄酒：冰糖橙酒混合比例为 5：1 时的感官品尝综合体验最好，比例为 1：1 时，冰糖橙酒苦味较明显，香气不足，评分较低，比例为 7：1 时红提葡萄酒虽减弱了冰糖橙酒的苦味，但同时也掩盖了冰糖橙酒的果香和酒香，口感也以红提葡萄酒的滋味为主。

表 2-13　红提冰糖橙配制酒感官品尝数据表

	1：1	2：1	3：1	4：1	5：1	6：1	7：1
评分	69.6	70.2	62.7	68.4	72.4	70.2	65.4

注：红提冰糖橙配制酒的调配比例为红提葡萄酒：冰糖橙酒。

四、总结

外加糖源的红提葡萄酒和冰糖橙酒对比不进行加糖处理的，酒度均有明显提高。其中在发酵 2～3 天时一次性加入白砂糖的红提葡萄酒和冰糖橙酒的酒度提高最显著，感官品尝评分也最高。因此，最优的红提葡萄酒的加糖处理方案为在发酵 2～3 天时一次性加入所需的白砂糖，酒度提高了 3.9%vol，感官品尝评分增加了 9.3 分；最优的冰糖橙酒的加糖处理方案为在发酵 2～3 天时一次性加入所需的白砂糖，酒度提高了 4.4%vol，感官品尝评分增加了 6.7 分。最优的红提冰糖橙配制酒的混合比例为红提葡萄酒：冰糖橙酒＝5：1。

参考文献

[1] 罗佳丽,王孝荣,王雪莹等.不同果酒酵母发酵血橙果酒的发酵规律及香气成分的比较[J].食品工业科技,2013,5:155-159.
[2] 蒋燕明,彭欢,唐赟等.带皮发酵橘子酒工艺研究[J].酿酒科技,2018,9:68-73.
[3] 李记明.葡萄汁的糖度表示方法[J].中外葡萄与葡萄酒.2000,4:47-48.
[4] 毕静莹,李华,王华.发酵温度对柑橘酒品质的影响[J].食品科学,2019,40(6):209-216.
[5]《GB/15038—2006》,葡萄酒、果酒通用分析方法[S].北京:中国标准出版社:中华人民共和国国质量监督检验检疫总局中国国家标准管理委员会,2008.

第五节 澄清

【目的】优化红提冰糖橙配制酒最佳的澄清方法。

【方法】选取不同澄清剂：皂土、果胶酶（液体）、聚乙烯吡咯烷酮（PVPP）对红提冰糖橙配制酒进行澄清，通过观察外观澄清度，测定酒泥高度、透光率、浊度和色度，并进行感官品评，确定各种澄清剂的最佳用量，然后将各种澄清剂最佳的用量按比例进行两两混合下胶，确定一种作用效果最明显的澄清方法。

【结果】不同澄清剂单独下胶时，皂土最佳用量为 500 mg/L，透光率 56.5%，浊度 431.8 NTU，色度 1.725 Abs；果胶酶最佳用量为 1.0 mL/L，透光率 56.0%，浊度 436.4 NTU，色度 1.9 Abs；PVPP 最佳用量 0.3 g/L，透光率 50.9%，浊度 424.9 NTU，色度 1.95 Abs；两种澄清剂混合下胶时，最佳用量为 1/3 果胶酶 1.0 mL/L ＋ 2/3PVPP 0.3 g/L，透光率 81.2%，浊度 5.75 NTU，色度 0.925 Abs。

【结论】两种澄清剂混合下胶时的色度相对单独下胶时有所下降，但下降幅度不大，同时透光率有很大提高，浊度明显降低，所以红提冰糖橙配制酒最佳澄清方法为 1/3 果胶酶 1.0 mL/L＋2/3PVPP 0.3 g/L。

一、背景

酒的澄清就是通过某种特殊手段将酒中浮物沉降下来的过程。通常有自然澄清和人工澄清两种方法，原理是降低酒中高级醇含量，提高酯类物质含量，从而提高酒质[1]。澄清度是判断一款酒外观品质好坏的重要指标之一。引起酒不澄清不稳定的因素很多，只有澄清且稳定的酒才有更高价值与潜能[2]。不同的澄清剂处理的葡萄酒的品质不同，最适澄清剂及其用量对酒质至关重要[3]。当酒澄清时，可获得效果最明显的澄清剂。不管使用哪种澄清剂，自然澄清除去大量发酵渣和酒脚的酒稳定性都较高[4]。随着生活水平的提高，人们对酒的需求也越来越高，从而使配制酒的澄清工艺不断进步。

皂土也称膨润土或浆土，主要成分是铝和镁的硅酸盐。其带负电部分能结合带正电的金属离子、多肽和碱性蛋白，形成絮状沉淀，使酒澄清[5]。皂土的吸附能力与其产地和处理方法有关。果胶酶是分解果胶质的酶类，根据其作用底物不同可分为果胶酯酶、聚半乳糖醛酸酶和果胶裂解酶，是水果加工中最重要的酶。用果胶酶处理破碎果实，可加速果汁澄清[6]。聚乙烯吡咯烷酮（PVPP）是一种无毒、无刺激性、安全稳定的聚合物，广泛应用于啤酒、葡萄酒、黄酒的澄清，并能提高酒体稳定性。

未经澄清的红提冰糖橙配制酒混浊、不稳定。为了保证澄清后的酒体清亮透明、稳定、风味不变，本实验采用皂土、液体果胶酶和 PVPP 对红提冰糖橙配制酒进行下胶澄清实验，以单独下胶与混合下胶两种方式确定最佳的澄清工艺，为提高配制酒品质和稳定性的相关工作提供参考。

二、材料与方法

（一）试剂与仪器

1. 材料

红提、冰糖橙，由楚雄市农贸市场提供。

2. 澄清剂

皂土（天津市大茂化学试剂厂）；液体果胶酶（上海鼎唐国际贸易有限公司）；PVPP（上海展云化工有限公司）。

3. 主要仪器

电子天平、紫外分光光度计、浊度仪、冰箱、透明塑料尺子。

（二）实验方法

1. 试剂配制

10%皂土：准确称量 10 g 皂土于烧杯中，加入 100 mL 蒸馏水，充分搅拌均匀，将完全均匀的胶体悬浮液转移至容量瓶中，备用。

2. 单独下胶

（1）取 5 支 50 mL 比色管，分别加入 50 mL 红提冰糖橙配制酒，标号为 1、2、3、4、5，设 5 个梯度，分别为 300 mg/L、400 mg/L、500 mg/L、600 mg/L、700 mg/L 的 10%皂土[2]。

（2）取 5 支 50 mL 比色管，分别加入 50 mL 红提冰糖橙配制酒，标号为 1、2、3、4、5，设 5 个梯度，分别为 0.2 mL/L、0.4 mL/L、0.6 mL/L、0.8 mL/L、1.0 mL/L 的果胶酶[7-8]。

（3）取 5 支 50 mL 比色管，分别加入 50 mL 红提冰糖橙配制酒，标号为 1、2、3、4、5，设 5 个梯度，分别为 0.1 g/L、0.2 g/L、0.3 g/L、0.4 g/L、0.5 g/L 的 PVPP[9]。

同时与不加澄清剂的酒样进行对比。

3. 混合下胶

进行不同澄清剂单独的实验，并进行数据处理分析和感官品评后，选出最佳澄清剂用量，然后将两种澄清剂间按 1∶1 和 1∶2 的比例混合下胶。

设置时间梯度，分别为 0.5 h、12 h、24 h、36 h、48 h，在这五个时间点内测红提冰糖橙配制酒的酒泥高度[10]，并观察澄清效果，48 h 后测定其透光率、色度和浊度，结合感官品评，最终选出最优的一种澄清方法。

(三) 相关指标

1. 透光率

采用分光光度计法。

用 1 cm 的比色皿，于波长 650 nm 下测定酒的透光率，用透光率表示红提冰糖橙配制酒的澄清度，以蒸馏水作参比。

2. 色度

分光光度计法[2,11]。

用大肚吸管吸取 2 mL 酒样于 25 mL 比色管中，再用与红提冰糖橙配制酒相同 pH 的缓冲液(磷酸氢二钠与柠檬酸的混合液)稀释至 25 mL，然后用 1 cm 比色皿在 λ_{420}、λ_{520}、λ_{620} 处分别测吸光值(以蒸馏水作空白)，然后吸光值三值相加后乘以稀释倍数，即为色度。

3. 浊度

用浊度仪测量。

4. 酒泥高度

使用 20 厘米长透明塑料尺子(学生文具)测量。

5. 澄清度的观察

肉眼观察[9,10]。

(四) 感官分析

选取 8～10 人对酒样进行品评，其中包括受过训练的相关专业学生与有国家三级品酒师资格证的学生和老师。参照《GB/T 15038—2006》《葡萄酒、果酒通用分析方法》中感官品评的相关标准制定此配制酒的评分标准，品评评分标准如表 2-14。

表 2-14　感官品评评分标准

感官品评及评分标准			
外观	澄清度	澄清，无悬浮物	4～5 分
		澄清，有悬浮物	3～4 分
		浑浊，无悬浮物	2～3 分
		浑浊，有悬浮物	1～2 分
	色调	金黄色	7～10 分
		暗黄色	1～6 分

续 表

感官品评及评分标准			
香气	纯正度	无异味	4～5 分
		有异味	1～3 分
	浓度	强	6～10 分
		弱	1～5 分
	质量	平衡，具有典型性	10～15 分
		平衡，无典型性	5～10 分
		不平衡，无典型性	1～5 分
口感	纯正度	无异味	4～5 分
		有异味	1～3 分
	浓度	强	6～10 分
		弱	1～5 分
	持久性	持续时间长	8～10 分
		持续时间较长	6～8 分
		持续时间较短	4～6 分
		持续时间短	1～4 分
	质量	平衡，具有典型性	15～20 分
		平衡，无典型性	5～15 分
		不平衡，无典型性	1～5 分
平衡/整体评价	香气与香气的平衡，口感与口感的平衡，香气与口感的平衡		10 分

三、结果

(一) 不同澄清剂单独下胶对酒体外观的影响

利用皂土、果胶酶和 PVPP 澄清剂对红提冰糖橙配制酒进行下胶，在下胶过程中观察酒样澄清度，并记录下胶 0.5 h、12 h、24 h、36 h、48 h 后酒泥的高度，结果见表 2－15。

表 2-15　不同澄清剂对红提冰糖橙配制酒下胶时的澄清度和酒泥高度的影响

<table>
<tr><th rowspan="2"></th><th rowspan="2">用量</th><th colspan="5">澄清度</th><th colspan="5">酒泥高度(cm)</th></tr>
<tr><th>0.5 h</th><th>12 h</th><th>24 h</th><th>36 h</th><th>48 h</th><th>0.5 h</th><th>12 h</th><th>24 h</th><th>36 h</th><th>48 h</th></tr>
<tr><td>对照</td><td>0</td><td>浑浊</td><td>上澄清液约 1/3</td><td>上澄清液约 1/2</td><td>澄清透明</td><td>澄清透明</td><td>无</td><td><0.1</td><td><0.1</td><td><0.1</td><td><0.1</td></tr>
<tr><td rowspan="5">皂土(mg/L)</td><td>300</td><td rowspan="5">浑浊</td><td rowspan="5">上澄清液约 1/3</td><td rowspan="5">上澄清液约 1/2</td><td rowspan="5">澄清透明</td><td rowspan="5">澄清透明</td><td rowspan="5">无</td><td rowspan="5"><0.1</td><td rowspan="5"><0.1</td><td rowspan="5"><0.1</td><td rowspan="5"><0.1</td></tr>
<tr><td>400</td></tr>
<tr><td>500</td></tr>
<tr><td>600</td></tr>
<tr><td>700</td></tr>
<tr><td rowspan="5">果胶酶(mL/L)</td><td>0.2</td><td rowspan="5">浑浊</td><td rowspan="5">上澄清液约 1/3</td><td rowspan="5">上澄清液约 1/2</td><td rowspan="5">澄清透明</td><td rowspan="5">澄清透明</td><td rowspan="5">无</td><td rowspan="5"><0.1</td><td>=0.1</td><td>=0.1</td><td>=0.1</td></tr>
<tr><td>0.4</td><td>=0.1</td><td>=0.1</td><td>=0.1</td></tr>
<tr><td>0.6</td><td>>0.1</td><td>>0.1</td><td>>0.1</td></tr>
<tr><td>0.8</td><td>>0.1</td><td>>0.1</td><td>>0.1</td></tr>
<tr><td>1.0</td><td>=0.1</td><td>=0.1</td><td>=0.1</td></tr>
<tr><td rowspan="5">PVPP(g/L)</td><td>0.1</td><td rowspan="5">浑浊</td><td rowspan="5">上澄清液约 1/3</td><td rowspan="5">上澄清液约 1/2</td><td rowspan="5">澄清透明</td><td rowspan="5">澄清透明</td><td rowspan="5">无</td><td rowspan="5"><0.1</td><td><0.1</td><td><0.1</td><td><0.1</td></tr>
<tr><td>0.2</td><td>=0.1</td><td>=0.1</td><td>=0.1</td></tr>
<tr><td>0.3</td><td>=0.1</td><td>=0.1</td><td>=0.1</td></tr>
<tr><td>0.4</td><td><0.1</td><td><0.1</td><td><0.1</td></tr>
<tr><td>0.5</td><td><0.1</td><td><0.1</td><td><0.1</td></tr>
</table>

由表 2-15 可知，随着下胶时间的延长，下胶效果越来越明显，在 36 h 之后都能得到澄清透明的酒样，与李翌霞等[10]研究结果一致。由于酒样较少，酒泥也极少。对照酒样与澄清材料为皂土的酒样中酒泥高度随着时间延长并无多大区别，而澄清材料为果胶酶和 PVPP 的酒样酒泥增多，下胶效果明显。不同澄清剂的下胶效果在外观澄清度上相差不大，从酒泥高度可以看出，几种澄清剂中果胶酶的下胶效果最好。果胶酶在 0.6～0.8 mL/L，PVPP 在 0.2～0.3 g/L 时酒泥最多，但要想获得各个澄清剂的最适用量，还要结合理化指标和感官品评分析。

(二) 不同澄清剂单独下胶对酒理化指标和感官品评的影响

48 h 后测定各组酒样透光率、浊度和色度，结果见表 2-16。

表 2-16 不同澄清剂对红提冰糖橙配制酒下胶结果的影响

	用量	透光率(%)	浊度/NTU	色度/Abs	感官评分
对照	0	52.1	453.4	1.700	69.0
皂土(mg/L)	300	56.3	424.1	1.725	72.4
	400	67.2	452.1	1.625	75.8
	500	56.5	431.8	1.725	75.1
	600	56.1	439.4	1.700	70.2
	700	53.6	424.4	1.800	63.4
果胶酶(mL/L)	0.2	61.2	456.1	1.650	66.4
	0.4	55.5	473.8	1.750	66.3
	0.6	70.7	431.7	1.550	73.4
	0.8	55.3	462.6	1.725	74.3
	1.0	56.0	436.4	1.900	72.0
PVPP(g/L)	0.1	49.1	463.5	1.800	71.8
	0.2	46.5	431.9	1.950	73.1
	0.3	50.9	424.9	1.950	76.3
	0.4	48.5	458.6	2.025	68.8
	0.5	46.3	425.3	1.975	68.6

由表 2-16 可知，当皂土浓度为 400 mg/L 时，酒样透光率最大，为 67.2，感官评分也最高，澄清透明，色调最深，香气和口感无异味，整体平衡，但色度最小，并低于对照，浊度与对照相差不大；其次是皂土浓度为 500 mg/L 时，酒样透光率排在第二，为 56.5，色度与对照相差不大，浊度小于对照，且感官品评也仅次于最好的 400 mg/L，所以皂土最佳使用量选择为 500 mg/L。对于果胶酶组，当果胶酶浓度为 0.6 mL/L 时，酒样透光率最大，为 70.7，虽然浊度最小，并小于对照，但感官品评结果不是最好，香气和口感浓度不足，且色度也最小，并低于对照；当果胶酶浓度为 0.2 mL/L 时，酒样透光率排第二，为 61.2，但色度低于对照，浊度也相对较大，且高于对照，感官评分相对较低，整体不足；当果胶酶浓度为 1.0 mL/L 时，酒样透光率排第三，为 56.0，色度也是最高，浊度也相对较低，感官评分处于中间位置，所以果胶酶最佳使用量选择为 1.0 mL/L。当 PVPP 浓度为 0.3 g/L 时，酒样透光率最大，为 50.9，色度相对较大，浊度最低，感官品评结果也最好，质量好，与陈雅等[12]和宫鹏飞等[13]的研究结果相似，所以 PVPP 最佳使用量选择为 0.3 g/L。

(三) 澄清剂混合下胶对酒体理化指标及感官品评的影响

进行不同澄清剂单独下胶的数据处理分析和感官品评后，得出不同澄清剂的最佳使用量，即皂土 500 mg/L，果胶酶 1.0 mL/L，PVPP0.3 g/L。然后将两种澄清剂按 1∶1 和 1∶2 的比例混合下胶，见下表 2-17。

表 2-17　两种澄清剂混合下胶的量

皂土＋果胶酶	皂土＋PVPP	果胶酶＋PVPP
500 mg/L＋1.0 mL/L	500 mg/L＋0.3 g/L	1.0 mL/L＋0.3 g/L
1/2 500 mg/L＋1/2 1.0 mL/L	1/2 500 mg/L＋1/2 0.3 g/L	1/21.0 mL/L＋1/2 0.3 g/L
1/3 500 mg/L＋2/3 1.0 mL/L	1/3 500 mg/L＋2/3 0.3 g/L	1/3 1.0 mL/L＋2/3 0.3 g/L
2/3 500 mg/L＋1/3 1.0 mL/L	2/3 500 mg/L＋1/3 0.3 g/L	2/3 1.0 mL/L＋1/3 0.3 g/L

在下胶过程中酒样始终处于澄清透明状态，酒泥也极少，所以忽略。48 h 后测定其透光率、浊度和色度，结果见表 2-18。

表 2-18　澄清剂混合下胶对红提冰糖橙配制酒下胶结果的影响

	用量	透光率(%)	浊度/NTU	色度/Abs
皂土＋果胶酶(mg/L＋mL/L)	500＋1.0	80.3	7.22	0.825
	1/2 500＋1/2 1.0	79.9	7.64	0.975
	1/3 500＋2/3 1.0	78.8	7.39	0.975
	2/3 500＋1/3 1.0	74.2	11.14	1.000
皂土＋PVPP(mg/L＋g/L)	500＋0.3	80.1	8.61	1.050
	1/2 500＋1/2 0.3	78.8	7.99	1.000
	1/3 500＋2/3 0.3	79.5	7.73	0.925
	2/3 500＋1/3 0.3	80.5	7.56	1.000
果胶酶＋PVPP(mL/L＋g/L)	1.0＋0.3	79.9	5.98	0.975
	1/2 1.0＋1/2 0.3	84.2	4.24	0.925
	1/3 1.0＋2/3 0.3	81.2	5.75	0.925
	2/3 1.0＋1/3 0.3	80.4	6.16	0.875

由表 2-18 可知，每两种澄清剂混合下胶，色度值几乎一样，与豆一玲等[14]研究结果一致，差别不大，所以本实验只需参照透光率和浊度，结合感官品评进行分析。

由表 2-19 可知，八位品酒员中，大部分人认为 500 mg/L 皂土＋1.0 mL/L 果胶酶混合下胶对酒的感官品质好；5 人认为 500mg/L 1/2 皂土＋0.3 g/L 1/2 PVPP 混合下胶对酒的感官品质好，还有 1 位认为该混合下胶排第 2；有 4 位品酒员认为 1.0 mL/L

1/3 果胶酶+0.3 g/L 2/3 PVPP 下胶的酒品质最好，3 位品酒员认为 1.0 mL/L 1/2 果胶酶+0.3 g/L 1/2 PVPP 下胶的酒品质最好，只有 1 位认为 1.0 mL/L 果胶酶+0.3g/LPVPP 下胶的酒品质最好。但是总体上，皂土+PVPP 混合下胶评分最低，其余两组评分相差不大。结合表 2—18，皂土+果胶酶的透光率比果胶酶+PVPP 的低，浊度比果胶酶+PVPP 的高，色度相差不大，所以，综合考虑，果胶酶+PVPP 混合下胶是最合适的，尤其是 1.0 mL/L 1/3 果胶酶+0.3 g/L 2/3 PVPP 是最佳的选择。

表 2-19　红提冰糖橙配制酒混合下胶后的感官品评

	用量	品酒员编号							
		1	2	3	4	5	6	7	8
皂土+果胶酶 (mg/L+mL/L)	500+1.0	79	77	82	76	66	77	73	78
	1/2 500+1/2 1.0	77	75	78	73	67	82	69	74
	1/3 500+2/3 1.0	76	73	79	72	66	75.5	70	76
	2/3 500+1/3 1.0	72	68	68	65	61	71.5	68	72
皂土+PVPP (mg/L+g/L)	500+0.3	75	73	76	71	63	71	75	69
	1/2 500+1/2 0.3	76	71	78	72	64	72	63	73
	1/3 500+2/3 0.3	72	70	68	65	61	74	63	70
	2/3 500+1/3 0.3	74	69	75	70	64	70	67	74
果胶酶+PVPP (mL/L+g/L)	1.0+0.3	79	70	78	72	61	73.5	69	71
	1/2 1.0+1/2 0.3	75	69	72	69	67	79	78	83
	1/3 1.0+2/3 0.3	78	78	82	79	72	74	63	74
	2/3 1.0+1/3 0.3	73	75	80	77	65	74	65	78

结合表 2-18 和表 2-19 可知，当果胶酶和 PVPP 混合下胶，下胶量为 1/2 果胶酶 1.0 mL/L+1/2 PVPP 0.3 g/L 时，酒样透光率最大，浊度最小，分别为 84.2 和4.24，但根据感官品评可知，其分值较低，酒体淡薄，出现下胶过量现象，所以此浓度不可用；当果胶酶和 PVPP 混合下胶，下胶量为 1/3 果胶酶 1.0 mL/L+2/3 PVPP 0.3 g/L 时，酒样透光率排第二，为 81.2，浊度也仅高于最低，且感官品评结果最好，澄清透明，香气和口感也较好，所以此浓度为最佳混合下胶量。由结果还可以看出，混合下胶的色度比单独下胶的低，虽然色度有所下降，但下降幅度并不大。总而言之，混合下胶的效果要比单独下胶的好得多。

四、小结

使用皂土、果胶酶和 PVPP 三种澄清剂单独下胶时，相应酒样的酒泥高度和外观澄清度相差不大，根据理化指标和感官分析得出各个澄清剂的最佳用量，即皂土 500 mg/

L，果胶酶1.0 mL/L，PVPP0.3 g/L。当用 1/3 果胶酶 1.0 mL/L＋2/3PVPP 0.3 g/L 对红提冰糖橙配制酒混合下胶时，酒样透光率和浊度都较好，同时对配制酒的感官质量影响也最小。综上，1/3 果胶酶 1.0 mL/L＋2/3PVPP 0.3 g/L 为红提冰糖橙配制酒的最佳澄清方案。

参考文献

[1] 李华，王华，袁春龙，等.葡萄酒的澄清[J].葡萄酒工艺学，2007，1：170 - 171.

[2] 张宁波，徐文磊，张军翔.澄清剂和温度对赤霞珠葡萄酒澄清效果的影响[J].食品工业科技，2019，40(10)：87 - 92.

[3] 姚瑶，周斌，张亚飞，等.不同澄清剂对赤霞珠干红葡萄酒澄清效果的影响[J].新疆农业大学学报，2017，40(5)：345 - 350.

[4] 李新榜，张瑛莉，范永峰.葡萄酒澄清和稳定工艺理论与实践探讨[J].酿造加工，2011，1：57 - 61.

[5] 郜成军，王焕香，商华，等.霞多丽干白葡萄酒两种澄清工艺的对比探讨[J].中外葡萄与葡萄酒，2017，4：54 - 57.

[6] 任旭桐，崔振华，邱佳，等.枸杞汁澄清工艺研究[J].农产品加工，2019，7：43 - 45.

[7] 简清梅，陈清婵，王劲松.桔子酒澄清剂配方优化[J].中国酿造，2015，34(5)：138 - 141.

[8] 康超，李国添，朱珊贤，等.不同澄清剂对山葡萄酒澄清效果的影响[J].中国酿造，2018，37(3)：115 - 119.

[9] 崔培梧，陈林，廖彦，等.茯苓葡萄酒的澄清工艺[J].北方园艺，2017，18：138 - 144.

[10] 李翠霞.寒香蜜干白葡萄酒下胶工艺研究[J].泰山学院学报.2014，36(6)：97 - 99.

[11] 梁冬梅，李记明，林玉华.分光光度法测葡萄酒的色度[J].中外葡萄与葡萄酒，2002，3：9 - 10.

[12] 陈雅，雷静，郭峰，等.响应面法优化无核白葡萄酒澄清工艺的研究[J].酿酒科技，2016，8：56 - 59.

[13] 宫鹏飞，马腾臻，鲁榕榕，等.不同下胶澄清剂对‘贵人香’冰白葡萄酒香气品质的影响[J].食品与发酵工业，2019，45(19)：151 - 158.

[14] 豆一玲，严玉玲，陈新军，等.不同澄清工艺对无核紫桃红葡萄酒品质的影响[J].食品研究与开发，2019，40(9)：118 - 122.

第六节　降酸剂与赭曲霉毒素 A

【目的】研究化学降酸剂对葡萄酒感官品质以及其中赭曲霉毒素 A 含量的影响，探讨葡萄酒的降酸工艺。

【方法】以楚雄市夏黑葡萄为实验材料。选用碳酸钙和酒石酸氢钾分别对葡萄酒降酸，同时用原酒作空白实验，测定其理化指标，通过感官品评，选出效果更好的降酸剂，从而确定降酸梯度中最佳的一组，然后用液相色谱仪检测其中的赭曲霉毒素 A 含量，分析赭曲霉毒素 A 的含量变化与降酸剂之间的关系。

【结果】最终确定最佳的降酸材料为复盐法降酸的碳酸钙，钙添加量为 12 g/100 mL。降酸前干红葡萄酒中赭曲霉毒素 A 的峰面积和高度分别为 79 879 和 28 753，含量为 0.16 ng・mL^{-1}，降酸后干红葡萄酒中赭曲霉毒素 A 的峰面积和高度分别为79 841和28 718，含量为 0.15 ng・mL^{-1}，表明降酸剂对赭曲霉毒素 A 含量有一定影响，降低了葡萄酒中的赭曲霉毒素 A 含量。

一、背景

赭曲霉毒素 A(Ochratoxin A)属于弱有机酸[1]。赭曲霉毒素有 7 种结构相似的化合物，其中的赭曲霉毒素 A 毒性最大[2]，但赭曲霉毒素 A 化学性质稳定，耐热性好[3]，对人和动物的健康威胁是源于其肾毒性、肝毒性、DNA 损伤以及抑制 RNA 和蛋白质合成等特性[4]。

受植株生长条件和工艺影响，赭曲霉毒素 A 污染极易发生[5]。当抗病力较弱或生长环境恶劣时，植株更易受赭曲霉毒素 A 污染；在葡萄酒酿造过程中，酿酒工具、陈酿容器等灭菌不到位时，也易受赭曲霉毒素 A 污染。《GB 2761》和《GB 2762》在修订时引入了葡萄酒中的赭曲霉毒素 A 的含量上限，为 2 μg/kg[6]。

由于葡萄品种特性、栽培方式和环境等的影响，成熟度较差或者不适宜酿酒的葡萄原料酿造的葡萄酒总酸会偏高，品尝时会给人以酸涩粗糙的感觉，必须采用相应的工艺措施进行处理[7]。在实验室中，通常采用化学降酸剂对葡萄酒进行降酸。碳酸钙、酒石酸氢钾是实验室和生产中常用的化学降酸剂，成本低，效果好。而碳酸钙降酸时通常采用复盐法。

化学降酸剂降酸的优点是操作简便、降酸过程易于控制、成本低。不同化学降酸剂的降酸效果有差异。但在葡萄酒降酸过程中，降酸梯度不宜过大，否则 pH 升高过多，易导致大量微生物繁殖，影响葡萄酒品质和感官质量[8]。而碳酸钙反应速度快、成本较低、操作方便[9]，酒石酸盐类降酸后葡萄酒澄清度较好，酸涩感降低。

近年来，赭曲霉毒素 A 的检测方法有多种。王兴龙等[10]人研究发现，高效液相色谱—串联质谱技术有高灵敏度、较好的选择性、较高的分析效率等优势，已成为赭曲霉毒素 A 检测最常用的方法。该技术对高沸点、不易挥发和热不稳定化合物的分离鉴定有着独特优势[11]。赵天宇等[12]使用 QuEChERS 作为前处理方法并结合超高效液相—串联三重四极杆质谱测定葡萄酒中的赭曲霉毒素 A，该方法效果明显。杨成等[4]利用赭曲霉毒素 A 的核酸适配器作为激活“裂缝”型核酸的“关键”序列插入裂缝型核糖核酸序列的中间，并设计一个“开放”的化学发光生物传感器，高灵敏度使其非常适用于定量检测大量赭曲霉毒素 A。孙爱洁[13]采用离子交换固相萃取柱结合高效液相色谱仪对葡萄酒中的赭曲霉毒素 A 进行检测验证，结果表明，该方法在检测准确度、适用性方面有优势。

本课题选用夏黑葡萄为材料酿造干红葡萄酒。由于夏黑葡萄总酸较高，需要通过降酸剂降低其中的总酸。为了控制葡萄酒中的赭曲霉毒素 A 含量，同时检测降酸前后葡萄酒中赭曲霉毒素 A 的含量，研究化学降酸剂和降酸后的葡萄酒对赭曲霉毒素 A 的影响，为保证葡萄酒品质提供科学依据。将经过降酸处理后的夏黑干红葡萄酒进行赭曲霉毒素 A 的含量检测，分析、比较降酸前后夏黑干红葡萄酒中赭曲霉毒素 A 的含量变化情况，有助于监控葡萄酒品质，控制真菌毒素污染的风险，提高葡萄酒的质量安全，保障消费者健康，更有助于葡萄酒的销售和推广。

二、材料与方法

(一) 实验材料

1. 原料及酒样

夏黑葡萄，楚雄市农贸市场购买。

样品 1：由夏黑葡萄为原料发酵的未降酸原酒。

样品 2：经 0.12 g/100 mL 碳酸钙降酸处理的夏黑葡萄酒。

2. 主要试剂

表 2 - 29　实验主要试剂

	规格	产地
碳酸钙	分析纯	天津市大茂化学试剂厂
酒石酸氢钾	分析纯	天津市大茂化学试剂厂
甲醇	色谱纯	天津市百世化工有限公司
三氯甲烷	分析纯	成都市科隆化学品有限公司
石油醚	分析纯	天津市风船化学试剂科技有限公司
磷酸	分析纯	天津市风船化学试剂科技有限公司
去离子水	分析纯	睿希化工厂处理厂

续 表

	规格	产地
氢氧化钠	分析纯	天津市大茂化学试剂厂
酚酞	分析纯	天津市风船化学试剂科技有限公司
95%乙醇	分析纯	天津市风船化学试剂科技有限公司

3. 辅料

亚硫酸：山东凯龙化工科技发展有限公司。

安琪酵母(葡萄酒活性干酵母 BV818)：湖北宜昌市城东大道 168 号。

果胶酶：南宁庞博生物工程有限公司。

4. 主要实验仪器

表 2-30 实验仪器

仪器名称	生产厂家
移液枪	德国埃彭多夫公司
恒温加热磁力搅拌器	巩义市予华仪器有限责任公司
酸度计	赛多利斯科学仪器(北京)有限公司
分液漏斗	潍坊铭阳实验分析仪器公司
附温比重瓶	上海信谊仪器厂有限公司
电子天平	赛多利斯科学仪器(北京)有限公司
医用冷藏箱	中科美菱低温科技股份有限公司
超声波清洗机	宁波新芝生物科技股份有限公司
高效液相色谱仪	岛津(香港)有限公司

5. 主要溶液

氧氧化钠标准滴定溶液；酚酞指示液；5%磷酸(体积分数)；磷酸水溶液(pH2.5)；赭曲霉毒素 A 标准溶液(1.0 $\mu g \cdot mL^{-1}$)；

(二) 实验方法

1. 干红葡萄酒发酵及其工艺流程

葡萄→分选→除梗破碎→添加二氧化硫、果胶酶和酵母→浸渍发酵→发酵监控(比重、温度)→发酵结束测定基本理化指标→酒的后期管理。

2. 干红葡萄酒降酸处理

(1) 确定葡萄酒降酸剂梯度

降酸剂选用碳酸钙和酒石酸氢钾。通过对干红葡萄酒的品尝和测定确定葡萄酒总酸，从而确定干红葡萄酒的降酸梯度，降酸幅度确定为 1.8 g/L。经计算，碳酸钙用量为 0.120 0 g，以此设置碳酸钙的降酸梯度为 0 g、0.100 0 g、0.110 0 g、0.120 0 g、0.130 0 g。经计算，酒石酸氢钾用量为 0.225 6 g，则设置酒石酸氢钾的梯度为 0 g、0.205 6 g、0.215 6 g、0.225 6 g、0.235 6 g。

（2）降酸步骤

① 碳酸钙降酸实验

取 100 mL 酒样，分别称取 0 g、0.100 0 g、0.110 0 g、0.120 0 g、0.130 0 g 碳酸钙加于 5 组 30 mL 的酒样中，溶解并混合均匀，静置 24 h 后，在预先处理的 30 mL 酒样的上清液中加入剩余的 70 mL 酒样，待其充分反应完全，溶解并作冷冻处理，24 h 后去除沉淀，最后分别测定混合后干红葡萄酒中总酸、pH。以不添加碳酸钙的干红葡萄酒为空白对照组。

② 酒石酸氢钾降酸实验

取 100 mL 酒样，分别称取 0 g、0.205 6 g、0.215 6 g、0.225 6 g、0.235 6 g 的酒石酸氢钾加于 5 组酒样中，溶解并混合均匀，静置 24 h，去除沉淀，最后分别测定混合后干红葡萄酒中总酸、pH。以不添加酒石酸氢钾的干红葡萄酒为空白对照组。

3. 理化指标

（1）总酸[14]

（2）酒精度[15]

（3）pH[16]

4. 感官品尝

对上述降酸处理后的酒样进行感官品尝，与未进行降酸处理的酒样做对比，选择出最适宜的降酸剂及其添加量并进行打分和评定。感官评估由一个固定的 10 人评估小组依据表 2－31 中的指标进行评估，满分为 100 分。

表 2－31 感官品评表

项目	指标	分值
外观(20)	与该产品相对应的色泽、透明澄澈、有光泽	15～20
	与该产品相对应的色泽、透明澄澈、没有明显悬浮物	9～14
	与该产品应有的色泽明显不符、微浑、失光	3～8
香气(20)	果香、酒香浓郁优雅、协调愉悦	15～20
	果香、酒香较浓郁、尚悦怡	9～14
	果香不足或有异香	3～8
酒体(30)	酒体丰满、醇厚协调、余味绵延	20～30
	酒质柔顺、余味较长	10～19
	酒体寡淡、不协调或有其他明显缺陷	1～9

续 表

项目	指标	分值
风格(30)	风格独特、典型强	20～30
	典型明确、风格良好	10～19
	具有一定缺陷	1～9

(三)用高效液相色谱法测定赭曲霉毒素A含量

1. 赭曲霉毒素A相关溶液的配制

(1) OTA标准储备液(1.0 $\mu g \cdot mL^{-1}$)的配制:将OTA标准品准确称取1.0 mL于10 mL容量瓶中,用甲醇溶解并稀释定容至刻度。其浓度为1.0 $\mu g \cdot mL^{-1}$。4～8 ℃保存,可保存半年。

(2) OTA标准中间液(100 $ng \cdot mL^{-1}$)的配制:准确移取1.0 $\mu g \cdot mL^{-1}$的赭曲霉毒素A储备液1 000 μL于10 mL容量瓶中,用甲醇稀释并定容至刻度。该标准中间液浓度为100 $ng \cdot mL^{-1}$。

(3) OTA标准工作液的配制:用甲醇将OTA标准中间液稀释成1 $ng \cdot mL^{-1}$、5 $ng \cdot mL^{-1}$、10 $ng \cdot mL^{-1}$、20 $ng \cdot mL^{-1}$、50 $ng \cdot mL^{-1}$的标准工作液。

2. 赭曲霉毒素A标准品

将配制好的赭曲霉毒素A标准储备溶液,分别配制成1 $\mu g \cdot L^{-1}$、5 $\mu g \cdot L^{-1}$、10 $\mu g \cdot L^{-1}$、20 $\mu g \cdot L^{-1}$、50 $\mu g \cdot L^{-1}$的赭曲霉毒素A标准溶液,向液相中各进样50 μL,并多次重复。测定后,横坐标为赭曲霉毒素A浓度,纵坐标为色谱峰面积,使用Excel软件画出标准曲线后,计算回归方程和相关系数。

3. 样品前处理

向分液漏斗中加入50 mL干红葡萄酒样品,然后加入50 mL石油醚,按照规范操作对其震荡10 min,同时放气;静置,待液体分层后分离,将上层石油醚从上口倒出并弃去;再取25 mL石油醚对下层液体重复提取,静置分层后,收集下层液体;量取25 mL去离子水和25 mL氯仿加入上步收集的液体中,重复萃取,对其进行震荡10 min,静置分层并分离后,收集下层溶液;上层用25 mL氯仿提取震荡10 min,合并氯仿提取液,用电热套在40 ℃下进行蒸发浓缩,待溶液快干时,向其中加入2 mL甲醇,然后超声溶解,并用0.45 μm滤膜过滤并吹干,再用500 μL流动相(pH2.5的磷酸水溶液与甲醇的比例为1∶1)溶解,进样10 μL[17]。

4. 检测条件

色谱柱:C_{18}柱,柱长250 mm,内径20 mm,粒径5 μm;柱温:30 ℃;流速:1.0 $mL \cdot min^{-1}$;流动相(A∶B=1∶1):

A：水+5%磷酸（体积分数），调至pH2.5，用0.45 μm滤膜过滤，脱气；

B：甲醇；进样量：10 μL；二元高压梯度洗脱程序；紫外检测器，检测波长：333 nm。

5. 样品

将流动相过滤并超声脱气20～30 min后装入滤头，打开液相色谱仪和电脑电源，开启输液泵（Infusion pump）和检测器（Detector），排气。打开液相操作软件，创建仪器分析条件，开启输液泵，用流动相冲洗色谱柱，待基线平稳后，进样。使用配套的液体进样针吸取处理好的样品10 μL，在Load状态下打进进样阀后迅速旋至Inject状态，系统开始测样记录。样品1为未降酸酒样，样品2为降酸后酒样。

对样品的色谱峰图进行分析，整理数据并得出结论。

三、结果

（一）葡萄酒理化指标

由表2-32可知，随着碳酸钙和酒石酸氢钾添加量的增加，酒样的总酸逐渐降低，酒精度不变。碳酸钙可通过结合酒石酸和部分苹果酸，有效降低总酸，保证葡萄酒口感的柔和性；酒石酸盐可与酒石酸生成溶解度较低的酒石酸氢盐，过滤除沉淀，降低总酸。降酸前后酒度没有变化，因为降酸剂是在葡萄酒陈酿初期加入，此时葡萄酒已发酵成干酒，降酸剂不影响糖的转化和酒精发酵进程，所以酒度未发生变化[18]。其中碳酸钙添加量为0.100 0 g时，总酸由8.7 g/L降至6.1 g/L，pH则由2.8升至3.2；当碳酸钙添加量为0.130 0 g时，总酸由8.7 g/L降至5.0 g/L，pH则由2.8升至3.5，此组碳酸钙对干红葡萄酒降酸效果最明显。酒石酸氢钾的添加量为0.205 6 g时，总酸由8.7 g/L降至6.3 g/L，pH则由2.8升至3.0；酒石酸氢钾添加量为0.235 6 g时，总酸由原酒的8.7 g/L降至5.1 g/L，pH则由2.8升至3.4，此组总酸对干红葡萄酒的降酸效果最明显。

表2-32　葡萄酒理化指标

降酸剂	酒样指标			
		总酸(g/L)	pH	酒精度(%vol)
	对照(原酒)	8.7	2.8	7.51
碳酸钙(g)	0.100 0	6.1	3.2	7.51
	0.110 0	5.7	3.3	
	0.120 0	5.3	3.4	
	0.130 0	5.0	3.5	

续 表

降酸剂	酒样指标			
		总酸(g/L)	pH	酒精度(%vol)
	对照(原酒)	8.7	2.8	7.51
酒石酸氢钾(g)	0.205 6	6.3	3.0	7.51
	0.215 6	5.9	3.1	
	0.225 6	5.5	3.2	
	0.235 6	5.1	3.4	

(二) 降酸效果及感官分析

由表 2－33 可知，化学降酸剂碳酸钙(复盐法)和酒石酸氢钾对干红葡萄酒都起降酸作用，干红葡萄酒总酸降低，pH 升高。因为在碳酸钙降酸后，碳酸钙与葡萄酒中的有机酸生成白色的有机酸钙沉淀[19]，降低氢离子浓度和总酸含量，然后可通过自然静置和过滤将酒样底部的沉淀除去。由表 2－33 纵向分析可知，随着碳酸钙和酒石酸氢钾添加量增加，葡萄酒的颜色和香气基本不受影响，酒体口感和风格受影响较大，其中添加 0.13 g 碳酸钙对酒体感官影响最大，降酸过量使酒体乏力、寡淡，余味短，添加0.12 g 碳酸钙的葡萄酒，平均分为 81.8 分，是 8 组中最高的，该降酸方案有效降低了葡萄酒酸感，酒样澄清透明，呈深宝石红色，具有黑色水果香气，且香气浓郁，酒体较柔顺，风格典型明确，是最佳的碳酸钙添加量。酒石酸氢钾的降酸效果整体比碳酸钙差，且降酸后酒体整体上不如经碳酸钙降酸后的酒体协调。总体来看，碳酸钙(复盐法)降酸效果比酒石酸氢钾的效果好。

表 2－33　10 人品尝小组评分平均结果

降酸剂	添加量(g)	感官指标				
		外观(20 分)	香气(20 分)	口感(30 分)	风格(30 分)	总分(100 分)
碳酸钙	0.100 0	17.7	17.1	20.2	19.5	74.5
	0.110 0	17.7	17.1	19.9	20.8	75.5
	0.120 0	18	18.1	22.7	23	81.8
	0.130 0	16.7	17.8	20.1	19	73.6
酒石酸氢钾	0.205 6	17.7	17.6	19.5	18.4	73.2
	0.215 6	17.9	17.2	19	19.5	73.6
	0.225 6	17.9	16.7	19.6	20.4	74.6
	0.235 6	17.8	17.1	19.1	18.1	72.1
空白	0	18.1	18.4	16.5	16.7	69.7

因此，降酸剂对葡萄酒的外观（颜色）和香气影响不显著，平均分都在 18 分左右，与空白组（原酒样）的打分结果相差不大；但是对葡萄酒的余味（口感）和风格两个因素影响较显著。

（三）赭曲霉毒素 A

从色谱图 2-18 中看出，样品的峰值时间在 11.8 min 前后，参照刘文红等[20]得到的赭曲霉毒素 A 标准品实验的出峰时间，可以确定该峰值对应赭曲霉毒素 A。

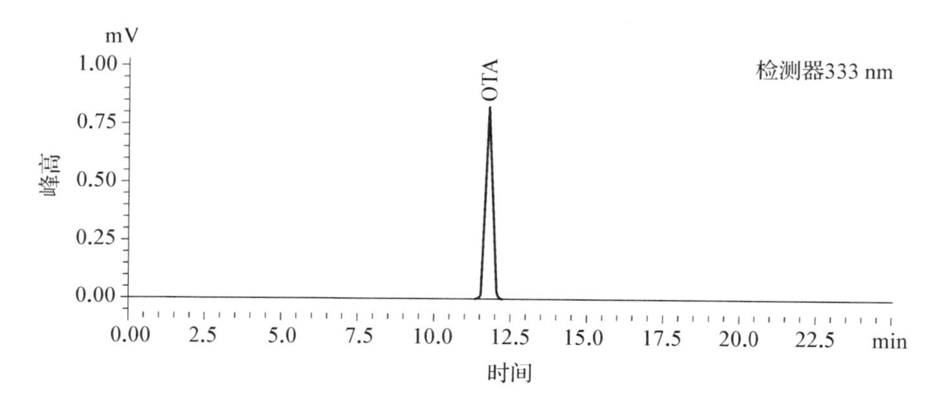

图 2-18　赭曲霉毒素 A 标准品色谱图

图 2-19 为赭曲霉毒素 A 的标准曲线图，线性回归方程为 $y=12\,328x+17\,739$，相关系数 $R^2=0.999\,7$，在 1～50 $\mu g \cdot L^{-1}$ 范围内线性关系良好，以三倍信噪比确定仪器检出限为 0.006 9 $\mu g \cdot kg^{-1}$。

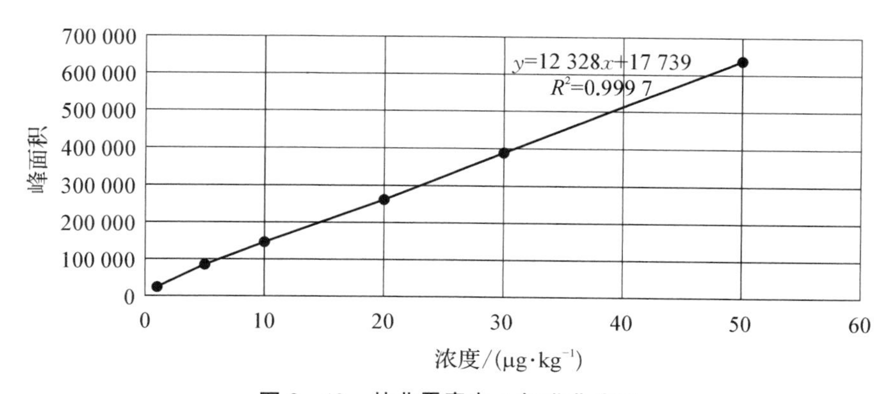

图 2-19　赭曲霉毒素 A 标准曲线图

通过分析降酸前后两个样品的色谱峰图发现，梯度洗脱能有效分开干扰峰与赭曲霉毒素 A 的峰，排除干扰[21]。两个样品中的赭曲霉毒素 A 的保留时间均在 11.5 min 前后，其中未经降酸处理的样品 1 中赭曲霉毒素 A 的色谱峰保留时间为 11.551 min（图 2-20），经碳酸钙降酸（碳酸钙添加量为 0.120 0 g）处理的样品 2 中赭曲霉毒素 A 的色谱峰图保留时间为 11.449 min(图 2-21)。降酸前干红葡萄酒中赭曲霉毒素 A 的峰面积和高度分别为 79 879 和 28 753,含量为 0.16 ng·mL^{-1},降酸后的干红葡萄酒中赭曲霉毒素 A 的峰面积和高度分别为 79 841 和 28 718,含量为 0.15 ng·mL^{-1},表明降酸剂处理对葡萄酒中的赭曲霉毒素 A 含量有一定影响,降低了赭曲霉毒素 A 含量。赭曲霉毒素 A 含量呈下降趋势,主要与酵母细胞壁负电荷的吸附机制和赭曲霉毒素 A 的酸性特点有关[22],其次是降酸剂与葡萄酒中的成分形成沉淀,经过 24 h 静置后,通过过滤操作去除,从而使赭曲霉毒素 A 含量降低。

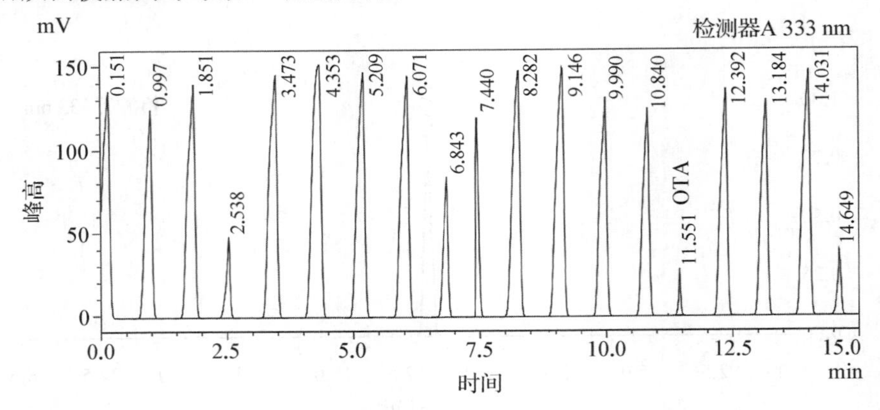

图 2-20　样品 1 中赭曲霉毒素 A 色谱峰图

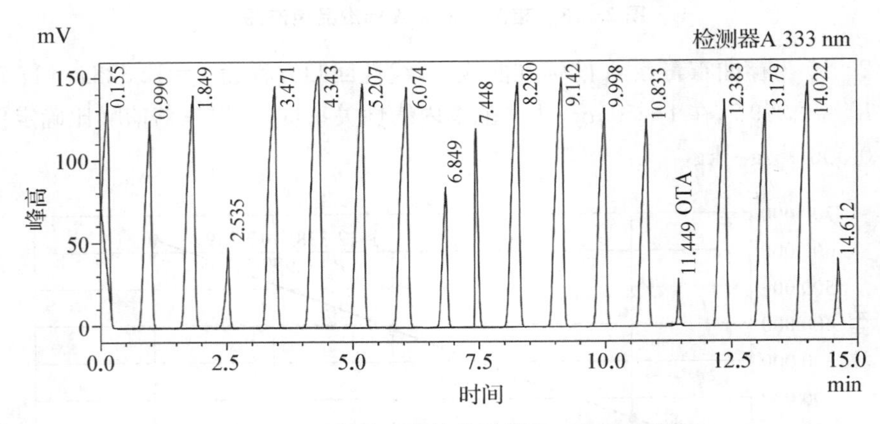

图 2-21　样品 2 中赭曲霉毒素 A 色谱峰图

四、小结

本实验采用的样品前处理方法是液液萃取,此方法虽然操作较简便,但在操作期间会出现乳化现象,同时,大量有机溶剂的使用造成一定程度的浪费,并且如果触碰皮肤或吸入,还会对人体造成一定伤害。

在降酸过程中,碳酸钙和酒石酸氢钾都降低了葡萄酒的总酸,升高了 pH,但碳酸钙的降酸能力比酒石酸氢钾的要强，且酒样经酒石酸氢钾降酸后的粗糙感比经碳酸钙降酸后的更明显。用两种降酸剂处理后静置 24 h，对赭曲霉毒素 A 含量有明显影响。因此，降酸剂处理时间的长短会对葡萄酒中赭曲霉毒素 A 的含量变化有一定影响，如何确定降酸剂最佳处理时间还有待进一步研究。本文中降酸剂加入时期为葡萄酒陈酿初期，此时葡萄酒很不稳定。葡萄酒本身在整个生命周期都在分解、合成、转化中。因此，在干红葡萄酒不同酿造阶段加入降酸剂对赭曲霉毒素 A 的含量影响也不同。

赭曲霉毒素 A 较稳定，在 250 ℃以下不分解，因此在葡萄酒酿造过程中不会分解。葡萄酒酿造常用的澄清剂活性炭对赭曲霉毒素 A 含量有较大影响，可有效吸附赭曲霉毒素 A，同时还会吸附其他成分，如糖[23]，影响葡萄酒颜色，因此对葡萄酒的感官质量影响也较大，所以本实验未采用活性炭处理。葡萄酒酵母种类不同，也会对赭曲霉毒素 A 含量有影响，但不同酵母的作用机制有差异，其中能吸附清除赭曲霉毒素 A 的酵母菌有酿酒酵母 QA23、酿酒酵母（SCM 1 - SC16）等，能降解赭曲霉毒素 A 的酵母菌是红发夫酵母[24]，本实验采用的安琪酵母对葡萄酒中赭曲霉毒素 A 含量的影响还未见报道，有待进一步研究。

两个酒样中的赭曲霉毒素 A 的色谱峰的保留时间与赭曲霉毒素 A 标准品的色谱峰的保留时间有一定差别，其原因如下：一，样品前处理过程中的操作误差，如在液液萃取过程中，放气操作引起部分液体流出，导致萃取量受到影响；二，仪器操作过程中的操作误差，如用进样针进样时的微小气泡，导致进样量不准确。

由于赭曲霉毒素 A 对人体危害严重，虽然用物理方法可以除去，但有一定安全隐患，且成本较高，不适用于生产；化学方法是使用吸附剂处理葡萄酒，但其对葡萄酒感官和质量影响较大，也不适用于生产；而生物法清除赭曲霉毒素 A 在温和条件下进行，没有添加对人体有害的化学品，且不造成营养丢失，能较好脱毒[24]。因此生物法可能是未来清除葡萄酒中赭曲霉毒素 A 的主要方法之一。

本研究阐述了不同降酸剂对干红葡萄酒的降酸效果和最适添加量，并对降酸剂处理前后葡萄酒中赭曲霉毒素 A 的含量变化情况进行了研究。经品尝小组品评打分后确定，以碳酸钙添加量 0.120 0 g 为最佳，该方案有效降低了葡萄酒的酸感，平均分为 81.8 分，酒样澄清透明，呈深宝石红色，具有黑色水果香气，且香气浓郁，酒体较柔顺，风格典型明确。

本研究建立了一种简单、高效的高效液相色谱检测方法，测定降酸前后干红葡萄酒中赭曲霉毒素 A 的含量变化情况，未经降酸处理的样品 1 中赭曲霉毒素 A 的色谱峰的保留时间为 11.551 min，经碳酸钙降酸（碳酸钙添加量 0.120 0 g）处理的样品 2 中赭曲霉毒素 A 的色谱峰的保留时间为 11.449 min。降酸前干红葡萄酒中赭曲霉毒素 A 的峰面积和高度分别为 79 879 和 28 753，含量为 0.16 ng · mL^{-1}，降酸后干红葡萄酒中赭曲霉毒素 A 的峰面积和高度分别为 79 841 和 28 718，含量为 0.15 ng · mL^{-1}，表明降酸剂对葡萄酒中赭曲霉毒素 A 的含量有一定影响，降低了葡萄酒中赭曲霉毒素 A 的含量。

参考文献

[1] 余晓琴. 相关食品安全标准中赭曲霉毒素解读[N]. 中国市场监管报，2019-10-17(008).

[2] 石鸿辉，陈少敏，黎欣欣，等. 葡萄酒中赭曲霉毒素 A 污染情况及其分析方法的研究进展[J]. 食品安全质量检测学报，2020,16：5371-5379.

[3] 何随彬，李好磊，李步社，韩雪峻，姜红菊，金耀忠，曹杰，叶承荣. 赭曲霉毒素 A 的毒性作用及致毒机理研究进展[J]. 上海畜牧兽医通讯，2020,4：9-12.

[4] 杨成，张亚旗，林黛琴，刘洋，孙冰冰. 激活式复合功能核酸化学发光传感器检测葡萄酒中的赭曲霉毒素 A[J]. 分析化学，2021，49(04)：496-503.

[5] 刘青，庞世琦，熊欣，何素媚，陈文锐，张广文. QuEChERS 前处理结合高效液相色谱法及高效液相色谱——串联质谱法检测葡萄酒中 3 种赭曲霉毒素[J]. 中国食品卫生杂志，2018，30(05)：481-486.

[6] 本刊讯. 食品安全国家标准新增葡萄酒真菌毒素限量指标[J]. 中国酒，2017,5：82.

[7] 刘江龙，徐志勇，王丹. 葡萄酒感官品评的作用及研究进展[J].中外葡萄与葡萄酒，2017,4：107-109.

[8] 刘云清，李艳青，朱磊.寒地“贝达”葡萄汁化学降酸最佳方案研究[J].高师理科学，2019,8：54-57,70.

[9] 李霄雪，吴艳艳，刘行知，王先平，李景明. 化学降酸剂处理对刺葡萄酒香气的影响[J].中国食品学报，2017，17(11)：245-253.

[10] 王兴龙，蔡强，桂文锋，蔡增轩，许娇娇，任一平. 稳定同位素直接稀释/超高效液相色谱——串联质谱法测定葡萄酒中赭曲霉毒素 A[J]. 分析测试学报，2019，38(11)：1379-1383.

[11] 陈欣然. 葡萄与葡萄酒中花色苷类物质 UPLC-ESI-MS/MS 分析方法建立及应用[D].兰州：甘肃农业大学，2019.

[12] 赵天宇，杨帛，刘锐萍，张然，杜伟，李军. 超高效液相色谱——串联质谱法测定葡萄酒中赭曲霉毒素 A 的方法的优化研究[J]. 酿酒科技，2020,7：90-94.

[13] 孙爱洁. 离子交换固相萃取柱净化高效液相色谱法测定食品中赭曲霉毒素[J]. 现代食品，2020,16：193-197.

[14] 中华人民共和国国家质量监督检验检疫总局，中国国家标准化管理委员会.《GB/T 15038—2006》总酸的测定[S]. 北京：中国标准出版社，2006.

[15] 王俊，陈仁远，母光刚. 半微量蒸馏法测定配制酒酒精度[J]. 化工设计通讯，2016,6：98-130.

[16] 张予林，石磊，魏冬梅. 葡萄酒色度测定方法的研究[C]. 第四届国际葡萄与葡萄酒学术研讨会论文集：西北农林科技大学，2005：171-175.

[17] 康健，钟其顶，张辉，熊正河，李涛，肖冬光. 葡萄酒中赭曲霉素 A 的研究进展[J]. 酿酒，2009，36(3)：14-18.

[18] 刘丛竹. 混菌酿造复合果酒的工艺优化及其主要成分变化规律的研究[D]. 广州：华南理工大学，2019.

[19] 马旭艺，汪发文，佟晓芳，孙波，赵晓，郝宇. 碳酸钙降酸对山葡萄酒有机酸及感官品质的影响[J]. 中国酿造，2018，37(02)：117-120.

[20] 刘文红，李卓，朱洁，宠泉，王佳佳，张磊. 岛津20A液相色谱测定葡萄酒中赭曲霉毒素 A[J]. 现代食品，2019,17：175－182.
[21] 宗楠，李景明，张柏林. 检测葡萄酒中赭曲霉毒素 A 的 SPE-HPLC 方法优化[J]. 中国酿造，2011，000(004)：32－35.
[22] 全莉，马文瑞，王雪薇，王舸楠，蒲秋莲，宋钰，武运，薛洁等. 新疆葡萄酒中赭曲霉毒素 A 含量分析[J]. 中国酿造，2018,7.
[23] 江龙发. 干红葡萄酒中总糖快速测定技术研究[D]. 南昌:南昌大学，2015.
[24] 熊科，支慧伟，王晓玲，马利亭，李秀婷. 葡萄酒中赭曲霉毒素 A 的生物降解研究进展[J].中国食品学报，2015，15(10)：170－178.

第三章 “葡萄+”复合酒

第一节 概述

一、背景

我国是鲜食葡萄种植大国，红提、黑提等鲜食葡萄果粒大小均匀、整齐紧实，果实呈红色、深红色，果肉硬脆、味甜、品质极好，富含果酸、维生素、氨基酸和矿物质等，具有药用、营养和保健等功能。但每年鲜食葡萄产量过剩，在推广和采后运输、贮藏保鲜过程中，往往出现机械损伤、污染、腐烂、干梗和漂白等，并且由于环境、气候和栽培技术等不同，果粒、风味和色泽上差距较大，销售困难。为此，将鲜食葡萄酿成酒，可解决难销、滞销问题。因此，探索鲜食葡萄酿酒方法和提高酿酒品质尤为重要。

小麦属禾本科植物，是一种在世界各地广泛种植的谷物。其主要成分是碳水化合物、脂肪、蛋白质、粗纤维、钙、磷、钾、维生素 B1、维生素 B2 和烟酸等。作为酿酒原料，小麦价格较低，皮薄，淀粉松软，易于蒸煮，还含有少量的蔗糖、葡萄糖和果糖以及2%～3%糊精。研究发现，其蛋白质含量 12.1%，主要是麦胶蛋白和麦谷蛋白。在酿酒过程中，小麦蛋白质在一定温度、酸度条件下可被微生物和酶降解为小分子可溶性物质，参与美拉德反应，生成呈香呈味物质，香气浓郁幽雅、丰满细腻、醇和绵甜。

目前已经有用鲜食葡萄酿制的葡萄酒，也有用单一小麦酿制的白酒，但是鲜食葡萄糖度低，酚类物质少，色浅，酒体瘦弱，色浅，香味不突出，而小麦淀粉和蛋白质丰富，单独蒸馏酿制的白酒辣味重、酒度高。若将鲜食葡萄和小麦混合酿酒，可以取长补短，酿造出一款颜色美丽、口感丰富独特的复合酒，同时也大大提高了红提葡萄和小麦的价值。

本课题致力于提高鲜食葡萄酒质量，将鲜食葡萄和小麦混合酿酒，是粮食作物与水果酿酒的碰撞，以期通过研究开发出一款新型的鲜食葡萄复合酒。为此，本课题筛选了四个重点研究并解决的关键问题，即酿酒原料的选择、四种不同发酵方案的对比选择、葡萄和小麦最佳质量混合比的探讨和三种澄清剂对复合酒的影响及选择。通过对这四个关键问题的研究，将选出的最佳原料按最佳质量混合比混合，采用最佳的酿酒发酵方案和最适合的澄清剂，酿制一款质量上乘的葡萄小麦复合酒，为鲜食葡萄酿酒提供新思路，推动鲜食葡萄产品的发展，同时也促进鲜食葡萄酒的发展。

二、技术路线

葡萄筛选→除梗破碎→添加 SO_2→添加果胶酶→葡萄醪糟
小麦挑选浸泡→初蒸→闷粮→复蒸→下酒曲→发酵→培菌糖化
复合发酵→装桶陈酿→调配→成品酒

三、研究目标

（1）通过实验研发出葡萄小麦混合酿酒的新工艺。
（2）运用新工艺研发出一款质量上乘、符合大众口味的葡萄小麦复合酒。
（3）通过实验确定出葡萄与小麦的最佳混合比例。
（4）将葡萄和小麦混合酿酒，提升葡萄和小麦的附加值。

四、主要内容

（1）葡萄小麦复合酒的原料选择和改良。
（2）葡萄与小麦最佳混合比例的探索。
（3）葡萄小麦复合酒的特征性指标测定。
主要测定的指标可分为感官指标和理化指标两大类。
（4）按照预先制定好的葡萄小麦酒工艺技术酿造葡萄小麦酒成品。

第二节　葡萄小麦复合酒的原料

【目的】筛选出酿造鲜食葡萄小麦复合酒的优质小麦和葡萄原料。

【方法】选择白皮小麦和红皮小麦作为小麦的预选原料，红提和黑提作为葡萄的预选原料，检测葡萄和小麦的特征性指标，选出优质葡萄原料和小麦原料来酿制鲜食葡萄小麦复合酒，进行理化分析和感官品鉴。

【结果】红提比黑提的成熟度高，糖酸更加平衡，蛋白质含量低；白皮小麦的水分符合卫生和健康标准，且淀粉、还原糖、可溶性固形物含量都优于红皮小麦。在小麦的浸泡温度单因素实验中，60 ℃浸泡后，含淀粉 6.11%、还原糖 22.13%、可溶性固形物 23%；浸泡时间的单因素实验中，12 h 浸泡后，含淀粉 5.92%、还原糖 20.20%、可溶性固形物 22%。

【结论】白皮小麦和红提葡萄更适合作为酿造复合酒的原料，且浸泡小麦最适宜的温度为 60 ℃，时间为 12 h，酿制的复合酒评分 86 分，典型性突出。

一、背景

小麦是我国三大粮食作物之一，在农业和经济中地位重要[1]。小麦的种皮颜色各异，主要有白皮小麦和红皮小麦；此外，小麦籽粒中含有大量人体必需的营养物质，价格便宜[2]。云南省楚雄州元谋县的因气干燥，小麦干物质积累较多，营养丰富[3]。葡萄为葡萄属的落叶藤本植物，营养价值丰富、产量高、经济效益显著，含蛋白质、糖、有机酸、维生素和矿物质等多种物质，又因果实味道甜美，广受消费者喜爱[4-5]。云南省大理州宾川县的葡萄果实色泽鲜艳、果香沁鼻、糖酸平衡，达到了酿造优质葡萄酒的要求，是优良的酿酒葡萄[6]。

王健等[7]曾用葡萄酒酵母发酵莜麦饮料，得到的莜麦产品香味突出，酸甜适宜，有独特的风味。叶林林等[8]用红提和糯米混合发酵，不仅提高了酒度，还使其具有良好的口感和典型的风味。葡萄小麦复合酒原料，首先可发酵性物质含量要多，蛋白质含量适中，才能满足酿酒微生物繁殖的需要；其次原料要丰富，易于收集且供应量大；然后原料要容易储藏，含水量少；最后原料要价格低，加工方便。总之，原料不仅要满足工艺要求，还要具有管理方便和经济合理等特点。葡萄酒色泽鲜艳，果香丰富，口感酸涩；小麦酒颜色透明，香气浓郁，回味绵长。随着时间延长，小麦酒颜色会从透明变微黄[9]，而葡萄酒会给小麦酒带来让人愉悦的红色，且其特有的酸涩感会缓和小麦酒带给口腔的燥辣感；小麦酒余味回甘，使酒的余味更加舒适复杂，其较高的酒度可以抑制微生物生长繁殖，提高酒稳定性，使酒便于储藏。

二、材料与方法

(一) 材料与试剂

材料:黑提、红提(市售,产自云南大理宾川);红皮小麦、白皮小麦(市售,产自云南楚雄元谋);华西牌酒曲;安琪酿酒酵母;拉曼德果胶酶。

试剂:乙醇、6 mol/L 盐酸、氢氧化钠、考马斯亮蓝 G-250、牛血清蛋白标准溶液、葡萄糖、6%亚硫酸、高锰酸钾、硫酸、pH1.0 缓冲溶液、pH4.5 缓冲溶液。

仪器:UV-5500 紫外可见分光光度计,上海元析仪器有限公司。手持测糖仪,河北智众机械科技有限公司。破壁机,上海登捷机械设备有限公司。鼓风干燥箱,上海一恒科学仪器有限公司。TG328A 分析天平,上海精科仪器厂。夏新电磁炉 B62,淘礼汇商贸有限公司。雷磁 PHS-3C 型 pH 计,济南欧莱博电子商务有限公司。磁力搅拌器基本型,邦西仪器科技(上海)有限公司。

(二) 实验方法

1. 葡萄原料指标

(1) 含糖量

直接滴定法,参照《GB/T 15038—2006[10]》。

(2) 含酸量

指示剂法,参照《GB/T 15038—2006[10]》。

(3) 蛋白质

考马斯亮蓝 G-250 染色法,参照韩雅珊[11]的方法,略有修改。

2. 小麦原料指标

(1) 外观、气味、口味的评价

参考《GB/T 5492—2008[12]》制表。邀请本专业 10 位同学组成品评小组,经专业训练,合格后,对两种小麦评级,原料的外观、气味、口味等方面从优到劣依次用 A、B、C 表示。

表 3-1 小麦外观、气味、口味等级评价

	A	B	C
外观	表面光滑	表面光滑	表面不光滑
	个体均匀饱满	个体均匀且略带粗糙	个体不均匀且粗糙
	颜色饱和度较高	颜色饱和度低	颜色饱和度很低

续 表

	A	B	C
气味	香气清新、有谷物气味	香气沉闷、略有谷物香气	无明显的谷物香气
	搓试后气味散发	搓试后气味散发	搓试后无香气散发
口味	容易嚼碎、有粉末感	容易嚼碎、粉末感不明显	不易嚼碎、粉末感不明显
	蒸煮后有软糯的口感	蒸煮后口感粗糙	蒸煮后口感粗糙

注：A 等级可折算为 3 分，以此类推，B 等级为 2 分，C 等级为 1 分。

(2) 水分

依据《GB 5009.3—2016[13]》，参照李大和等[14]人方法，略有修改。

(3) 淀粉

酸解法，依据《GB 5009.9—2016[15]》，参照李大和等[16]人方法，略有修改。

(4) 还原糖

斐林热滴定法，依据《GB/T 5513—2019[17]》，参照李大和等[16]人方法，略有修改。

(5) 可溶性固形物

折光仪法，参照王大为等[18]人方法，略有修改。

3. 葡萄小麦复合酒指标

(1) 含糖量

直接滴定法，参照《GB/T 15038—2006[10]》。

(2) 含酸量

指示剂法，参照《GB/T 15038—2006[10]》。

(3) 酒度

密闭瓶法，参照《GB/T 15038—2006[10]》。

(4) 单宁

高锰酸钾滴定法，参照刘树文等[19]人方法，略有修改。

(5) 花色苷

pH 示差法，参照乔玲玲等[20]人方法，略有修改。

4. 小麦浸泡的单因素实验

(1) 最优浸泡温度的选择

分别取四组 5 kg 小麦，用清水淘洗四次，除去漂浮的杂质、干瘪的麦粒和底部的泥土、小石子，分别加入 25 kg 清水，放在四个恒温水浴锅中，分别调到 40 ℃、50 ℃、60 ℃和 70 ℃，12 h 后取样测指标。综合分析淀粉、还原糖、可溶性固形物等指标，选择一个最适宜的浸泡温度。

(2) 最优浸泡时间的选择

分别取 5 kg 小麦，用清水淘洗四次，除去漂浮的杂质、干瘪的麦粒和底部的泥土、小石子，分别加入25 kg清水，放在四个恒温水浴锅中，将温度调到上一步实验确定的最适温度后，分别浸泡12 h、24 h、36 h、48 h，综合分析淀粉、还原糖、可溶性固形物等指标，选择一个最适宜的浸泡时间。

（三）鲜食葡萄酒的酿制

1. 工艺流程

原料→除梗破碎→添加SO_2和果胶酶→添加酵母→发酵→分离→成品

2. 操作要点

（1）除梗破碎应及时，避免和空气长时间接触。

（2）添加6%亚硫酸溶液，添加量为30 mg/L；果胶酶添加量30 mg/L。

（3）加入酵母10倍质量的蒸馏水融化，然后置于35 ℃恒温水浴锅中，直至发泡（可以加入少量白砂糖或葡萄汁快速唤醒酵母）。酵母添加量为200 mg/L。

（4）发酵，28 ℃发酵10 d。

（5）分离，用虹吸法，避免酒液和空气接触。

（四）葡萄小麦复合酒的酿制

1. 工艺流程

葡萄→除梗破碎→添加SO_2和果胶酶→浸渍
小麦→浸泡→蒸麦→撒曲→糖化
}→混合发酵→分离→继续发酵→分离→成品

2. 操作要点

（1）浸渍，将处理好的葡萄醪在恒温水浴锅中25 ℃浸渍3 d。

（2）浸泡，时间和温度参照单因素实验结论。

（3）蒸麦，小麦裂口率应在85%左右，熟透心率约90%。

（5）撒曲，将蒸好的小麦摊凉。用曲总量为原料的0.4%～0.6%，温度60～50 ℃下第一次曲，50～40 ℃下第二次，40～35 ℃下第三次，每次下曲量占总曲量的30%，留10%用作箱底箱面。

（6）糖化，将下曲后的小麦搅拌均匀后装入保温箱内28 ℃糖化48 h。

（7）混合发酵，将浸渍3 d的葡萄醪和糖化48 h小麦按2∶1（体积比）混合，同时加入酵母200 mg/L，28 ℃发酵5 d。

（8）分离，第一次分离用虹吸法，留下自流汁继续发酵，第二次分离同理。

（9）发酵，自流汁继续发酵，直至没有气泡冒出，液面平静，比重降低到0.992～0.996时，发酵中止。

三、结果

(一) 小麦原料的选择

小麦根据表皮颜色的不同,分为白皮小麦和红皮小麦。白皮小麦呈黄白色或白色,皮薄,胚乳含量多;红皮小麦呈深红色或红棕色,皮较厚,胚乳含量少,出粉率相对较低[21]。

表 3-2　两种小麦外观、气味、口味评价

	外观	气味	口味	平均分
白皮小麦	A	A	A	3
红皮小麦	A	B	C	2

注:A 为 3 分,B 为 2 分,C 为 1 分。

白皮小麦外观、气味、口味等方面都优于红皮小麦,可减少原料的预处理,避免发酵过程中不良气味产生。

据表 3-2 可知,白皮小麦的颜色、口感、气味等都优于红皮小麦,可简化原料的处理流程。当粮食水分在 13.5%以下时,水被称为结合水,在粮食籽粒内很稳定,可使粮食籽粒生命活动降到最低而利于储存[22]。由表 3-3,白皮小麦、红皮小麦的水分分别为 12.02%、11.88%,低于 13.5%的安全水分范围,保证了小麦的营养和卫生状况。此外,白皮小麦的淀粉、还原糖、可溶性固形物含量都高于红皮小麦,有利于酒精和风味物质的产生,所以选择白皮小麦作为酿酒原料更合适。

表 3-3　两种小麦原料各项指标

	水分(%)	淀粉(%)	还原糖(%)	可溶性固形物(%)
白皮小麦	12.02±0.14	5.70±0.22	20.21±0.12	22±0.00
红皮小麦	11.88±1.11	4.82±0.18	18.77±0.20	18±0.00

(二) 葡萄原料的选择

红提葡萄又名红地球,含酚类、黄酮类、花色苷和白藜芦醇等,可以表现出极强的抗氧化能力[23],长期饮用葡萄酒可延缓机体衰老。黑提葡萄中的酯类、醛类和萜烯类等呈香物质[24]可以给葡萄酒带来奶油、坚果、咖啡、面包、花卉和水果等气味。

根据表 3-4,红提含糖 96.7 g/L,黑提含糖 144.33 g/L,黑提含糖量远高于红提。18 g/L 葡萄糖可以发酵转化为 1%的酒精[25]。提高葡萄原料的初始含糖量不仅可以提高酒度,还能提高感官品质。红提含酸量 4.4 g/L,黑提为 7.2 g/L,酿造出来的葡萄

酒酸度过高，会影响葡萄酒整体的感官品质。一般认为，优质葡萄酒的成熟度系数(M，总糖/总酸)必须等于或大于20，因为在成熟过程中，葡萄芳香物质和多酚不断累积。从表中可以看出，黑提的糖、酸都高于红提的，但是综合成熟度系数，红提为22，更优。二者的蛋白质含量相差无几，但黑提的61.75 μg/mL，略高于红提的58.12 μg/mL，通常情况下，当pH大于2.8小于3.6时，蛋白质会以正电荷胶粒的形式存在，在温度、pH值、金属离子、氧化等因素发生波动时，基酸序列和蛋白质结构会发生变化，进而产生絮凝反应，影响葡萄酒感官质量[26]。所以选择成熟度系数高、蛋白质含量低的红提作为酿酒原料更合适。

表3-4 两种葡萄原料各项指标

	总糖/葡萄糖计(g/L)	总酸/酒石酸计(g/L)	成熟度系数	蛋白质(μg/mL)
红提	96.7±0.21	4.4±0.14	22±0.00	58.12±0.10
黑提	144.33±0.31	7.2±0.26	20±0.00	61.75±0.11

(三) 小麦浸泡条件的选择

1. 浸泡温度

从图3-1看出，小麦浸泡温度为40～60 ℃时，淀粉含量呈上升趋势，当温度达到70 ℃时，淀粉含量突然下降了，且随着温度的升高，可溶性固形物、还原糖含量表现出先升高后降低的趋势。低温浸泡时，淀粉的降解速度慢，可溶性物质得率少，而高温使淀粉分子的糖苷键断裂，生成小分子糖类[27]，降低淀粉含量。随着浸泡温度的升高，与还原糖有关的酶活性也会增加，当温度高于一定范围时，会引起酶的结构变化，导致酶活性降低，水解速度下降，还原糖含量降低[28]，所以选择60 ℃浸泡小麦最适宜。

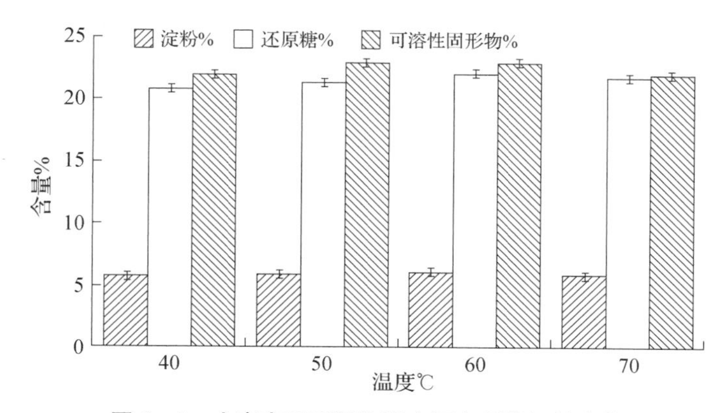

图3-1 小麦在不同浸泡温度下各项指标的变化

2. 浸泡时间

由图 3-2 可知,随着时间延长,淀粉含量达到最大值后变化不显著,甚至降低。当温度一定时,淀粉颗粒并没有完全吸水,浸泡时间的延长使淀粉吸水膨胀,淀粉颗粒持续吸水,完全膨胀,但浸泡时间过长,会使淀粉内部结构被破坏甚至发生裂解[29]。随着浸泡时间的延长,还原糖含量降低了(图 3-2)。在浸泡初期,小麦与酶能够充分接触,酶解速度较快,还原糖含量逐渐增多。但随着浸泡时间的延长,小麦中能被酶解的基团逐渐减少,同时酶活性逐渐降低,还原糖开始降低[30]。从图中也可以看出,60 ℃浸泡 12 h 以后,可溶性固形物含量呈下降趋势。可溶性固形物中包括一部分还原糖。当浸泡时间短、水分含量较低时,小麦不易润湿;高于最适浸泡时间后,随着水分含量增加,物料间的摩擦力减弱,流动增强[20],导致还原糖含量降低,可溶性固形物含量随之变化。浸泡 12 h 的小麦中的淀粉、还原糖和可溶性固形物含量都相对较高,此时淀粉膨胀处于上升期,且还原糖和可溶性固形物没有过多损失,所以浸泡 12 h 为最合适的浸泡时间。

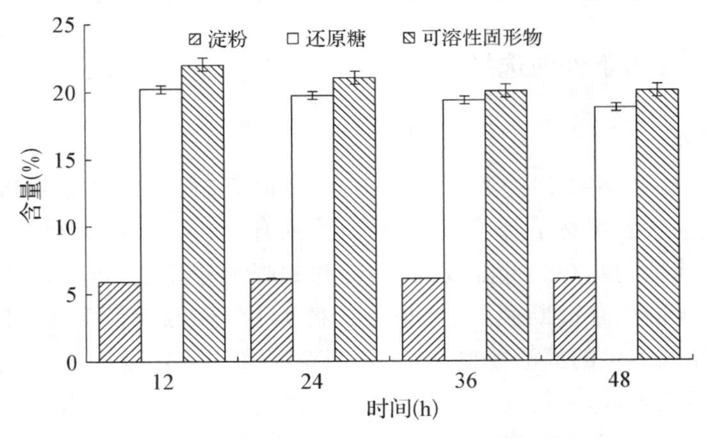

图 3-2　小麦在不同浸泡时间下各项指标的变化

(四) 葡萄酒的酿制

1. 葡萄单独酿制与葡萄小麦混合酿制

从图 3-3 可以看出,葡萄和小麦混合发酵的酒与单独用葡萄酿的酒相比,酸、酒度、单宁、花色苷都很高,残糖较少,发酵完全。小麦发酵产生的乙酸、丙酸等酸性物质[31]使复合酒酸度升高,产生的黄酮类物质提高了单宁含量[32],单宁和其他多聚物缩合或聚合形成更稳定的化合物,增强酒的骨架感。小麦自身含有的原花色素、黄酮等多酚物质在混合发酵中被提取出来,与葡萄中的花色素及其他化合物一起构成花色苷,导致花色苷大幅度增加。在葡萄和小麦混合发酵过程中,小麦给葡萄酒带来了酸、单宁、花色苷等物质,改善了葡萄酒品质。复合酒的结构感增强了,颜色更鲜艳,香气复杂且协调,口感更细腻。

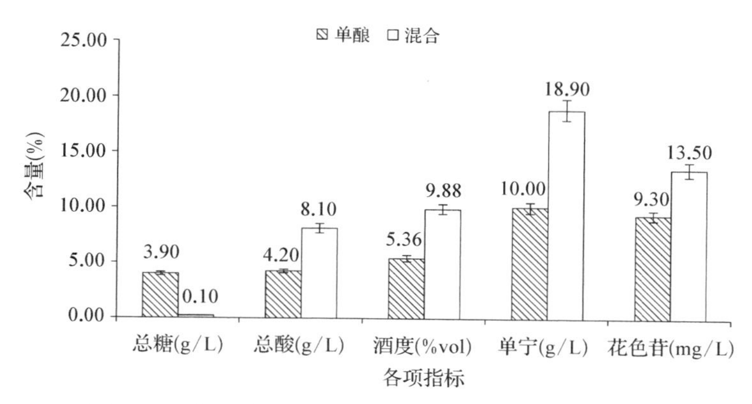

图 3-3 葡萄单独酿制和葡萄小麦混合酿制各指标差异

2. 感官品鉴

参照《GB/T 15037—2006》制定感官分级评价表，邀请本专业通过严格训练的 10 名同学品尝打分。

表 3-5 葡萄小麦复合酒感官品鉴表

	描述	分值(分)
外观(30 分)	有悬浮物，颜色暗淡	0～10
	澄清但不透亮，颜色过淡	11～20
	澄清有光泽，有明亮的玫瑰红色	21～30
香气与滋味(40 分)	酒香果香不协调，口感粗糙，余味短	0～13
	酒香果香较协调，口感尚平衡，余味较长	14～27
	酒香果香协调，口感纯正、优雅，余味悠长	28～40
典型性(30 分)	小麦和红提的特征和风格不突出	0～10
	小麦和红提的特征和风格不完全突出	11～20
	具有小麦和红提应有的特征和风格	21～30
<60 分，不合格品；60～75 分，合格品；75～90 分，优良品；90～100 分，优级品		

去掉最高分和最低分之后，该款葡萄小麦复合酒获得了 86 分，产品呈鲜艳的玫瑰红色，香气较丰富，除了馥郁的花香和沁人的果香外，还有粮食的清香，酒体醇厚，结构感强，余味悠长。

四、小结

实验结果表明，红提葡萄糖酸平衡且成熟度系数高、蛋白质含量低，对复合酒的色、香、味等方面有积极的影响；白皮小麦淀粉、还原糖和可溶性固形物丰富。小麦经过 60 ℃、12 h 的浸泡处理后与红提小麦混合发酵，酿制出来的鲜食葡萄小麦复合酒具有该产品应有的色泽，诸香协调，口感细腻，酒体饱满，回味悠长，具有典型性。

参考文献

[1] 孙晓辉.小麦高产创建问题及技术对策[J].中国农业信息,2015,1:33.

[2] 张珅铖.小麦储藏期间营养品质变化规律研究[D].郑州:河南工业大学,2014.

[3] 李晓荣,张中平,赵中详.楚雄州小麦品种选育问题的分析[J].江西农业,2017,17:28.

[4] 刘欢,何文兵,李乔,等.通化葡萄产区主栽 4 个品种品质的比较[J].食品科学, 2017, 38(17): 107-113.

[5] DAI, Z. W.; VIVIN, P.; BARRIEU, F.; OLLAT, N.; DELROT, S. Physiological and modelling approaches to understand water and carbon fluxes during grape berry growth and quality development: a review [J]. *Australian Journal of Grape & Wine Research*. 2010, 16 (Suppl 1): 70-85.

[6] 苏月.宾川县葡萄产业发展现状及问题探析[J].南方农业,2019,13(12):115-117.

[7] 王健,罗永华,刘媛,兰凤英.葡萄酒酵母菌发酵莜麦饮料生产工艺[J].食品与发酵工业, 2012,38(03):169-172.

[8] 叶林林,杨娟,陈通,等.红提和糯米复合发酵葡萄酒工艺优化及香气成分分析[J].食品科学, 2019,40(18):182-188.

[9] 朱冬梅,李爱勤. 一种脱除白酒和酒精颜色发黄的新方法[J]. 郑州轻工业学院学报, 2001,4:54-56.

[10]《GB/15038—2006》,葡萄酒、果酒通用分析方法[S].中国标准出版社:中华人民共和国质量监督检验检疫总局中国国家标准管理委员会,2008.

[11] 韩雅珊. 食品化学实验指导[M]. 北京:中国农业大学出版社,1992:42-50.

[12] 国家质量监督检验检疫总局.《GB/T 5492—2008》, 粮油检验 粮食、油料的色泽、气味、口味鉴定[S]. 2009.01.20.

[13] 中华人民共和国国家卫生和计划生育委员会.《GB 5009.3—2016》食品安全国家标准 食品中水分的测定[S].2017.03.01.

[14] 李大和,王超凯,刘萍.白酒生产检验(一):原辅料分析[J].酿酒科技,2013,1:128-134.

[15] 国家卫生和计划生育委员会,国家食品药品监督管理总局.《GB 5009.9—2016》食品安全国家标准 食品中淀粉的测定[S].2017.06.23.

[16] 李大和,王超凯,刘萍.白酒生产检验(二):原辅料分析(续)[J].酿酒科技,2013,2:129-134.

[17] 国家标准化管理委员会,国家市场监督管理总局.《GB/T 5513—2019》, 粮油检验粮食中还原糖和非还原糖测定[S].2019.12.01.

[18] 王大为,孙丽琴,吴丽娟,徐旭.挤出处理对碎米粉中可溶性固形物及可溶性糖含量的影响[J].食品科学,2011,32(20):21-25.

[19] 刘树文,王玉霞,陶怀泉, 等.SO_2和酒精处理对葡萄酒自然发酵酵母菌群的影响[J].西北农林科技大学学报(自然科学版),2008,36(5):196-200,205.

[20] 乔玲玲,马雪蕾,张昂,吕晓彤,王凯,王琴,房玉林.不同因素对红提果实理化性质及果皮花色苷含量的影响[J].西北农林科技大学学报,2016,44(2):129-136.

[21] 姚金保,姚国才,杨学明,钱存鸣.两个红皮小麦品种籽粒颜色的遗传[J].江苏农业学报, 2007,4:

267 - 269.

[22] 司建中. 小麦水分含量对容重及硬度的影响[J]. 粮食储藏,2011,40(05):47 - 49.

[23] 罗克明.贵州红提葡萄优质高产栽培技术研究[D].贵阳:贵州大学,2006.

[24] 庄楷杏,李妙清,郑灿芬,刘佳妮.黑提葡萄不同部位的香气分析[J].饮料工业, 2018, 21(05): 13 - 16.

[25] 李华,王华,袁春龙,等.葡萄酒工艺学[M].北京:科学出版社,2005.

[26] 周鹏辉,李泽福,李进.蛋白质含量对起泡葡萄酒质量的影响[J].酿酒科技,2017,5:61 - 64.

[27] 魏益民,蒋长兴,张波.挤压膨化工艺参数对产品质量影响概述[J].中国粮油学报, 2005, 20(2): 33 - 36.

[28] 吕春月,杨庆余,刘璐,李芮芷,罗志刚,张宏伟,王妍文,张依睿,肖志刚.小麦麸皮的加工工艺优化及不同改良方法对其品质的影响[J/OL].食品工业科技:1 - 18[2021 - 02 - 17].

[29] 王春娜, 龚院生. 方便面糊化度的测定方法[J]. 郑州粮院学报, 1999,2: 31 - 34, 43.

[30] Dupoiron S, Lameloise M-L, Pommet M, et al. A novel and integrative process: from enzymatic fractionation of wheat bran with a hemicellulasic cocktail to the recovery of ferulic acid by weak anion exchange resin[J]. *Industrial crops and products*, 2017, 105, 148 - 155.

[31] 陆其刚,杨勇,沈晓波, 等.酿酒原料的发酵特性研究[J].酿酒,2019,46(4):16 - 20.

[32] 张慧芸,陈俊亮,康怀彬.发酵对几种谷物提取物总酚及抗氧化活性的影响[J].食品科学,2014,35(11):195 - 199.

第三节　葡萄—小麦复合酒原料混合比例的优化

【目的】研究葡萄小麦复合酒不同原料的复合比例对葡萄小麦复合酒品质的影响。

【方法】以葡萄、小麦为主要原料，将不同比例的未发酵的葡萄汁与糖化后的小麦混合发酵，并测定干浸出物、花色苷等指标，以确定最佳的混合比例。

【结果】葡萄小麦酒最佳工艺参数为葡萄小麦比例 3∶1，在该混合比例下总糖 1.2 g/L，滴定酸 6.49 g/L，干浸出物 41.9 g/L，酒精度 9.57%vol，单宁 0.508 g/L，花色苷 7.51 mg/L，可溶性固形物 11 g/L。

【结论】在此工艺下酿造的葡萄小麦复合酒色泽呈淡粉色，酒香和葡萄香味浓郁，口感细腻，回味悠长。

一、背景

云南省宾川县是有名的红提种植基地，由于宾川县阳光充足，水源丰富，使该地成为红提葡萄最早上市的国内基地。宾川县葡萄种植面积达 9 万多亩，红提葡萄平均单粒重 10 g，特大单粒可达 13 g 以上，红提葡萄果粒色泽为红色或紫红色，果皮中厚，易剥离，肉质坚实而脆，细嫩多汁，酸甜可口，耐挤压，贮藏和运输效果较好[1]。红提干红葡萄酒，呈淡宝石红，澄清透明，具青梗香，滋味醇厚，回味好。此外，它还带有浓郁果香、浆果味。

小麦是我国产量较大的农作物，相对于其他酒类生产原料，价格稳定且较低，可溶性高分子蛋白含量高、泡沫好，含有较多的可溶性氮，发酵较快，且具有一定酶系，物质分解较容易[2]。小麦蛋白质在一定温度、酸度条件下，通过微生物和酶被降解为小分子可溶性物质，参与美拉德反应，生成呈香呈味物质，使酒香气浓郁幽雅、丰满细腻、醇和绵甜。

葡萄具有丰富的营养成分，不仅含有维生素和人体所需的氨基酸，而且能够赋予酒体一定的糖酸度及结构感[3]，但是红提酚类物质较丰富，单独酿酒酸涩感较重；麦芽中的可发酵性糖的种类及其含量直接影响酵母的生长繁殖、合成代谢和发酵，最终影响成品酒的风味和口感[4]。同时麦芽的抗氧化功能主要源于自由基清除和总糖，它们对酒的氧化稳定具有积极作用[5]。而小麦糖低、色泽浅，蒸馏出的酒辛辣味重、酒度高。因此，将葡萄和小麦混合酿酒，可以取长补短，酿造出一款颜色美丽、口感丰富独特的复合酒。在酿制复合酒过程中，葡萄和小麦的比例尤为重要，本实验通过设计不同的复合比例，控制相关发酵条件，并且通过检测干浸出物、花色苷等各项理化指标，进行对比分析，探讨四种不同原料的复合比例对葡萄小麦复合酒质量、口感等影响，并确定最佳的复合比例。该酒的研制成功，不仅可促进水果向工业转化，丰富复合酒市场，同时由于其含丰富的营养成分，也能满足消费者各种需求，解决复合酒品种少、口味单一的问题。

二、材料与方法

(一) 材料

1. 原料

小麦:楚雄市售白皮小麦,产自云南省元谋县。

新鲜红提葡萄:产自云南省大理宾川县。

2. 辅料

酒曲:四川华西酒曲。

酿酒酵母:安琪活性干酵母。

果胶酶:湖北武汉万荣。

亚硫酸:山东凯龙化工科技发展有限公司。

(二) 仪器与设备

表 3-6 主要仪器设备

仪器	型号规格	生产厂家
电子天平	Sop OUINITIX224-1CN	赛多利斯科学仪器(北京)有限公司
电热鼓风干燥箱	DHG-9070A	上海一恒科学仪器有限公司
紫外可见分光光度计	UV-5500	上海元析仪器有限公司
电热恒温水浴锅	HWS26	上海一恒科学仪器有限公司
分析天平	TG328A	上海精科仪器厂

(三) 单因素实验设计

1. 最佳工艺的确定

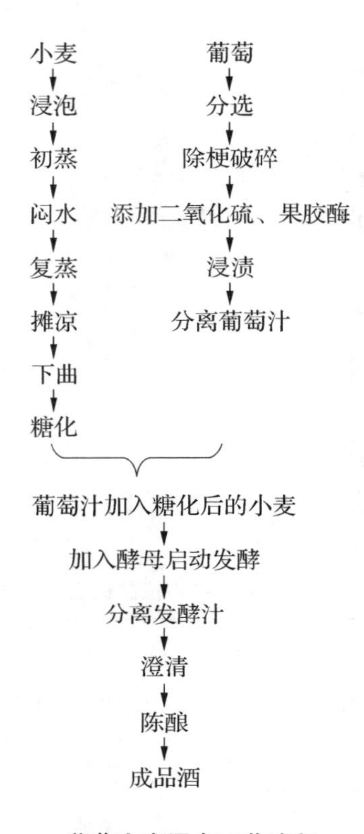

葡萄小麦混合工艺流程

2. 小麦的前处理

前处理包括浸泡、初蒸、闷粮、复蒸、摊凉、下曲、培菌糖化等工序。

(1) 浸泡:称量 12 kg 小麦,装在 18.9 L 的干净桶中,用没过小麦的 40～50 ℃温水浸泡 6 h 后,放掉泡粮水,干发 1～2 h 后再用清水冲去酸水。

(2) 初蒸:将泡好沥干的小麦放入蒸锅内,圆汽后刮平加盖,从圆汽起算初蒸 15～17 min。

(3) 闷粮:在蒸锅中加入热水,使水位高于粮面,水温控制在 67～70 ℃,保温 25～30 min。敞盖检查,小麦裂口率应在 85%左右,熟透心率约 90%。之后放出闷粮水,敞盖冷吊至次日凌晨进行复蒸。

(4) 复蒸:将前一天闷粮后的小麦再次放入蒸锅,盖好锅盖,大火复蒸 60～80 min,敞蒸 10 min,冲去多余的水。

(5) 摊凉、下曲:将蒸好的小麦熟粮转置通风处摊凉后,开始下酿酒小曲。用曲总量为原料的 0.4%～0.6%。分 3 次下曲,每次下曲量占总曲量的 30%。具体见表 3-7。

箱底箱面留10%的曲。

表3-7 下曲温度及用量表

次数	下曲温度(℃)	下曲量(%)
第一次	50～60	30
第二次	40～50	30
第三次	35～40	30

(6) 糖化:用糖化酶在28 ℃下48 h内使小麦中的淀粉进一步分解成葡萄糖。

3. 红提葡萄的前处理

(1) 葡萄分选:称取红提50 kg,立即进行分选,除去葡萄原料中枝、叶、僵果、生青果、霉烂果和其他杂物,使葡萄完好无损,保证复合酒质量。

(2) 除梗破碎:将筛选出来的优质葡萄进行人工除梗破碎,加果胶酶35 mg/L,即在1 L葡萄汁中加入0.035 g果胶酶,使更多葡萄汁流出。

(3) 添加SO_2:SO_2在葡萄酒酿造中有选择、抗氧化、澄清、增酸、溶解等作用。在用红提葡萄酿酒时,SO_2在除梗后破碎前加入。添加形式为6%亚硫酸溶液,具体操作中根据红提原料的实际质量按照比例计算液体亚硫酸的用量。本实验中红提葡萄原料较好,添加量为40 mg/L。

(4) 浸渍:红提葡萄破碎后,立即入罐,将发酵罐放在恒温水浴锅内,温度控制在25 ℃,2 h后加入果胶酶,用量为20～30 mg/L,继续控温浸渍三天,让红提葡萄的果香、颜色、酚类物质等进入葡萄汁中。

4. 物料比(浸泡葡萄:糖化小麦)的比例

将葡萄醪和糖化的小麦分别按照1:1、2:1、1:2、3:1的比例混合,分别在发酵前取样检测总糖、滴定酸、干浸出物、单宁、花色苷和可溶性固形物。在发酵结束后测定总糖、滴定酸、干浸出物、酒精度、单宁、花色苷和可溶性固形物,确定适宜原料比。每份拌入0.2 g/L酵母,20 ℃下发酵7 d。

(四) 指标

1. 总糖

参照刘烨等[6]的方法,略作修改。

准确吸取25 mL复合酒于250 mL容量瓶中,加15 mL水,再加5 mL盐酸,摇匀。放置于68 ℃水浴锅中15 min,取出,冷却,加入2滴酚酞指示剂,用NaOH溶液(200 g/L)中和至酚酞指示剂变为红色,将试剂定容至刻度线,摇匀。吸取斐林A、B液各5 mL于三角瓶中,加50 mL蒸馏水,2～3颗玻璃珠,摇匀,在电炉上加热至沸,在沸腾作用下用制备好的复合酒溶液滴定,当溶液蓝色将消失呈红色时,加两滴亚甲基蓝,继续滴定至蓝色消失，记录消耗复合酒溶液的体积。

$$X=\frac{F}{\left(\frac{V_1}{V_2}\right)\times V_3}\times 1\,000$$

X——样品中总糖或还原糖含量，g/L；

F——斐林 A、B 液各 5 mL 相当于葡萄糖的克数，g；

V_1——吸取样品体积，mL；

V_2——样品稀释后或水解定容的体积，mL；

V_3——消耗试样的体积，mL。

2. 滴定酸(酒石酸)

参照吴婧婧等[7]的方法，略作修改。

取 20 ℃葡萄汁样品 2 mL，置于 250 mL 三角瓶中，加入中性蒸馏水 50 mL，同时加入 2 滴酚酞，立即用 NaOH 标准滴定溶液滴定至终点(淡粉色)，并保持 30 s 不褪色，记下消耗 NaOH 标准滴定溶液的体积。

$$X=\frac{C_{\text{NaOH}}\times(V_1-V_0)\times 75}{V_{\text{取样}}}$$

X——样品中滴定酸的含量(以酒石酸计)，g/L；

C_{NaOH}——氢氧化钠标准滴定溶液的物质的量浓度，mol/L；

V_0——空白试样消耗氢氧化钠标准滴定溶液的体积，mL；

V_1——样品滴定时消耗氢氧化钠标准滴定溶液的体积，mL；

V_2——吸取样品的体积，mL；

75——与 1.00 mL 氢氧化钠标准溶液相当的以克表示的酒石酸的质量数，g/mol。

3. 葡萄汁干浸出物

参照陈维敏等[8]的方法，略作修改。

试样的制定：用 100 mL 容量瓶称取 20 ℃葡萄汁，倒入 200 mL 蒸发器中，用电热套蒸发至约为原体积的 1/3，取下，冷却后，将残液小心地用漏斗移入取样用的 100 mL 容量瓶中，用水多次荡洗蒸发皿，将洗液并入容量瓶中，于 20 ℃定容至 100 mL。

(1) 密度瓶质量(M)：将密度瓶洗干净，干燥驱除水分，称重。重复干燥和称重直至恒重，得到密度瓶质量。

(2) 蒸馏水质量(M_1)：用煮沸冷却至 15 ℃左右的蒸馏水注满密度瓶，插上温度计，瓶中不得有气泡，待内容物温度达到 20 ℃并保持 10 min 不变后，用滤纸吸去测管溢出的液体，盖好孔帽，取出密度瓶，用滤纸彻底擦干瓶壁上的水，立即称量，得出密度瓶加蒸馏水的重量(M_1)。

(3) 试样质量(M_2)：用制备好的试样将密度瓶冲洗 2～3 次，然后将其注满，外壁用蒸馏水冲洗干净，按照以上步骤操作，称量得出密度瓶加试样的质量(M_2)。

$$X=\frac{M_2-M}{M_1}\times 998.2\times 1.0018$$

X——样品中干浸出物的含量，g/L；

M——密度瓶的质量，g；

M_1——20 ℃时密度瓶与充满密度瓶蒸馏水的总质量，g；

M_2——20 ℃时密度瓶与充满密度瓶试液的总质量，g；

1.001 8——常数，20 ℃时密度瓶体积的修正系数。

得出数值，查附表，得出试样的干浸出物含量。

4. 酒精度

参照王俊等[9]的方法，略作修改。

用一洁净的100 mL容量瓶，准确量取100 mL酒样(20 ℃)于500 mL蒸馏瓶中，用50 mL水三次冲洗容量瓶，洗液全部并入蒸馏瓶中，再加入几颗玻璃珠，连接冷凝器，以取样用的容量瓶作接收器(外加水浴)，开启冷水，缓慢加热蒸馏。收集馏出液近刻度，取下容量瓶，盖塞。于20 ℃补水至刻度线，混匀。

(1) 密度瓶质量(M)：将密度瓶洗干净，干燥驱除水分，称重。重复干燥和称重直至恒重，得到密度瓶质量。

(2) 蒸馏水质量(M_1)：用煮沸冷却至15 ℃左右的蒸馏水注满密度瓶，插上温度计，瓶中不得有气泡，待内容物温度达到20 ℃并保持10 min不变后，用滤纸吸去测管溢出的液体，盖好孔帽，取出密度瓶，用滤纸彻底擦干瓶壁上的水，立即称量，得出密度瓶加蒸馏水的重量(M_1)。

(3) 试样质量(M_2)：用制备好的试样将密度瓶冲洗2～3次，然后注满，外壁用蒸馏水冲洗干净，进行与(2)中同样的操作，称量得出密度瓶加试样的质量(M_2)。

$$\rho_{20}=998.2\times\frac{M_2-M}{M_1}$$

ρ_{20}——试样馏出液在20 ℃时的密度，g/L；

M——密度瓶的质量，g；

M_1——20 ℃时密度瓶与充满密度瓶蒸馏水的总质量，g；

M_2——20 ℃时密度瓶与充满密度瓶试液的总质量，g。

得出数值，查附表，得出试样的干浸出物的含量。

5. 单宁

参照李泯锟等[10]的方法，略作修改。

标准工作曲线的绘制：分别吸取0.0 mL、1.0 mL、2.0 mL、5.0 mL、7.5 mL单宁酸标准溶液于100 mL容量瓶中，加入70 mL水、5 mL福林-丹尼斯试剂和10 mL碳酸钠饱和溶液，加水至刻度线(单宁酸含量分别为 0.0 mg、0.050 mg、0.10 mg、0.25 mg、0.375 mg)，充分混匀，30 min 后以空白作参比，在波长 760 nm 处测定吸光度，根据吸光度和相应的单宁酸含量绘制标准曲线。

样品测试：吸取 0.1 mL 复合酒加于盛有 70 mL 水的 100 mL 容量瓶中，加入 5.00 mL 福林-丹尼斯试剂和 10 mL 碳酸钠饱和溶液，加水至刻度线，充分混匀，30 min 以后以空白作参比，在波长 760 nm 处测定吸光度。

$$X=\frac{C}{V_1}\times 1\,000$$

X——样品单宁的含量，mg/L；

C——测定试样中单宁的含量，mg；

V_1——吸取样品的体积，mL。

6. 花色苷含量

参照叶林林等[11]的方法，略作修改。

采用 pH 示差法：用 pH1.0、pH4.5 缓冲液，将 1 mL 样液稀释定容到 10 mL，放在暗处，平衡 15 min。用光路直径为 1 cm 的比色皿在波长 510 nm 和 700 nm 处分别测定吸光度，以蒸馏水作空白对照。按下式计算花色苷含量：

$$A=[(A_{510}-A_{700})_{\mathrm{pH1.0}}-(A_{510}-A_{700})_{\mathrm{pH4.5}}]$$

$$\text{花色苷浓度：C(mg/L)}=\frac{A\times MW\times DF\times 1\,000}{\varepsilon\times l}$$

两式中：

$(A_{510}-A_{700})_{\mathrm{pH1.0}}$——加 pH1.0 缓冲液的样液在 510 nm 和 700 nm 波长下的吸光值之差；

$(A_{510}-A_{700})_{\mathrm{pH4.5}}$——加 pH4.5 缓冲液的样液在 510 nm 和 700 nm 波长下的吸光值之差；

MW=449.2(矢车菊—3—葡萄糖苷的分子量，g/mol)；

DF=样液稀释的倍数；

ε=26 900(矢车菊—3—葡萄糖苷的摩尔消光系数，mol^{-1})；

l=比色皿的光路直径，为 1 cm。

7. 可溶性固形物含量(折光仪法)

参照马玮等[12]的方法，略作修改。

(1) 打开手持折光仪盖板，用干净的纱布或卷纸擦干净棱镜的玻璃面，在棱镜玻璃面上滴两滴蒸馏水，盖上盖板。

(2) 使折光仪处于水平状态，从接近眼部处观察，检查视野中明暗交界线是否处于刻度的零线上。若明暗交界线与零线不重合，则转动刻度调节螺旋，使分界线刚好落在零线上。

（3）打开盖板，用纱布或卷纸将水擦干，然后按照上面的操作在棱形玻璃面上滴两滴试样溶液，进行观测，读取视野上明暗交界线上的刻度，即为试样的可溶性固形物含量，重复三次，取平均值。

（五）感观指标及打分依据

表3-8 感官指标评分标准

指标	内容	满分项目	减分项目	减分项
外观(30分)	色泽外形	酒体应呈淡红色或微黄	色泽略差	1～10
		固形物均匀	有杂物异物	1～10
		呈半透明状	固液浑浊	1～10
香气(30分)	挥发性	香气自然，纯正	香味不明显，酒香淡薄	1～10
		纯正的酒香、甜香	酒香不纯	1～10
			有异味	1～10
口感(30分)	品尝产品	无明显酸味，香甜可口	有酸味	5～10
		无苦涩味，清淡酒香	甜味过腻或过淡	1～10
		回味悠长	有苦涩感，辣嘴	1～10
整体(30分)	整体效果	视觉、味觉、嗅觉享受	味觉突兀	1～3
		浑然一体	视觉突兀	1～4
			嗅觉突兀	1～3

（六）数据统计

采用 Word 软件处理数据、制表和图。

三、结果

（一）葡萄

1. 葡萄原料相关指标

由表3-9可知，葡萄原料总糖为96.7 g/L，不是很高，滴定酸为4.4 g/L，成熟度系数 M 为21.9，大于20，原料成熟度适中。总干浸出物和可溶性固形物含量丰富，单宁和花色苷等酚类物质含量较低。

表 3-9　葡萄原料相关指标

总糖(g/L)	滴定酸(g/L)	干浸出物(g/L)	单宁(g/L)	可溶性固形物(g/L)	花色苷(mg/L)	色度
96.7	4.4	147.8	4.0	13	3.3	6.0

2. 温度、比重的监控

测定比重的方法为比重计法。由表 3-10 可知,从开始发酵到发酵结束时(10 d),发酵前期比重变化较大,尤其是第 3 天到第 4 天,之后比重变化趋于平缓,接近发酵结束时比重几乎没变化。在整个发酵过程中,温度控制在 20 ℃左右,葡萄酒的比重通常小于 1。随着发酵的进行,酒精度越高,干浸出物含量越少,葡萄酒比重越低。

表 3-10　发酵期间葡萄原料温度及比重变化

天数	温度(℃)	比重
第 1 天	23	1.053
第 2 天	21	1.051
第 3 天	21	1.045
第 4 天	20	1.035
第 5 天	20	1.021
第 6 天	19	1.009
第 7 天	20	1.005
第 8 天	20	1.002
第 9 天	18	1.002
第 10 天	20	1.000

(二) 小麦

若以皮色为核心代替价值和品质,有种说法叫作“白优红劣”,即白皮麦比红皮麦出粉率高,品质好且皮更薄,胚乳含量多,营养丰富[13-14]。本实验采用的小麦有相似的特性。

表 3-11　白皮小麦、红皮小麦感官分析

	白皮小麦	红皮小麦
色泽、外观	表面光滑,个体均匀饱满	表面光滑,个体均匀饱满
气味	香气清新,有特有的谷物气味,搓试后气味散发	香气阴郁,略有谷物香气,搓试后气味散发
口味	容易嚼碎,有粉末感,蒸煮后有软糯的口感	不容易嚼碎,无粉末感,蒸煮后口感粗糙

白皮小麦水分含量为12.02%(表3-12)。谷物的正常含水量在11%~14%,低于这个范围的小麦颗粒干瘪,所含的淀粉、可溶性固形物、还原糖等偏低,营养价值偏低;高于这个范围则说明储存环境湿度过高,有感染微生物的风险,会给谷物带来不良的卫生影响。白皮小麦的淀粉含量为5.70%。在酿造小麦酒过程中,淀粉在酶的作用下转化为葡萄糖,葡萄糖发酵为酒精,即淀粉含量高的小麦酿出的酒的酒精度高。白皮小麦的皮较薄,且胚乳较多,淀粉含量较高,因此适合用作酿造白酒的原料;白皮小麦的还原糖含量为20.21%。小麦中的总糖主要是指葡萄糖、麦芽糖等具有还原性的糖,小麦中的还原糖含量约占总糖含量的三分之一。白皮小麦的可溶性固形物为22%,可溶性固形物可以给酒带来更多的风味物质。所以,本实验选用白皮小麦。

表3-12 白皮小麦相关指标

水分(%)	淀粉(%)	还原糖(%)	可溶性固形物(%)
12.02±0.14	5.70±0.22	20.21±0.12	22±0.00

(三) 单宁酸的标准曲线

单宁的标准曲线如图3-4。

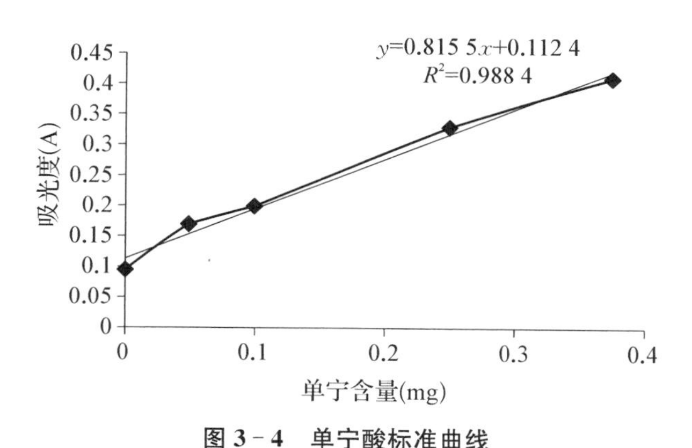

图3-4 单宁酸标准曲线

标准曲线的线性回归方程为:$y=0.815\,5x+0.112\,4$,$R^2=0.988\,4$。

(四) 复合酒的相关指标

由表3-13可知,总糖含量最低的复合酒原料的葡萄与小麦的比例为1∶1,复合比例为3∶1和1∶2的原料总糖含量相差不大。随着发酵的进行,红提葡萄中的糖被发酵转化为酒精,四组复合比例发酵完后的总糖都小于4 g/L,发酵较为完全。红提葡萄与糖化后的小麦混合发酵,由小麦中的淀粉转化得到的葡萄糖与红提葡萄中的葡萄糖都被转化为酒精,使酒度提高[15]。

表 3-13　发酵完毕后复合酒的相关指标

	总糖(g/L)	滴定酸(g/L)	酒精度(%vol)	干浸出物(g/L)	单宁(g/L)	花色苷(mg/L)	可溶性固形物(g/L)
1∶1	0.62	7.78	4.71	58.2	0.383	3.84	8.1
2∶1	0.98	6.11	11.64	36.7	0.460	4.84	9.8
3∶1	1.20	6.49	9.57	41.9	0.508	7.51	11
1∶2	1.34	8.09	11.40	36.7	0.828	4.34	10

由表 3-13 可知，滴定酸最高的复合酒的葡萄与小麦复合比例是 1∶2，滴定酸与小麦含量成正比，发酵中滴定酸逐渐增加，最终 1∶2 的复合酒中的滴定酸达到 8.09 g/L，这是由于小麦在发酵中产生了乙酸、丙酸等酸性物质[16]，从而提高了酸度。然而酸度过高将会影响酒的口感，带来不愉悦的感觉。

酒度表示酒中乙醇的体积百分比，通常以 20 ℃时的体积表示，一般以容量计算，故在酒度后加上“Vol.”与重量进行区分。由表 3-13 可知，酒度最高的原料复合比例为 2∶1，其次为 1∶2，两者酒度相差不大；酒度最低的为 1∶1。复合比例为 1∶1 和 2∶1 的酒相比，随着红提比例的增加，酒精度也随之增加；但复合比例为 3∶1 的酒，酒精度反而比前两种处理的降低了，这是因为红提比例的增加带来了过高浓度的糖分，从而导致发酵体系的渗透压偏高，抑制酵母菌生长，导致乙醇转化率偏低[17]。在一定范围内，小麦占比越高，发酵体系的酒精度越高，但是小麦占比过高会导致谷物酒味较重，掩盖红提的果香味，不利于复合酒的感官效果。

干浸出物是指在一定物理条件下酒中的非挥发性物质的总和，主要有固定酸及金属盐、糖、甘油、单宁、色素和矿物质等。在酒中，干浸出物含量是一项重要指标。由表3-13 可知，原料复合比例为 2∶1 和 1∶2 的酒的干浸出物相同，并且在四组比例中含量最低，为 36.7 g/L，干浸出物最高的酒的原料复合比例为 1∶1，干浸出物含量为 58.2 g/L。从表 3-13 可看出，酒精度含量越高，干浸出物含量越少，这与卢九伟[18]的结论一致。干浸出物过低导致酒体较薄、色浅、味淡；干浸出物过高，虽然酒体饱满，但酒中有效成分溶出较慢，物料较浓，且易结块，发酵散热困难，导致酒酸败(挥发酸高)，因此复合比例为 3∶1 的干浸出物含量为最佳[19]。

单宁是存在于植物的种子、树皮和果皮中的、一种天然的多酚类化合物，本身无色无味，但会与唾液中的蛋白质反应，引起收敛与干涩感。影响葡萄酒中单宁含量的主要因素是酿酒过程中的浸渍时间。浸渍时间越长，接触面积越大，葡萄酒单宁含量越高；同时小麦中的黄酮类物质提高了酒中的单宁含量[20]。由表 3-13 可知，滴定酸最高的复合比例是 1∶2，单宁与小麦、葡萄的比例成正比，复合比例 2∶1 与 3∶1 的滴定酸相差不大，四种复合酒单宁含量的排序与滴定酸含量的排序相同。

花色苷是花色素与糖以糖苷键结合的一类化合物，广泛存在于植物的花、果实、茎、叶、种子和根器官的细胞液中。表 3-13 可知，复合比例为 3∶1 的酒中的花色苷含量最高，为 7.51 mg/L，其次是复合比例为 2∶1 的酒，花色苷含量为 4.84 mg/L，花色苷含量最低的为复合比例为 1∶1 的酒。从中可得知，葡萄与小麦复合，随着体系中红提葡萄比例的增加，花色苷含量在增加。发酵体系中红提占比越多，花色苷含量越高，这与葡萄中含有大量花色苷有关[21]。其中复合比例为 3∶1 发酵液中花色苷的含量明显升高，复合比例为 1∶1 和 1∶2 两组酒液中花色苷含量相差不大。由于复合酒用的是白皮小麦，其花色苷含量不如其他有色小麦丰富，因此其赋予酒体的花色苷不多。

可溶性固形物是指糖、酸、微生物、矿物质等可以溶解在水中的化合物。由表 3-13 可知，可溶性固形物含量最高的酒的原料复合比例为 3∶1，最低的为 1∶1，可溶性固形物能给酒带来更多的风味物质，随着葡萄含量的增加，葡萄小麦复合酒的感官评分和可溶性固形物含量呈上升趋势，这与朱苗[22]等结论一致，这也表明，葡萄中含有大量的可溶性固形物。感官评分也在比例为 3∶1 处取得最大值，此时感官评分为最高分 82（表 3-14），说明此时的复合比例适宜，可溶性固形物含量也为最大值，11%，说明此种小麦葡萄酒复合酒浓度最大。综合考虑后，选择原料复合比例 3∶1。

表 3-14 四种复合酒感官评语及评分

复合比例	评语	最终评分
1∶1	A 同学：酒体呈淡粉色，具有青草、青苹果和谷物的香气；酒体较薄，余味较短。	72
	B 同学：具有果香与酒香，酒精味，酸感突出。	
	C 同学：具有淡雅的白花香、热带水果的香气；酒体较薄，余味较短。	
	D 同学：酒体呈淡粉色，果香与小麦的香气不突出，酒体较薄，余味较短。	
2∶1	A 同学：酒体呈棕褐色，具有成熟苹果、焦糖的香气，并带有谷物香，但酒体略微氧化。	75
	B 同学：略微带有氧化味，酒体结构感强，具有较强的酸感，余味较长。	
	C 同学：酒体呈棕色，具有成熟苹果、香蕉皮的香气；结构感较强，余味较短。	
	D 同学：具有红薯干、谷物的香气，谷物香气略微盖住果香。	
3∶1	A 同学：酒体呈淡粉色，具有淡雅的花香，香气清新，令人愉悦。	82
	B 同学：酒体呈淡粉色，有令人愉悦的果香。	
	C 同学：香气清新，具有百香果、蜂蜜、白花的香气；酒体较薄、酸感活泼，余味较长。	
	D 同学：具有热带水果与白花的香气；酒度适中；余味较长。	

续 表

复合比例	评语	最终评分
1∶2	A同学：具有菠萝、热带水果的香气，同时还带有小麦的香气。	79
	B同学：具有香蕉、菠萝等热带水果的香气；结构感强，余味较悠长。	
	C同学：酒体较厚重，酒度与酸度平衡，结构感强。	
	D同学：果香与酒香完美融合，酒度与酸度平衡，余味较悠长。	

（五）葡萄小麦酒感官评定标准

感官评分主要分为外观、香气、口感和整体感觉，总分为100分，各指标分别评分，取各指标和为总分。评分标准见表3-8。本次的4人品尝小组由经过专业培训和训练并具有相应品酒师证书的葡萄酒工程专业的学生组成。为提高评定的可信度，感官评定人员在评定前12 h不喝酒，不吸烟，不吃辛辣等刺激性食物，评定一个样品后，以清水漱口并间隔10 min再评定下一个样品[23]。

经过4名同学的多次品尝、讨论分析，得出香气最佳的原料比例是3∶1，最终评分为82分，酒体呈粉色，具有浓郁的果香和小麦酒的清香，果香和酒香完美融合，但酒体较薄，酒度和酸度平衡，后味较长；整体酒体最佳的原料比例为1∶2，酒体较厚重，结构感较强，酒度和酸度平衡，后味较长。

四、小结

本实验采用产自云南省大理宾川县的红提和云南楚雄元谋县小麦为原料，设计四种葡萄小麦复合比例分别是1∶1、2∶1、3∶1和1∶2，控制相关发酵条件，发酵完成后通过检测总糖、滴定酸、干浸出物、酒精度、单宁、花色苷和可溶性固形物含量，对比分析，探讨四种不同复合比例的原料对葡萄小麦复合酒质量和口感等影响，并确定最佳的复合比例。

比例为1∶1的复合酒，含总糖0.62 g/L，滴定酸7.78 g/L，酒精度4.71%vol，干浸出物58.2 g/L，单宁0.383 g/L，花色苷3.84 mg/L，可溶性固形物8.1 g/L。总糖<4 g/L，发酵完全，酸度正常，干浸出物含量丰富，但酒度和单宁含量不高，且酒体过于黏稠，感官评分72分。

比例为2∶1的复合酒，含总糖0.98 g/L，滴定酸6.11 g/L，酒精度11.64%vol，干浸出物36.7 g/L，单宁0.460 g/L，花色苷4.84 mg/L，可溶性固形物9.8 g/L，发酵较完全，酸度、酒精度在正常范围内，干浸出物含量丰富，但酒体过于黏稠，感官评分75分。

比例为3∶1的复合酒，含总糖1.2 g/L，滴定酸6.49 g/L，酒精度9.57%vol，干浸出物41.9 g/L，单宁0.508 g/L，花色苷7.51 mg/L，可溶性固形物11 g/L，发酵较完全，酸度、酒精度在正常范围内，且酸度与酒精度相符，干浸出物较丰富，以此比例酿造的葡萄小麦复合酒酒色泽呈淡粉色，酒香和葡萄香味浓郁，口感细腻，回味悠长，为四种复合比例中的最佳选择，感官评分 82 分。

比例为 1∶2 的复合酒，含总糖 1.34 g/L，滴定酸 8.09 g/L，酒精度 11.40%vol，干浸出物 36.7 g/L，单宁 0.828 g/L，花色苷 4.34 mg/L，可溶性固形物10 g/L，发酵较完全，酸度偏高，酒精度在正常范围内，干浸出物含量较丰富，感官评分 79 分。

四款复合酒中，最佳葡萄小麦复合比例为 3∶1，最终感官评分为 82 分，酒体呈粉色，具有浓郁的果香和小麦酒的清香，果香和酒香完美融合，酒度和酸度平衡，后味较长，唯一的缺点是酒体较薄；其次的复合比例为 1∶2，最终感官评分为 79，酒体较厚重，结构感较强，酒度和酸度平衡，后味较长，但酒体颜色和香气不如复合比例为 3∶1 的酒体；再次为复合比例 2∶1 的复合酒，酒体结构感强，具有较强的酸感，余味较长，但酒体略微氧化，因此最终评分为 75 分；最后为复合比例 1∶1 的酒，果香与小麦的香气不突出，酒体较薄，酸感突出，余味较短，因此最终评分为 72 分。

参考文献

[1] 王玉洁,杨仲琴,王周红,等.云南"宾川红提"产业发展研究[J].农业网络信息,2013,3:95-97.

[2] 陈长平.用小麦部分替代大米在啤酒生产中的应用[J].啤酒科技,2008,10:50+53.

[3] 梁艳玲,陈麒,伍彦华,等.果酒的研究与开发现状[J].中国酿造,2020,39(12):5-9.

[4] 肖恩来,孙金兰,王红霞,等.焙焦过程中美拉德反应对啤酒抗氧化能力及香气组成的研究进展[J].中外酒业,2019,19:47-51.

[5] 刘倩,李志.啤酒发酵过程中糖组分含量与发酵度关系研究[J].中外酒业,2018,23:50-56.

[6] 刘烨,潘秀霞,张家训.直接滴定法测定葡萄酒中总糖的研究[J].食品安全质量检测学报,2017,6:2180-2184.

[7] 吴婧婧,梁贵秋,陆春霞,等.响应面法对桑果醋发酵工艺的优化[C]//昆明:中国蚕学会第八届青年学术研讨会,2014.

[8] 陈维敏.葡萄酒中干浸出物的测定[J].中国酿造,1996,6:30-31.

[9] 王俊,陈仁远,母光刚.半微量蒸馏法测定配制酒酒精度[J].化工设计通讯,2016,6:98-130.

[10] 李泯锟,程洪斌,宋超,等.柿叶片中单宁含量的动态变化研究[J].科技与创新,2021,3:70-72+76.

[11] 叶林林,杨娟,陈通,等.红提和糯米复合发酵葡萄酒工艺优化及香气成分分析[J].食品科学,2019,40(18):182-188.

[12] 马玮,史玉滋,段颖,等.南瓜果实淀粉和可溶性固形物研究进展[J].中国瓜菜,2018,31(11):1-5.

[13] 赵秀荣.感官鉴定在小麦收购中的应用探讨[J].产业与科技论坛,2014,13(18):76-77.

[14] 邓良均.红白皮不是小麦品质优劣的标准[J].种子,1985,6:47-48+18.

[15] 张婷渟,彭舒,吴红达,等.'紫秋'葡萄酒发酵过程中成分变化的研究[J].现代园艺,2021,44(01):48-50.

[16] 陆其刚,杨勇,沈晓波,等.酿酒原料的发酵特性研究[J].酿酒,2019,46(4):16-20.

[17] 海金萍,刘钰娜,邱松山.三华李果酒发酵工艺的优化及香气成分分析[J].食品科学,2016,37(23):222-229.

[18] 卢九伟.自选酵母与葡萄酒风味关系的研究[D].石家庄:河北科技大学,2012.

[19] 陈祖满,郑云峰,李伊佳,等.复合果渣发酵酒加工工艺研究[J].农产品加工,2019,21:27-31.

[20] 张慧芸,陈俊亮,康怀彬.发酵对几种谷物提取物总酚及抗氧化活性的影响[J].食品科学,2014,35(11):195-199.

[21] 石光,张春枝,陈莉,等.蓝莓花色苷稳定性研究[J].食品与发酵工业,2008,34(2):97-99.

[22] 朱苗,田奇,王锡念,等.天麻苦瓜绿茶复合饮料配方工艺优化[J].食品研究与开发,2021,42(04):112-116+142.

[23] 魏永义,王琼波,张莉,等.模糊数学法在食醋感官评定中的应用[J].中国调味品,2011,2:87-88.

第四节 葡萄—小麦复合酒的发酵

【目的】研究不同发酵方法对葡萄小麦复合酒品质的影响。

【方法】选取优质小麦和红提葡萄为实验材料，以使用单一红提原料酿造的葡萄酒为空白对照，设计了A、B、C和D四种不同的发酵方案，分别为单一原料发酵50%再混合发酵、浸渍三天的红提葡萄醪与糖化48 h的小麦混合发酵、发酵蒸馏后的小麦原酒与浸渍三天的红提葡萄醪混合发酵、发酵结束的葡萄酒与糖化48 h的小麦混合发酵。发酵过程中监控每一个样品中各项指标，分析各项指标变化的原因及其影响因素。发酵完毕后，测定单酿酒和复合酒的总糖、总酸、酒精度、干浸出物、花色苷、单宁等特征性指标，结合感官品评分析四种发酵方法对葡萄小麦复合酒品质的影响，从而确定其最佳的发酵工艺。

【结果】与单酿红提葡萄酒及其他方案相比，B方案的葡萄小麦复合酒的葡萄糖转化最彻底，酒度为9.88%vol，酒体醇厚；总酸略高，为8.1 g/L，但与高酒度、高单宁相匹配，使酒体协调平衡；干浸出物最高为27.8 g/L，使复合酒香气成熟、饱满、口感浓郁；花色苷、单宁等酚类物质含量最多，使复合酒颜色呈红色调，色度最高，较稳定；复合酒颜色呈深红色、透亮有光泽，香气丰富，各种花香、果香、谷物清香完美融合，酒体醇厚，结构感强，余味较长。

【结论】B方案为四种方案中的最佳选择。

一、背景

小麦是世界上产量最高的粮食作物。其主要成分是碳水化合物、脂肪、蛋白质、粗纤维、钙、磷、钾、维生素 B_1、维生素 B_2 和烟酸等。小麦作为酿酒原料，价格较低，出酒率高；皮薄，淀粉松软，含量高，易于蒸煮。此外，小麦中还含有少量的蔗糖、葡萄糖、果糖和2%～3%糊精。小麦蛋白质含量12.1%，主要是麦胶蛋白和麦谷蛋白，在一定温度和酸度条件下，这些蛋白质可通过微生物和酶被降解为小分子可溶性物质，参与美拉德反应，生成呈香呈味物质，使酒香气浓郁幽雅、丰满细腻、醇和绵甜[1]。

红提是在全世界广泛种植的鲜食葡萄品种，含有丰富的维生素、矿物质和氨基酸等，果实红色、粒大皮薄，味甜美、口感优良，但不耐运输，易受机械损伤和污染，特别是夏季多雨影响运输和销售[2]。据查，我国每年约有25%鲜食葡萄采后腐烂，将其酿成葡萄酒可圆满解决这一问题。

因此，本研究将红提葡萄和小麦混合酿酒，可以取长补短，酿造出一款颜色美丽、口感丰富独特的复合酒。但是在酿制葡萄小麦复合酒的过程中，葡萄和小麦的发酵方式对酒质非常重要[3]。

本实验设计四种不同的发酵方式，控制包括酿酒原料、发酵温度、酵母种类及用量、澄清剂种类等在内的相关发酵条件，酿造出四款葡萄小麦复合酒。以单酿红提葡萄酒为对照，将四种发酵方案对比分析，探讨四种发酵方案对葡萄小麦复合酒质量的影响，并确定出最佳的发酵方法，以此优化葡萄小麦复合酒的发酵工艺，开发出符合大众口味的新酒，同时提升红提葡萄和小麦的价值。

二、材料与方法

(一) 材料

红提葡萄：产自云南大理宾川。

小麦：产自云南楚雄市。

于2019—2020年在楚雄师范学院葡萄与葡萄酒工艺实验室完成。

(二) 仪器与设备

表3-15 主要仪器设备

仪器	型号规格	生产厂家
电子天平	Sop OUINITIX224-1CN	赛多利斯科学仪器(北京)有限公司
电热鼓风干燥箱	DHG-9070A	上海一恒科学仪器有限公司
紫外可见分光光度计	UV-5500	上海元析仪器有限公司
酸度计	PB-10	赛多利斯科学仪器(北京)有限公司
电热恒温水浴锅	HWS26	上海一恒科学仪器有限公司
分析天平	TG328A	上海精科仪器厂
磁力搅拌器	1kA-RTC基本型	邦西仪器科技(上海)有限公司

(三) 实验方法

1. 实验设计

A方案：单一原料发酵50%再混合发酵。

小麦发酵：小麦经糖化后加入少量的酿酒小曲，将其放在密闭的玻璃发酵罐，并放入恒温水浴锅中，温度28 ℃，在发酵过程中监测还原糖含量，已经消耗一半即发酵50%后，立即开始与红提葡萄醪混合发酵。

葡萄发酵：红提葡萄浸渍3 d后，加入0.2 g/L酵母，启动酒精发酵，控制发酵温度在20～25 ℃，每天监测温度和比重，待其还原糖消耗一半即发酵完成50%时，转罐并分离皮渣，分离出自流酒。之后，将发酵50%的小麦与发酵50%的葡萄自流酒混合在一个干净发酵罐里发酵，温度控制在 28 ℃，发酵 5 d 后醪液分离，目的是防止发酵时间过长，发酵液中出现劣质单宁和苦味物质，自流汁继续发酵，直至发酵停止，测定复合酒的总糖、总酸、酒精度、干浸出物、花色苷、单宁等特征性指标。

B 方案：浸渍三天的红提葡萄醪与糖化 48 h 的小麦混合发酵。

红提葡萄经前处理，25 ℃浸渍 3 d 后，将葡萄醪和糖化 48 h 的小麦醪按 2∶1 的比例装入干净的玻璃发酵罐中，同时加入酵母 0.2 g/L，启动发酵，发酵温度为 28 ℃，让红提葡萄和小麦从一开始就混合发酵，发酵 5 d 后醪液分离，自流汁继续发酵，直至发酵停止，测定复合酒的总糖、总酸、酒精度、干浸出物、花色苷、单宁等特征性指标。

C 发案：发酵蒸馏后的小麦原酒与浸渍 3 d 的红提葡萄醪混合发酵。

小麦经过前处理后，将其放在干净的玻璃发酵罐中，并放入恒温水浴锅中，控制温度在 28 ℃直至发酵完毕。发酵后蒸馏，得到小麦原酒。将浸渍 3 d 的红提葡萄醪和小麦原酒按 2∶1 的比例混合发酵，加入酵母 0.2 g/L，温度控制在 28 ℃，发酵 5 d 后醪液分离，自流汁继续发酵，直至发酵停止，测定复合酒的总糖、总酸、酒精度、干浸出物、花色苷、单宁等指标。

D 方案：发酵完成的葡萄酒与糖化 48 h 的小麦混合发酵。

红提葡萄经过前处理后，加入酵母 0.2 g/L，启动酒精发酵，温度控制在 20～25 ℃，每天监测温度和比重变化，直至测得比重接近 1.000 时，分离出自流酒。此时酒精发酵已接近尾声，分离得到葡萄原酒。将葡萄原酒和糖化 48 h 的小麦按 2∶1 的比例混合发酵，加入 0.2 g/L 酵母，温度控制在 28 ℃，发酵 5 d 后醪液分离，自流汁继续发酵，直至发酵停止，测定复合酒的总糖、总酸、酒精度、干浸出物、花色苷、单宁等特征性指标。

2. 操作要点

(1) 小麦前处理

小麦前处理包括浸泡、蒸麦、摊凉、下曲、培菌糖化等环节。

① 浸泡：小麦称重后，装在干净的桶中，40～50 ℃温水浸泡 6 h 后，放掉泡粮水，干发 1～2 h，再用清水冲去酸水。

② 蒸麦：将泡好沥干的小麦放入高压电锅，煮约 1 h，敞盖检查，小麦裂口率应在 85%左右，熟透心率约 90%，即可出锅。

③ 摊凉、撒曲：将蒸好的小麦熟粮转至通风处摊凉，下酿酒小曲。用曲总量为原料的 0.4%～0.6%。分 3 次下曲，每次下曲量占总曲量的 30%。

④ 糖化：待料蒸熟，出锅冷凉按比例下酒曲，搅拌均匀后装入保温箱内，控制温度在 28 ℃，糖化 48 h 成为甜味浆液。

(2) 红提葡萄的前处理

① 葡萄分选：分选出完好无损的葡萄，除去枝、叶、僵果、生青果、霉烂果和其他杂物，保证复合酒的质量。

② 除梗破碎：将筛选出的优质葡萄人工除梗破碎，使更多优质葡萄汁流出。

③ 添加SO_2和果胶酶：SO_2在葡萄酒酿造中有选择、抗氧化、澄清、增酸、溶解等重要作用；果胶酶能提高出汁率，增加葡萄酒颜色和芳香物质[4]。SO_2添加形式为6%的亚硫酸溶液。根据红提葡萄的实际质量按照比例计算液体亚硫酸的用量和果胶酶用量。本实验红提葡萄原料较好，在除梗后破碎前分别加入40 mg/L SO_2、30 mg/L果胶酶。

④ 浸渍：红提葡萄破碎后，立即入罐，将发酵罐放在恒温水浴锅中，温度控制在25 ℃，浸渍3 d，让红提葡萄的果香、颜色、酚类物质等进入葡萄汁中。

3. 指标

(1) 总糖

依据《GB/T 15038—2006 测定[4]》。

(2) 总酸

依据《GB/T 15038—2006 测定[4]》。

(3) 花色苷

采用pH示差法[5]：用pH1.0(用电子分析天平准确称量1.86 g氯化钾，加蒸馏水约980 mL，用盐酸和酸度计调至pH1.0，再用蒸馏水定容至1 000 mL)、pH4.5(用电子分析天平准确称量32.81 g无水醋酸钠，加蒸馏水约980 mL，用盐酸和酸度计调至pH 4.5，再用蒸馏水定容至1 000 mL)的缓冲液，将1 mL样液稀释定容到10 mL，放在暗处，平衡15 min。用光路直径为1 cm的比色皿在510 nm和700 nm波长处分别测定吸光度，以蒸馏水作空白对照。按下式计算花色苷含量：

$$A=(A_{510}-A_{700})_{\mathrm{pH1.0}}-(A_{510}-A_{700})_{\mathrm{pH4.5}}$$

$$\text{花色苷浓度：}C(\mathrm{mg/L})=\frac{A\times MW\times DF\times 1\,000}{\varepsilon\times l}$$

两式中：

$(A_{510}-A_{700})_{\mathrm{pH1.0}}$——加pH1.0缓冲液的样液在510 nm和700 nm波长下的吸光值之差；

$(A_{510}-A_{700})_{\mathrm{pH4.5}}$——加pH4.5缓冲液的样液在510 nm和700 nm波长下的吸光值之差；

MW=449.2(矢车菊—3—葡萄糖苷的分子量，g/mol)；

DF=样液稀释的倍数；

ε=26 900(矢车菊—3—葡萄糖苷的摩尔消光系数，mol^{-1})；

l=比色皿的光路直径，为1 cm。

(4) 色度

采用分光光度法[6]。

① 用pH计检测酒样的pH。

② 制备缓冲溶液：

A液：0.2 mol/L磷酸氢二钠。称取7.12 g磷酸氢二钠定容至200 mL。

B液：0.2 mol/L柠檬酸。

称取4.2 g柠檬酸定容至200 mL。

混合A液和B液，然后用pH计直接测定缓冲液pH。

③ 用大肚吸管吸取2 mL酒样于25 mL比色管中，再用与复合酒相同pH的缓冲液稀释至25 mL，然后用1 cm比色皿在λ_{420}、λ_{520}、λ_{620}处分别测吸光值A_{420}、A_{520}、A_{620}（以蒸馏水作空白对照）。

④ 计算：待测样品应在比色槽中放置15 min，此后观察比色皿中是否有气泡，若有气泡需驱赶后再开始比色，将在分光光度计上测得λ_{420}、λ_{520}、λ_{620}的吸光值三值相加后乘以稀释倍数12.5，即为色度。结果保留1位小数。平行实验测定结果绝对值之差不得超过0.1。

$$色度=(A_{420}+A_{520}+A_{620})\times 稀释倍数$$

(5) 酒精度(比重瓶法)

A. 比重瓶的标定：

① 空瓶质量(m)：比重瓶的洗涤，蒸馏水→乙醇→乙醚→干燥后称重得m；

② 蒸馏水质量的测定：(瓶＋水)的质量(m_1)：蒸馏水煮沸30 min→冷却→加入比重瓶(附温度计)→20±1 ℃恒温水浴→稳定10 min→擦干溢出测管中的水，立即盖上侧孔罩→称重得m_1

③ 试样测定：(瓶＋试样)质量(m_2)：将试样加入比重瓶，按照上述方法，称重得m_2。

结果计算：

$$\rho_{20}=\frac{m_2-m+A}{m_1-m+A}\times\rho_0$$

其中$A=\rho_a\times\frac{m_1-m}{997.0}$

ρ_0——水的密度，998.2 g/cm^3；

ρ_a——为空气的平均密度，1.2 g/cm^3。

B. 查表得样品酒度。

(6) 单宁含量

采用高锰酸钾滴定法[7]。

① 吸取样品滤液5.0 mL于三角瓶中，加10 mL水和5 mL 2.5 mol/L H_2SO_4混匀，微热(50 ℃)5 min后用0.1 mol/L $KMnO_4$滴定至淡粉色，维持30 s不褪色，即为终点，记下消耗的标准溶液体积V_1。

② 吸取样品滤液5 mL于100 mL烧杯中，并加3 g活性炭，加热搅拌10 min，过滤用少量的热蒸馏水冲洗残渣，收集的滤液中加2.5 mol/L硫酸5 mL，同样用0.01 mol/L $KMnO_4$标准溶液滴定至终点，记下消耗的体积V_2。

③ 计算：

$$X = \frac{C \times (V_1 - V_2) \times 0.0416 \times 100}{m}$$

式中：X——单宁含量，g/L；

C——$KMnO_4$摩尔浓度，mol/L；

V_1——滴定样品消耗 $KMnO_4$的毫升数，mL；

V_2——活性炭吸附后单宁所消耗的 $KMnO_4$的毫升数，mL；

0.041 6——1 mL 0.01 mol/L $KMnO_4$溶液相当于单宁的毫克数，mg；

m——样品克数，g。

(7) 可溶性固形物

采用折光仪法[8]。

(8) 各理化指标测定时间

① 葡萄破碎后：测定总糖、总酸、总干浸出物、可溶性固形物、单宁、花色苷、色度。

② 单酿葡萄酒、A、B、C、D 四种复合酒醪液：分离时，分别测定总糖、总酸、酒精度、总干浸出物、可溶性固形物、单宁、花色苷、色度。

③ 单酿葡萄酒、A、B、C、D 四种复合酒：发酵完毕后，分别测定总糖、总酸、酒精度、总干浸出物、可溶性固形物、单宁、花色苷、色度。

三、结果

(一) 单酿红提葡萄酒发酵过程中各项指标的变化

由表 3-16 可知，单酿红提葡萄酒，发酵前葡萄原料总糖为 96.7 g/L，含糖量不高，总酸为 4.4 g/L，其成熟度系数 M 为 21.9，大于 20，说明原料成熟度适中。

表 3-16　单酿红提葡萄酒基本指标

	总糖(g/L)	总酸(g/L)	酒度(%vol)	总干浸出物(g/L)	单宁(g/L)	可溶性固形物(%)	花色苷(mg/L)	色度
葡萄原料	96.7	4.4	0	147.8	4.0	13	3.3	6.0
醪液分离时	47.8	3.6	2.23	83.2	8.0	7.9	5.8	7.6
发酵完全葡萄酒	3.9	4.2	5.36	25.8	10.0	4.3	9.3	1.2

葡萄原料中总干浸出物和可溶性固形物含量丰富，单宁、花色苷等酚类物质含量低。随着发酵的进行，总糖、总干浸出物、可溶性固形物逐渐减少，总糖中的大部分葡萄糖被消耗转化为酒精，发酵完全的葡萄酒中残糖为 3.9 g/L，发酵比较完全，但由于原料葡萄糖含量低，最终葡萄酒酒度较低。低酒精度使葡萄酒酒体瘦弱，风味不浓郁[8]。发

酵过程中酸度变化不明显；单宁和花色苷等酚类物质逐渐增加，但最终葡萄酒中花色苷含量仅为 9.3 g/L，使得单酿葡萄酒色度较低，颜色较浅，为淡粉色，这与刘树文等[9]研究一致。综上表明，单酿红提葡萄酒总糖较低，转化的酒精度较低，酚类物质形成较少，原酒颜色浅，香味不足，酒体瘦弱，结构感不强，余味短，有很多缺陷。

（二）小麦原料的基本指标

由表 3－17 可知，小麦在处理前淀粉为 5.7 g/L，还原糖和可溶性固形物含量低，各种物质无法充分表现出来；糖化后小麦中的淀粉在酒曲作用下逐渐转化为还原糖，淀粉含量降低，还原糖含量增高，可溶性固形物逐渐增多。小麦的这种特性使其与红提混合酿酒时，能使原料初始含糖量增加，令复合酒有一定的酒度，保证酒体的醇厚。

表 3－17 小麦原料的基本指标

	淀粉(g/L)	还原糖(g/L)	可溶性固形物(%)
小麦原料	5.7	20.2	22.0
糖化小麦	1.8	80.3	24.7

（三）A 方案：葡萄小麦各先自发酵 50%再混合发酵的发酵过程中各项指标变化

如表 3－18，为方案 A 葡萄小麦复合酒不同酿造阶段的各项基本指标。

表 3－18 A 方案葡萄小麦复合酒基本指标

	总糖(g/L)	总酸(g/L)	酒度(%vol)	总干浸出物(g/L)	单宁(g/L)	可溶性固形物(%)	花色苷(mg/L)	色度
葡萄原料	96.7	4.4	0	147.8	4.0	13	3.3	6.0
醪液分离时	50.8	3.14	1.83	77.7	8.0	8.4	5.5	8.2
混合发酵结束后	0.4	4.9	9.16	63.4	13.2	10.0	11.7	2.9

由表 3－18 可知，采用 A 方案，红提葡萄和糖化后的小麦各自发酵 50%再混合发酵。和单酿葡萄酒相比，A 方案中，随着发酵的进行，总糖逐渐被消耗，转化为酒精，最终残糖为 0.4 g/L，发酵很彻底；红提葡萄发酵 50%后加入发酵 50%的小麦，小麦中由淀粉转化得到的葡萄糖也转化为酒精，使得复合酒酒度提高了 3.8%vol（表 3－16、表 3－18），增加了酒体的厚重感和香气浓郁度；总酸变化不大；可溶性固形物增加 5.7%，总干浸出物增加了 37.6 g/L，这是由于小麦在发酵过程中会产生一些酸类和酯类物质[10]，使可溶性固形物和总干浸出物含量增加。单宁增加了 3.2 g/L，花色苷增加 2.4 mg/L，这是由于小麦中含有大量的多酚类化合物，而发酵可以促进这些酚类物质的提取[11]，使复合酒中酚类化合物增加，提高复合酒收敛感，略微增加涩味和苦味；色度增幅不大，复合酒颜色为浅黄色，表现不突出。综上表明，A 方案的葡萄小麦复合酒改善了单酿红提葡

萄酒酒度低、酚类物质少的缺陷,但是酚类物质增幅小,没有和高酒度匹配,酒体略显寡淡,出现酒精味,掩盖香味,果香和谷物香不明显。

(四) B 方案:用浸渍 3 d 的葡萄醪与糖化 48 h 的小麦混合发酵中各项指标变化

由表 3-19 可知,采用 B 方案,浸渍 3 d 的红提葡萄醪与糖化 48 h 的小麦混合发酵。此法与单酿葡萄酒相比,随着发酵的进行,总糖被消耗转化为酒精,残糖为 0.1 g/L,发酵最为完全。

表 3-19　B 方案复合酒基本指标

	总糖(g/L)	总酸(g/L)	酒度(%vol)	总干浸出物(g/L)	单宁(g/L)	可溶性固形物(%)	花色苷(mg/L)	色度
葡萄原料	96.7	4.4	0.0	147.8	4.0	13.0	3.3	6.0
醪液分离时	30.0	4.9	9.04	46.5	18.0	8.1	4.7	5.4
混合发酵结束后	0.1	8.1	9.88	27.99	18.8	6.1	93.5	4.3

一开始,红提葡萄就与糖化后的小麦混合发酵,小麦中由淀粉转化得到的葡萄糖与红提葡萄中的葡萄糖一起被转化为酒精,使酒度提高,与单酿葡萄酒相比,增加了 4.52%vol,使酒体醇厚、浓郁丰富。发酵过程中单宁和花色苷含量逐渐增加,它们在发酵结束后分别达到 18.8 g/L、93.5 mg/L,与单酿葡萄酒相比,单宁增加 8.8 g/L(表 3-16 和 3-19),这是由于小麦中大量的黄酮类物质增加了酒中的单宁[11],另外小麦中蛋白质含量丰富,一开始就与葡萄发酵,让蛋白质得以与单宁和其他多聚物缩合或聚合成更稳定的化合物,增加了复合酒骨架感[12];花色苷增加了 84.2 mg/L(表 3-16 和表 3-19),是由于小麦自身含有的原花色素和黄酮等大量多酚物质在混合发酵过程中被提取出来,与葡萄中的花色素一起使混合酒中花色苷大幅度增加。与此同时,小麦在发酵过程中产生了黄酮醇和酚酸等辅色物质[13],其与花色苷结合成聚合色素,使复合酒颜色由乳白色向琥珀色、玫红色转变,红色调逐渐增加,颜色稳定性增强。成品复合酒呈较深的玫红色,色度增加。发酵过程中总酸逐渐增加,最终复合酒总酸达到 8.1 g/L,这是由于小麦在发酵中产生了乙酸和丙酸等[14],增加了酒中总酸含量。总干浸出物和可溶性固形物逐渐减少,发酵结束后这些物质比单酿葡萄酒中含量要高,增加了酒中的非挥发性物质。成品复合酒中香气较丰富,除了花香和果香外,还增加了粮食的清香,这是源于小麦发酵中形成的 23 种香气物质[14]。综上表明,与单酿红提葡萄酒相比,采用 B 方案酿造的复合酒颜色鲜艳,色度高,发酵完全,酒体醇厚;酚类物质增加明显,酒体饱满,结构感强;香气物质丰富浓郁,酸度稍高,实为优选方案。

(五) C 方案:发酵蒸馏后的小麦原酒与浸渍 3 d 的红提葡萄醪混合发酵中的各项指标变化

如表 3-20,为方案 C 葡萄小麦复合酒在不同酿造阶段的各项基本指标。

表 3-20 C 方案复合酒基本指标

	总糖(g/L)	总酸(g/L)	酒度(%vol)	总干浸出物(g/L)	单宁(g/L)	可溶性固形物(%)	花色苷(mg/L)	色度
葡萄原料	96.7	4.9	0.0	147.8	0.10	13.0	3.3	6.0
醪液分离时	75.6	3.7	4.52	78.5	0.13	11.0	3.0	4.8
混合发酵结束后	53.6	2.4	5.5	54.6	0.17	9.0	2.3	2.3

由表 3-20 可知,采用 C 方案,发酵蒸馏后的小麦酒与浸渍 3 d 的红提葡萄醪混合发酵。随着发酵的进行,总糖逐渐被消耗,转化为酒精,残糖为 53.6 g/L,酒度仅为 5.5%vol,发酵不完全,酒度低。随着发酵进行,复合酒总酸、总干浸出物、可溶性固形物、花色苷和色度都逐渐降低。虽然总干浸出物和可溶性固形物含量都较单酿葡萄酒高,但其中大部分是未发酵转化的葡萄糖[15],其产生的单宁和花色苷等酚类物质较少,最终酒体瘦弱、寡淡,香味不足、略带甜味,颜色为较浅的淡黄色。小麦经过发酵再蒸馏获得很高的酒度,51.00%vol,从而抑制了酵母菌活动[16],使混合发酵难以正常进行,导致发酵不完全,残糖高,同时也抑制了红提葡萄中酚类物质的转化。综上表明,C 方案的复合酒与单酿葡萄酒相比,没有得到很好改善。

(六) D 方案:发酵结束的葡萄酒与糖化 48 h 的小麦混合发酵中的各项指标变化

如表 3-21,为方案 D 葡萄小麦复合酒在不同酿造阶段的各项基本指标。

表 3-21 D 方案复合酒基本指标

	总糖(g/L)	总酸(g/L)	酒度(%vol)	总干浸出物(g/L)	单宁(g/L)	可溶性固形物(%)	花色苷(mg/L)	色度
葡萄原料	96.7	4.9	0	147.8	4.0	13.0	3.3	6.0
醪液分离时	5.9	4.2	6.18	36.7	6.0	6.8	0.8	3.4
混合发酵结束后	0.4	3.9	7.92	26.7	7.6	5.5	0.2	2.4

由表 3-21 可知,D 方案中发酵完全的红提葡萄酒与糖化 48 h 的小麦混合发酵,随着发酵的进行,总糖逐渐被消耗,转化为酒精,残糖为 0.4 g/L,酒度为 7.92%vol,与单酿葡萄酒相比,酒度增加了 2.56%vol(表 3-16 和表 3-21),是由于混合发酵后小麦转化的葡萄糖参与发酵,使复合酒酒度增加。发酵中总酸、总干浸出物、可溶性固形物和色度逐渐降低,但成品酒中这些物质含量与单酿葡萄酒相比无明显变化。发酵中的单宁逐渐增加,但成品酒中的单宁含量低于单酿葡萄酒,酒体略显瘦弱;花色苷逐渐降低为 0.2 mg/L,使成品复合酒颜色较浅,多酚物质等较少,香味不突出。综上表明,D 方案的葡萄小麦复合酒没有很好改善单酿葡萄酒的缺陷。

(七) 不同方案的葡萄小麦复合酒特征性指标变化

由表 3 - 22 可知，就发酵程度而言，与单酿葡萄酒相比，A、B、C、D 四种方案发酵完全的成品酒残糖分别为 0.4 g/L、0.1 g/L、53.6 g/L 和 0.4 g/L，产生的酒精度分别为 9.16%vol、9.88%vol、5.50%vol 和7.92%vol，B 方案残糖最少，发酵最完全；C 方案残糖最多，发酵最不彻底。A、B、D 方案酒度为 7%vol～10%vol，与单酿葡萄酒相比酒度都有增加，改善了单酿葡萄酒酒度低、酒体不厚重的缺陷，而 C 方案酒度较单酿葡萄酒略低，使酒体更加瘦弱、单薄，首先应排除 C 方案。

表 3 - 22　葡萄小麦复合酒特征性指标

	葡萄原酒	A 方案成酒	B 方案成酒	C 方案成酒	D 方案成酒
残糖(g/L)	3.9	0.4	0.1	53.6	0.4
酒度(%vol)	5.36	9.16	9.88	5.50	7.92
总酸(g/L)	4.2	4.9	8.1	2.4	3.9
干浸出物(g/L)	21.9	63.0	27.8	1.0	16.3
单宁(g/L)	10.0	13.2	18.8	6.8	7.6
花色苷(mg/L)	9.3	11.7	93.5	2.3	0.2

A、B、C、D 四种方案发酵完全的成品酒总酸分别为 4.9 g/L、8.1 g/L、2.4 g/L 和 3.9 g/L，与单酿葡萄酒相比，A、D 方案酸度变化不明显，C 方案酸度降低 1.8 g/L，B 方案酸度增加 3.9 g/L，C 方案酸度太低，涩味不突出，酒体无收敛感，容易造成糖酸不平衡，酒体不协调。B 方案中酸度略高，使复合酒的残糖和挥发酸更低，而酒度有所提高，这与宋淑燕等人[17]研究一致。复合酒的酒度、酸度和单宁是构成酒体的骨架，三者平衡是红葡萄酒酒体协调的最基本条件，B 方案酸度略高，但其酒度和单宁含量也相对高，酒体相对平衡，具有骨架。由此表明，就酸度而言，A、D 方案酸度略低，贡献不明显，C 方案的酸度偏低，造成酒体不平衡，B 方案优势突出，若经过降酸处理会使酒体更加平衡，醇厚且有骨架感，实为优选方案。

就干浸出物而言，A、B、C、D 四种方案发酵完全的成品酒中干浸出物含量分别为 63.0 g/L、27.8 g/L、1.0 g/L 和 16.3 g/L，与单酿葡萄酒相比，C 和 D 方案干浸出物含量降低，A 和 B 方案干浸出物含量增加。通过干浸出物含量的高低，可以大致判断葡萄酒酒体的浓郁程度，进而预测葡萄酒的质量优劣。由此表明，A 和 B 方案复合酒干浸出物增加明显，可使复合酒香气成熟、饱满、口感浓郁、酒体醇厚，实为优选方案。

就单宁和花色苷等酚类物质而言，A、B、C 和 D 四种方案发酵完全的成品酒中单宁含量分别为 13.2 g/L、18.8 g/L、6.8 g/L 和 7.6 g/L；花色苷含量分别为 11.7 mg/L、93.5 mg/L、2.3 mg/L 和 0.2 mg/L。与单酿葡萄酒相比，C 和 D 方案单宁和花色苷等酚类物质减少；A 和 B 方案单宁和花色苷等酚类物质增加，尤其 B 方案增加较为明显，且高单宁、高花色苷与高酒度相平衡，使酒体醇厚，结构感强；花色苷含量决定了复合酒色泽和色调的深浅[18]，B方案下丰富的花色苷会与复合酒中单宁及其他物质反应形成相应的聚合花色苷，使酒体颜色向紫红色、砖红色转变，且颜色更加稳定。在此影响下A、C和D复合酒呈较浅的黄色色调，B复合酒呈较深的红色调。单宁含量的增加可促进葡萄酒的成熟和醇香的形成，赋予葡萄酒醇厚的特点[19]，使B复合酒向更丰富浓郁的方向发展。综上，B方案复合酒单宁和花色苷等酚类物质大幅度增加，且与高酒度醇厚的酒体相平衡，实为最好的选择。

四、讨论

小麦又被称为麸麦、浮小麦，以播种期分为冬小麦和春小麦两种，我国以冬小麦为主。楚雄本地小麦属于冬小麦，生长在较干旱的环境中，小麦粒蛋白质、淀粉含量较高，质地硬。小麦蛋白质组分以麦胶蛋白和麦谷蛋白为主，麦胶蛋白以氨基酸为多，这些蛋白质可在发酵过程中形成香味成分。在酿酒过程中，小麦蛋白质在一定的温度和酸度条件下，通过微生物和酶被降解为小分子可溶性物质，参与美拉德反应，生成酒体中的呈香呈味物质，使酒香气浓郁优雅、丰满细腻、醇和绵甜。在酿造粮食酒的过程中，不同酿酒原料的出酒率和成品酒的风味也不相同，因为原料成分的差异，酿出的成品酒区别很大。传统工艺酿制的小麦酒酒度高，略显燥辣，香味不够丰富独特，没有受到大多数人追捧。

红提葡萄，别名“红地球葡萄”，于20世纪70年代由美国加利福尼亚大学研究人员经过杂交培育而得，于1987年引入我国，主要种植于陕西、新疆、江苏和云南等地。该品种葡萄品质优，产量高，味道好，但其在酿葡萄酒时也存在颜色不够深，单宁和花色苷等酚类物质不丰富等缺点，原料不成熟时会使酒体淡薄，略缺骨架感，香味不够丰富。

本研究从小麦单酿白酒和红提葡萄单酿葡萄酒的优缺点出发，让果味原料红提葡萄和谷物原料小麦混合发酵，酿出一款新型葡萄小麦复合酒，力求改善单酿红提葡萄酒总糖含量少、酒度低、多酚类物质和香气物质不足、酒体瘦弱的状况，让小麦以丰富的淀粉、蛋白质、酚类物质、复杂的香气物质改善单酿红提葡萄酒的缺陷，同时也改善单酿小麦酒酒度高、酒体燥辣、香味不丰富的缺陷。研究中确定葡萄小麦复合酒的最佳发酵工艺是一个难题，在本实验中分别设计了四种不同的发酵工艺，在研究了各个工艺下复合酒发酵期间各指标的变化，以及四个工艺酿成的葡萄小麦复合酒特征性指标和感官品评的比对后，发现将浸渍3 d的红提葡萄醪与糖化48 h的小麦混合发酵的工艺制成的葡萄小麦复合酒品质最好，发酵中小麦与红提葡萄混合发酵，改善了单酿红提葡萄酒发酵不彻底、酒度低、酒体瘦弱的缺陷；发酵小麦中大量的酚类物质和香气物质被释放出来，促使复合酒中单宁和花色苷等酚类物质大幅度增加，最终复合酒颜色深红、透亮有光泽；复合酒香气丰富，有花香、果香、谷物清香；酒体厚重，结构感强；高酒度即将掩盖酒的香味但立即被小麦所产生的独特香味所阻止，使整个复合酒香气浓郁丰富，有特点。

五、小结

本实验以产自云南宾川的红提葡萄和云南楚雄本地小麦为原料，设计了四种发酵方案：A：单一原料发酵50%再混合发酵；B：浸渍三天的红提葡萄醪与糖化48 h的小麦混合发酵；C：发酵蒸馏后的小麦原酒与浸渍三天的红提葡萄醪混合发酵；D：发酵完成的葡萄酒与糖化48 h的小麦混合发酵。以单酿红提葡萄酒为对照，通过测定发酵期间和发酵完毕后各方案葡萄小麦复合酒的特征性指标发现，与其他方案相比，B方案的葡萄小麦复合酒葡萄糖向酒精的转化最彻底，酒度为9.88%vol，酒体醇厚；总酸略高为8.1 g/L，但与高酒度、高单宁相匹配，酒体协调平衡；干浸出物最高为27.8 g/L，复合酒香气成熟、饱满、口感浓郁；花色苷和单宁等酚类物质含量最多，使复合酒颜色呈红色调，色度最高，较稳定；复合酒颜色呈深红色、透亮有光泽，香气丰富，各种花香、果香、谷物清香完美融合，酒体醇厚，结构感强，余味较长，为四种方案中最佳选择。

参考文献

[1] 张艳,蔡秉洋,肖永华.富含膳食纤维的“麦氏家族”——小麦、燕麦[J].中医健康养生,2020,6(02):49-51.

[2] 李珍,哈益明,李咏富,李庆鹏,靳婧.不同处理对红提葡萄冷藏品质的影响[J].中国食品学报,2015,15(01):123-128.

[3] 叶林林,杨娟,陈通,李圆圆,吴峰华,刘兴泉,何志平.红提和糯米复合发酵葡萄酒工艺优化及香气成分分析[J].食品科学,2019,40(18):182-188.

[4] 中华人民共和国国家质量监督检验检疫总局,中国国家标准化管理委员会.《GB/T 15038—2006》总酸的测定[S].北京:中国标准出版社,2006.

[5] 乔玲玲,马雪蕾,张昂,吕晓彤,王凯,王琴,房玉林.不同因素对赤霞珠果实理化性质及果皮花色苷含量的影响[J].西北农林科技大学学报(自然科学版),2016,44(02):129-136.

[6] 梁冬梅,李记明,林玉华.分光光度法测葡萄酒的色度[J].中外葡萄与葡萄酒,2002,3:9-10+13.

[7] 王华,李艳,李景明,张予林,魏冬梅.葡萄酒分析检验单宁的测定[S].北京:中国农业出版社,2011,152-153.

[8] 杨雪莲.不同糖度对简易酿造红葡萄酒品质的影响[J].食品研究与开发,2016,37(08):62-67.

[9] 刘树文,何玲,任玉华.葡萄果实中花色素合成及其影响因素[J].中外葡萄与葡萄酒,1999,2:81-83.

[10] 陆其刚,杨勇,沈晓波,钱莉莉,李燕荣.酿酒原料的发酵特性研究[J].酿酒,2019,46(04):16-20.

[11] 张慧芸,陈俊亮,康怀彬.发酵对几种谷物提取物总酚及抗氧化活性的影响[J].食品科学,2014,35(11):195-199.

[12] 狄莹.植物单宁化学降解产物与金属离子络合规律及其应用研究[D].四川:四川大学,1999.

[13] 王宏.宁夏干红葡萄酒陈酿过程中酚类物质及颜色的变化规律研究[D].银川:宁夏大学,2015.

[14] 敖宗华,苟云凌,沈才洪,陕小虎,卢中明,任剑波,王小军,黄治国.啤酒、葡萄酒和白酒酿酒原料标准化研究进展[J].酿酒科技,2011,3:84-86.

[15] 吴兆翔.也谈干浸出物与葡萄酒质量的关系[J].酿酒科技,1995,1:38-39.

[16] 刘树文,王玉霞,陶怀泉,车兆虹,武胜叶.SO_2和酒精处理对葡萄酒自然发酵酵母菌群的影响[J].西北农林科技大学学报(自然科学版),2008,5:196-200+205.

[17] 宋淑燕.葡萄醪总酸调整对红葡萄酒品质的影响研究[J].宁夏农林科技,2009,1:40-41.

[18] 狄莹,石碧.植物单宁化学研究进展[J].化学通报,1999,3:2-6.

[19] 贺晋瑜.酚类物质对葡萄酒品质的影响[J].山西农业科学,2012,40(10):1118-1120.

第五节　葡萄—小麦复合酒的澄清

【目的】研究不同澄清剂处理对葡萄小麦复合酒澄清效果的影响。

【方法】本实验先通过设计果胶酶梯度为 20 mg/L、25 mg/L、30 mg/L、35 mg/L 和 40 mg/L 对葡萄小麦复合酒 A 和 B 澄清，选出果胶酶的最佳用量，并将最佳用量用于待发酵复合酒的澄清。再通过化学澄清法（皂土和壳聚糖）澄清和稳定发酵原酒；接着，设计皂土用量梯度为 0.8 g/L、0.9 g/L、1.0 g/L、1.1 g/L 和 1.2 g/L 进行实验，选出皂土的最适用量；然后，设计壳聚糖用量梯度为 1.2 g/L、1.5 g/L、1.8 g/L、2.1 g/L 和 2.4 g/L 进行实验，选出壳聚糖最适用量；最后，分别将果胶酶、皂土和壳聚糖最佳用量用于复合酒中，比较其澄清效果。同时测定花色苷含量、色度和透光率等澄清指标。

【结果】选出 2.1 g/L 壳聚糖为复合酒 A 的最佳澄清材料，复合酒 A 澄清 12 h 后的色度为 8.0，透光率为 30.1%，花色苷含量为 107.9 mg/L，澄清效果最佳。选出30 mg/L 的果胶酶为复合酒 B 的最佳澄清材料，复合酒 B 澄清 12 h 后的色度 3.5，透光率 63.6%，花色苷含量 5.3 mg/L，澄清效果最佳。

【结论】用 30 mg/L 果胶酶处理的复合酒 B，澄清效率高、效果好，且颜色保留完整。用 2.1 g/L 壳聚糖处理复合酒 A，澄清效果最佳。

一、材料与方法

(一) 材料

葡萄小麦复合酒：楚雄师范学院化学与生命科学学院葡萄酒工艺室酿制。

(二) 澄清剂

皂土：山东潍坊研究所。

96%脱乙酰的壳聚糖：麦克林生物品牌。

果胶酶：上海康禧食品饮业有限公司。

均为食品级，市售。

(三) 仪器与设备

电子天平 Sop QUINITIX224 - 1CN：赛多利斯科学仪器（北京）有限公司。

紫外可见分光光度计 UV - 5500：上海元析仪器有限公司。

酸度计 PB - 10：赛多利斯科学仪器（北京）有限公司。

分析天平 TG328A：上海精科仪器厂。

浊度计 SGZ-10001:上海悦丰仪表有限公司。

(四) 工艺

葡萄小麦复合酒 A 工艺(所酿的酒简称复合酒 A)——浸渍 3 d 的红提葡萄醪与糖化 48 h 的小麦混合发酵。红提葡萄经前处理,25 ℃浸渍 3 d 后,将葡萄醪和糖化 48 h 小麦按 2∶1 的比例装入发酵罐,同时加入酵母 0.2 g/L,启动发酵,发酵温度为 28 ℃,让红提葡萄和小麦从一开始就混合发酵,发酵 5 d 后醪液分离,自流汁继续发酵,直至发酵停止。

葡萄小麦复合酒 B 工艺(所酿的酒简称复合酒 B)——发酵完成的葡萄酒与糖化 48 h 的小麦混合发酵。

(五) 澄清实验设计

1. 皂土澄清实验

参考苏玥和李英[1]的方法,略作修改。

100 g/L 皂土溶液:取皂土 10 g,用 50 ℃热水溶解后,用蒸馏水定容至 100 mL,搅拌均匀避免结块,浸泡 24 h,使其充分吸水膨胀后搅拌均匀,备用。添加进酒液之前,按照以下梯度配制:

(1) 0.8 g/L:50 mL 复合酒 A 和复合酒 B 里分别加 0.40 mL 配制好的皂土溶液;

(2) 0.9 g/L:50 mL 复合酒 A 和复合酒 B 里分别加 0.45 mL 配制好的皂土溶液;

(3) 1.0 g/L:50 mL 复合酒 A 和复合酒 B 里分别加 0.50 mL 配制好的皂土溶液;

(4) 1.1 g/L:50 mL 复合酒 A 和复合酒 B 里分别加 0.55 mL 配制好的皂土溶液;

(5) 1.2 g/L:50 mL 复合酒 A 和复合酒 B 里分别加 0.60 mL 配制好的皂土溶液。

充分搅拌均匀后添加进 50 mL 复合酒中,并再次充分搅拌均匀,静置 12 h,即可分离酒脚,测定浊度和透光率,并根据浊度和透光率筛选出最佳皂土使用量。

采用筛选出的最佳皂土用量实验,测定复合酒色度、透光率和花色苷含量。

2. 壳聚糖澄清实验

壳聚糖溶液的配制,参考李晓红等[2]的方法,略作修改。

以 96%脱乙酰的壳聚糖为原料,称取 0.05 g 柠檬酸,加入 8.95 mL 去离子水,并加热溶解,再加入 1 g 壳聚糖,边加热边搅拌,配成 100 g/L 的壳聚糖溶液,浸泡 10 h 以上,搅拌均匀备用。

(1) 1.2 g/L:向 50 mL 复合酒 A 和复合酒 B 里分别加 0.60 mL 配制好的壳聚糖溶液;

(2) 1.5 g/L:向 50 mL 复合酒 A 和复合酒 B 里分别加 0.75 mL 配制好的壳聚糖溶液;

(3) 1.8 g/L:向 50 mL 复合酒 A 和复合酒 B 里分别加 0.90 mL 配制好的壳聚糖

溶液；

（4）2.1 g/L：向 50 mL 复合酒 A 和复合酒 B 里分别加 1.05 mL 配制好的壳聚糖溶液；

（5）2.4 g/L：向 50 mL 复合酒 A 和复合酒 B 里分别加 1.20 mL 配制好的壳聚糖溶液。

边搅拌边加入，使壳聚糖充分接触溶液中的微粒；在室温下静置 12 h 后，在自然条件下测定各项澄清指标，分析复合酒澄清过程中壳聚糖的最佳用量；采用筛选出的最佳壳聚糖用量进行实验，测定复合酒的浊度、色度、透光率和花色苷含量。

3. 酶法澄清实验

（1）取 12 支 50 mL 比色管，向每个比色管里分别加入 50 mL 复合酒 A 和复合酒 B，分别按比例加入 20 mg/L、25 mg/L、30 mg/L、35 mg/L 和 40 mg/L 果胶酶；

（2）用玻棒缓缓搅拌使果胶酶溶解，在室温下酶解样品；

（3）5 h 后，取上清液测定浊度、透光率值，确定果胶酶的最佳用量；

（4）采用筛选出的最佳果胶酶用量进行实验，处理 12 h 后，测定复合酒的色度、透光率和花色苷含量。

（六）特征性指标

1. 色度

（1）制备缓冲溶液

A 液：0.2 mol/L 磷酸氢二钠。称取 7.12 g 磷酸氢二钠定容至 200 mL。

B 液：0.2 mol/L 柠檬酸。称取 4.2 g 柠檬酸定容至 200 mL。

用 pH 计直接测定 A 液和 B 液混合液的 pH 值，制备缓冲液，使缓冲溶液的 pH 与样液的 pH 值相同。

（2）用大肚吸管吸取 2 mL 样液于 25 mL 比色管中，再用与样液相同 pH 值的缓冲液稀释至 25 mL。将待测样品在比色槽中放置 15 min，此后观察比色皿中是否有气泡，若有气泡需驱赶后再开始比色。用 1 cm 比色皿在 λ_{420}、λ_{520} 和 λ_{620} 处分别测吸光值 A_{420}、A_{520}、A_{620}，以蒸馏水做空白对照。

（3）计算

$$色度=(A_{420}+A_{520}+A_{620})\times 稀释倍数$$

2. 花色苷含量

采用 pH 示差法[3]。

（1）缓冲液的制备

pH1.0 缓冲液：用电子分析天平准确称量 0.93 g 氯化钾，加蒸馏水约 480 mL，用盐酸和酸度计调至 pH1.0，再用蒸馏水定容至 500 mL。

pH4.5缓冲液:用电子分析天平准确称量16.405 g无水醋酸钠,加蒸馏水约480 mL,用盐酸和酸度计调至pH4.5,再用蒸馏水定容至500 mL。

(2) 花色苷的提取

取1.0 mL样品,按1∶30(g/mL)的料液比加入70%乙醇提取液,用超声波辅助提取25 min后过滤,得到花色苷提取液。

(3) 花色苷含量

用pH1.0、pH4.5的缓冲液,分别将1 mL样液稀释定容到10 mL,放在暗处,平衡15 min。用光路直径为1 cm的比色皿在可见分光光度计的510 nm和700 nm波长处分别测定吸光度A_{510}、A_{700},以蒸馏水作空白对照。按下式计算花色苷含量。

$$A=(A_{510}-A_{700})_{pH1.0}-(A_{510}-A_{700})_{pH4.5}$$

花色苷浓度:

$$C(mg/L)=\frac{A\times MW\times DF\times 1\,000}{\varepsilon\times l}$$

在以上两个公式中:

$(A_{510}-A_{700})_{pH1.0}$——加pH1.0缓冲液的样液在510 nm和700 nm波长下的吸光值之差;

$(A_{510}-A_{700})_{pH4.5}$——加pH4.5缓冲液的样液在510 nm和700 nm波长下的吸光值之差;

MW=449.2(矢车菊—3—葡萄糖苷的分子量,g/mol);

DF=样液稀释的倍数;

ε=26 900(矢车菊—3—葡萄糖苷的摩尔消光系数,mol^{-1});

l=比色皿的光路直径,为1 cm。

3. 透光率

在UV-5500紫外可见分光光度计上波长为700 nm处测定。

二、结果

通过前期不同工艺的优化实验,筛选出A、B两种工艺酿造出品质最优的两款葡萄小麦复合酒。本实验取A、B两种酒样各300 mL,分别装到6支比色管中,每支管中酒样各50 mL,按梯度添加果胶酶进行澄清,分别测定浊度和透光率,筛选出果胶酶最佳用量。

(一) 复合酒B果胶酶用量的筛选

表3-23为用果胶酶澄清复合酒B的实验结果。果胶酶添加量达30 mg/L时,透

光率达到最大值，此后再加大果胶酶用量，透光率便逐渐降低。用 30 mg/L 和 35 mg/L 果胶酶处理复合酒，透光率相差较小，仅相差了 1.2%，浊度则相差了 0.28，故如果要提高复合酒澄清度，选用 30 mg/L 果胶酶，如果要保留较高的色度，选用 35 mg/L 果胶酶。但通过感官品尝分析，添加 30 mg/L 果胶酶的酒样中有果香味，而添加 35 mg/L 果胶酶的酒样中有橡胶味和一些不愉悦的味道，这种味道由硫化物引起。果胶酶添加量过多时，其中的酶蛋白会引起浑浊，使透光率下降，增加澄清成本[4]。因此，采用果胶酶澄清复合酒时，30 mg/L 为最佳用量。

表 3－23　果胶酶用量对葡萄小麦复合酒 B 透光率、浊度和感官品尝的影响

果胶酶用量(mg/L)	透光率(%)	浊度(NTU)	感官品尝
0	34.7	15.47	果香味、谷物味
20	48.7	12.33	酸腐味、臭硫味
25	58.2	4.00	酒精味、硫味
30	61.4	3.62	果香味、
35	60.2	3.90	橡胶味
40	52.6	5.24	清新

(二) 复合酒 A 果胶酶用量的筛选

如表 3－24 所示，随着果胶酶添加量的增加，透光率逐渐增加，但 30 mg/L 时，透光率出现了最低值(18.4%)，此后再加大果胶酶用量，透光率又逐渐升高，在 40 mg/L 时透光率达到最大值(22.0%)。果胶酶处理的浊度都较对照原酒高，这是由于随着果胶酶用量的增加，果汁中的酶蛋白含量也随之增加，从而果汁浊度增加[5]。果胶酶处理对复合酒 A 透光率的影响具有显著性，尽管在 30 mg/L 果胶酶处理的样品中透光率最低，但是再增加果胶用量时总体上呈现上升趋势，表明果胶酶用量的提高会增加复合酒 A 的透光率。同样，果胶酶处理对复合酒 A 浊度的影响具有显著性。20 mg/L 处理过的复合酒浊度和 40 mg/L 的差别不大，略高于对照，但感官品尝时 20 mg/L 果胶酶处理的复合酒 A 产生的酒精味较浓，掩盖了谷物味，40 mg/L 果胶酶处理复合酒 A 产生了谷物味和酒精味平衡，有苹果味和焦糖味，透光率也是最高。25 mg/L 果胶酶处理的复合酒 A 浊度相对较高，并且有不成熟的青草味，30 mg/L 果胶酶处理的复合酒 A 浊度接近对照，但是略有不愉悦的硫味；35 mg/L 果胶酶处理的复合酒 A 尽管透光率高于对照，但是浊度最高，为 262.6 NTU，并且有硫味，这是因为发酵时 SO_2 还原为 H_2S、硫醇等，酒中引入这种恶性气味[6]。综合考虑，对 40 mg/L 的果胶酶复合酒 A 的澄清效果最佳。

表3-24 果胶酶用量对葡萄小麦复合酒A透光率、浊度和感官品尝的影响

果胶酶用量(mg/L)	透光率(%)	浊度(NTU)	感官品尝
0	18.9	199.2	花生味、氧化味
20	19.3	203.7	焙过的花生味、水果糖、蛋糕味
25	20.9	221.2	粮食味、青草味
30	18.4	204.7	粮食味、略有硫味
35	20.7	262.6	硫味、谷物味、麦芽味
40	22.0	253.1	谷物味和酒精味平衡、苹果味、焦糖味

(三)复合酒B皂土用量的筛选

如表3-25,皂土用量对复合酒B的澄清作用显著,甚至会导致酒体浑浊。添加0.9 g/L皂土时澄清效果相对较好,透光率达到30.4%,但是较原酒(35.2%)还是有所降低;皂土用量在0～0.9 g/L时浊度逐渐降低,而在1.0 g/L时浊度最高甚至超过原酒,而添加1.2 g/L皂土时效果最佳,其透光率和浊度与0.9 g/L时的差别都较小。通过感官品尝发现,0.9 g/L皂土处理的酒样出现酸腐味,而1.2 g/L皂土处理的酒样出现了热带水果的甜甜香气。用皂土下胶沉淀酒中的蛋白质,同时也沉淀了与蛋白质带相同电荷的其他物质,降低酒的浊度[7]。则复合酒B在皂土澄清实验中,选择1.2 g/L为最佳用量。

表3-25 皂土用量对葡萄小麦复合酒B透光率、浊度和感官品尝的影响

皂土用量(g/L)	透光率(%)	浊度(NTU)	感官品尝
0	35.2	13.49	硫味、果香淡薄
0.8	22.5	13.18	果香浓郁、略有硫味
0.9	30.4	12.35	酸腐味
1.0	25.0	13.68	果香、口感略酸
1.1	21.8	12.28	菠萝香、香气怡人、口感偏酸
1.2	28.5	9.91	热带水果香气

(四)复合酒A皂土用量的筛选

如表3-26,皂土用量对复合酒A的澄清效果影响很明显,甚至会导致酒体变浑浊。加了皂土后透光率反而不如原酒。皂土添加量在0.9 g/L时,透光率相对其他用量是最好的,但与原酒(22.3%)相比还是降低了,皂土添加量在1.2 g/L时,效果和添加量为0.9 g/L时的大致相同,通过感官分析,两种用量的复合酒香气都有些沉闷。皂土用量为1.0～1.1 g/L时的效果中等,但通过感官分析,它们都出现了令人不愉悦的气味,因此排除这两个梯度的皂土用量。0.8 g/L的皂土用量效果最佳,处理后酒样浊度

为106.3 NTU,相对于其他梯度是最好的,具有青草味、草本味、谷物味且果香突出。故复合酒A在皂土澄清实验中得到的最佳用量为0.8 g/L。

表3-26　皂土用量对葡萄小麦复合酒A透光率、浊度和感官品尝的影响

皂土用量(g/L)	透光率(%)	浊度(NTU)	感官品尝
0	22.3	203.2	硫味
0.8	19.6	106.3	青草味、谷物味、果香
0.9	20.9	150.1	谷物味、香气沉闷
1.0	15.6	114.1	酒味大于谷物味、口感略酸
1.1	11.3	142.3	略有谷物味、异味、灰尘味
1.2	19.7	152.0	谷物味、香气略沉闷

(五) 复合酒B壳聚糖用量的筛选

如表3-27,用壳聚糖澄清复合酒B,添加量在1.2 g/L时,透光率达到最大值,但复合酒出现了令人不愉悦的酸味,此后再增加壳聚糖用量,透光率开始有所下降,壳聚糖用量为2.4 g/L时,透光率达到43.2%,且浊度最小,其气味清新、甜美,还有菠萝味和热带水果的香气。壳聚糖具有生物降解、吸附和吸湿等作用,可絮凝胶体、螯合金属离子和吸附有机酸等,从而提高酒的澄清度和稳定性,改善酒的口感,并且对酒的色度、主成分影响不显著[8]。故复合酒B通过壳聚糖澄清实验中得到的最佳用量为2.4 g/L。

表3-27　壳聚糖用量对葡萄小麦复合酒B透光率、浊度和感官品尝的影响

壳聚糖用量(g/L)	透光率(%)	浊度(NTU)	感官品尝
0	30.5	13.87	轻微热带水果味
1.2	53.0	11.69	菠萝味、酸味
1.5	34.6	11.33	菠萝味、水果味、酸味
1.8	37.2	13.05	沉淀、果味浓、燥辣
2.1	45.8	13.98	硫味
2.4	43.2	9.66	清新、甜美的味道、菠萝味、热带水果味

(六) 复合酒A壳聚糖用量的筛选

如表3-28,用壳聚糖澄清复合酒A时,透光率波动明显,壳聚糖用量在2.1 g/L时,透光率达到最大值;1.8 g/L时,浊度达到最大值,但其透光率相较于原酒有所下降。用量在2.4 g/L时,透光率降到最低值,且出现了严重的硫味。通过感官分析,用量为2.1 g/L时谷物味和果味融合恰到好处。因此复合酒A在壳聚糖澄清实验中,选择2.1 g/L为最佳用量。加入量过多,会导致壳聚糖将酒中微粒包裹,失去微粒间的架桥作用,同时胶体表面通过二次吸附使微粒稳定，不利于复合酒澄清，从而使酒的黏度和浊度升高，吸附更多的有效成分，影响复合酒的风味[9]。

表 3-28 壳聚糖用量对葡萄小麦复合酒 A 透光率、浊度和感官品尝的影响

壳聚糖用量(g/L)	透光率(%)	浊度(NTU)	感官品尝
0	23.5	225.9	谷物味
1.2	23.7	230.2	生青味、谷物味
1.5	26.1	221.2	谷物味、干稻草味
1.8	22.4	247.1	谷物味、水煮花生味
2.1	26.3	240.9	谷物味和果味平衡、甜味
2.4	20.5	245.3	硫味

(七) 不同澄清剂对复合酒 A 的影响

如表 3-29，用筛选出的最佳果胶酶、皂土、壳聚糖用量处理复合酒 12 h 以后，测定花色苷、色度和透光率。与处理前相比，用果胶酶处理 12 h 后的复合酒透光率增加，色度降低，花色苷含量也下降，澄清度明显提高，无异味，酸甜可口。经过 12 h 皂土澄清处理后，酒样中花色苷含量从 153.5 mg/L 降到 125.2 mg/L，色度从 9.8 降低到 6.6，透光率从 22.3%升到 24.1%，有所升高但不明显。皂土澄清复合酒 A 的效果不够明显，且对复合酒 A 的品质有一定影响，会带来一些令人不愉悦的气味。

表 3-29 不同澄清剂对复合酒 A 的影响

	处理时长(h)	花色苷(mg/L)	透光率(%)	色度
果胶酶	澄清前	153.5	18.4	9.8
	12	146.3	26.8	7.7
皂土	澄清前	153.5	22.3	9.8
	12	125.2	24.1	6.6
壳聚糖	澄清前	153.5	23.5	9.8
	12	107.9	30.1	8.0

从三种澄清剂对复合酒 A 的处理效果看，果胶酶能够保留最多的花色苷，其次是皂土和壳聚糖；壳聚糖对透光率的影响最明显，其次是果胶酶和皂土；三种澄清剂对色度的影响程度最小的是壳聚糖。总体上，果胶酶是复合酒 A 的最佳澄清剂。将复合酒用 2.1 g/L的壳聚糖溶液进行处理，12 h 后测定各指标。花色苷含量由 153.5 mg/L 降低至 109.7 mg/L，透光率为 30.1%，较澄清前(23.3%)有所上升，色度为8.0，较澄清前有所降低但不明显。

(八) 不同澄清剂对复合酒 B 的影响

如表 3－30,用筛选出的最佳果胶酶皂土、壳聚糖用量处理复合酒 12 h 以后,对其进行花色苷、色度和透光率的测定与并处理前对比,处理 12 h 后的复合酒透光率增加,色度、花色苷含量都有所降低。用果胶酶澄清复合酒具有时间短、效率高、效果好的优点,对复合酒中悬浮物的沉降有极大促进作用。果胶酶有助于葡萄与小麦中天然成分的提取,对复合酒的色泽和香气有极大的好处。

表 3－30　不同澄清剂对复合酒 B 的影响

	处理时长(h)	花色苷(mg/L)	透光率(%)	色度
果胶酶	澄清前	7.4	34.7	7.4
	12	5.3	63.6	3.5
皂土	澄清前	7.4	35.2	7.4
	12	1.7	46.1	5.0
壳聚糖	澄清前	7.4	30.5	7.4
	12	1.2	54.2	3.9

经过 12 h 的皂土澄清处理后,花色苷含量为 1.7 mg/L,花色苷稳定性受 pH、温度、添加剂和光照等影响[10]。经过 12 h 静置后,复合酒透光率由 35.2%上升至 46.10%,色度由 7.4 降到 5.0,花色苷含量从 7.4 mg/L 降低至 1.7 mg/L,且肉眼可看出,复合酒浑浊度明显降低。但使用皂土下胶在沉淀酒中的蛋白质同时,也沉淀了其他物质,降低了酒的澄清度[5]。要控制皂土用量,防止其造成澄清过度,影响复合酒的品质。

在澄清实验中,以壳聚糖作为澄清剂,具有澄清时间短、操作简单、成本低、澄清效果好等优点[11]。在复合酒 B 澄清过程中,将复合酒用 2.4 g/L 的壳聚糖溶液处理,12 h 后测定各指标。其透光率从 30.5%上升至 54.2%,花色苷含量从 7.4 mg/L 下降到 1.2 mg/L,色度为 3.9。壳聚糖除了有澄清作用,还会与聚酚类化合物结合,使酒由淡黄色变为金黄色,大大提高了酒的外观品质。

总体来说,用筛选出的最佳果胶酶用量,处理复合酒 12 h 以后,经果胶酶澄清处理后的复合酒 A 与未处理的相比,澄清度明显提高,无异味,酸甜可口。而皂土对复合酒 A 的品质有一定的影响,相比于其他两种材料效果略差,还会带来一些令人不愉悦的气味。壳聚糖尽管对透光率作用最有效,并且对色度的影响和果胶酶相似,但是也大大降低了花色苷的含量,所以不是最佳选择。最终,从酒的风味上考虑,果胶酶是最佳选择。

三、小结

在复合酒 A 澄清实验中,用 40 mg/L 果胶酶处理复合酒的透光率为 26.8%,色度为 7.7，花色苷为 146.3 mg/L；用 0.8 g/L 皂土处理复合酒透光率为 24.1%，色度为 6.6，花色苷含量为 125.2 mg/L；用 2.1 g/L 壳聚糖处理复合酒透光率为 30.1%，色度为 8.0，花色苷含量 107.9 mg/L。对比三种材料的处理效果，发现壳聚糖相对于其他两种材料而言，澄清效果更好，故复合酒 A 选用 2.1 g/L 的壳聚糖进行澄清处理。

复合酒 B 澄清实验中，用 30 mg/L 果胶酶处理后复合酒透光率为 63.6%，色度为 3.5，花色苷为 5.3 mg/L；用 1.2 g/L 皂土处理后复合酒透光率为 46.1%，色度为 5.0，花色苷含量为 1.7 mg/L；用 2.4 g/L 壳聚糖处理后复合酒透光率为 54.2%，色度为 3.9，花色苷含量为 1.2 mg/L。对比三种材料的处理效果，发现果胶酶相对其他两种下胶材料的效果更佳，故复合酒 B 选用 30 mg/L 的果胶酶进行澄清处理。

从酒的风味上考虑，果胶酶是最佳选择。

参考文献

[1] 苏玥，李英.不同澄清剂对木瓜西柚复合果汁澄清效果的研究[J].现代食品，2017，1：101－103.
[2] 李晓红，长武，王天龙.壳聚糖澄清剂在蓝莓冰酒中的应用[J]. 吉林工程技术师范学院学报，2015，12：94－96.
[3] 乔玲玲，马雪蕾，张昂等. 不同因素对红提果实理化性质及果皮花色苷含量的影响[J]. 西北农林科技大学学报，2016，44(2)：129－136.
[4] 余森艳，李志红. 果胶酶澄清蜜柚汁的工艺优化[J].农产品加工，2020，3：33－35.
[5] 胡选生，张雨鑫，惠靖茹，等. 不同澄清剂对夏黑葡萄汁澄清效果的工艺研究[J]. 食品与发酵科技，2020，56(03)：59－62＋68.
[6] 李记明，葡萄酒异味的产生及消除[J].葡萄栽培与酿酒，1992，2：29－30＋35.
[7] 张颖，孙中理，曾智娟，等. 不同下胶剂对蓝莓酒颜色的综合影响分析[J].酿酒科技，2020，8：28－32.
[8] 左映平，孙国勇. 澄清剂在果酒中的应用研究进展[J].安徽农业学，2012，40(34)：16809－16811.
[9] 罗世江. 影响壳聚糖絮凝法澄清效果因素浅析[J].中国医药指南，2012，10(12)：455－457.
[10] 石光，张春枝，陈莉，等. 蓝莓花色苷稳定性研究[J]. 食品与发酵工业，2008，34(2)：97－99.
[11] Ozge Tastan，Taner Baysal. Clarification of pomegranate juice with chitosan：Changes on quality characteristics during storage[J]. *Food Chemistry*，2015，180.

第六节 葡萄—小麦复合酒的工艺优化

【目的】以酒度、花色苷、单宁、总酸为指标,优化红提小麦复合发酵酒的工艺。

【方法】通过单因素实验对酵母添加量、发酵温度、浸渍时间和原料质量比进行最佳条件筛选;在单因素实验的基础上,以酵母添加量、发酵温度、浸渍时间和原料质量比开展L(3^4)正交实验,以酒度、花色苷和感官评分为评价指标对复合酒工艺进一步优化;并利用糖化小麦和发酵结束的复合酒为实验材料进行实验,探讨复合酒发酵中总酸升高和颜色变化的原因。

【结果】复合酒发酵过程中总酸会升高,升高的总酸少量来源于小麦的浸渍作用,大部分由小麦的酒精发酵产生;复合酒在发酵和陈酿过程中颜色变深与酒中 pH 的逐渐减小有关,低温澄清有利于颜色的稳定。基于此,复合酒最佳的发酵工艺条件为 1.0 g/L 的酵母添加量、20 ℃的发酵温度、7 d 的浸渍时间、2∶1 的原料质量比,在此条件下可获得酒体清澈透亮、色泽诱人、口感柔和、香气浓郁的红提小麦复合酒。

一、背景

红提葡萄,别名“红地球”,欧亚种,产自美国加州,为优良晚熟品种。果粒大小均匀、整齐紧实,果实深红色,肉脆,味甜,品质好[1]。小麦,为禾本科植物,在世界各地都有种植,淀粉、蛋白质和矿物质等丰富,酿酒香气丰富。红提葡萄酿酒可以解决产量过剩等问题[2]。研究和开发新型红提葡萄酒类产品,不仅能提高红提葡萄酒质量,还能振兴鲜食葡萄酒产业,推动产业发展。但是,红提葡萄糖低,色浅,酚类物质少,单独酿酒酒体瘦弱,色浅,香味不突出,品质有待改进。本实验用红提葡萄和小麦混合酿酒,有利于使两种原料优势互补,既能让小麦作为天然外源糖增加初始含糖量,提高酒度,使酒体醇厚;同时,二者混合浸渍可以丰富酒中风味物质,酿造出一款既有果香又有粮食清香的优质复合酒,既优化了红提葡萄酒的质量,又开发出一款新型复合发酵酒产品。目前,红提葡萄酒混合发酵工艺主要有以下两种,一是红提葡萄和酿酒葡萄混合酿造,该类产品采用传统的葡萄酒发酵方法,降低了酿酒葡萄的品质[3],得不偿失;第二种是用破碎的红提葡萄与糯米糖化液混合发酵,该产品是固液发酵,出汁快,易分离,但糯米仅提供了天然外源糖,没有发挥出糯米的其他特性[4]。基于上述研究,我们将破碎、浸渍 3 d 的红提葡萄醪与糖化 2 d 的固态糖化小麦混合发酵,小麦既是天然的外源糖,又能丰富红提葡萄酒的风味。这个大胆的尝试对以后复合发酵酒工艺研究有很重要价值。同时,本实验以酵母添加量、发酵时间、发酵温度、原料混合质量比为变量,设计单因素和正交实验,通过对相关指标的测定和感官品评,对红提葡萄小麦复合发酵酒的酿造工艺进行优化,通过本实验不仅在红提小麦混合发酵方面会有突破，还为以红提葡萄为代表的鲜食葡萄酿酒工艺提供了新思路。

二、材料与方法

（一）材料

1. 原料

红提葡萄：产自云南大理宾川县。
普通白皮小麦：产自云南楚雄禄丰市。

2. 辅料

华西牌酒曲：产自彭州市华西酒曲厂。
BV818 酿酒酵母：安琪酵母股份有限公司。
果胶酶：河南万邦实业有限公司。

3. 试剂

氢氧化钠、酚酞指示剂、稀盐酸、缓冲溶液、福林-丹尼斯溶液、碳酸钠。

4. 仪器

表 3-31　主要仪器设备

仪器	型号规格	生产厂家
电子天平	Sop OUINITIX224-1CN	赛多利斯科学仪器(北京)有限公司
电热鼓风干燥箱	DHG-9070A	上海一恒科学仪器有限公司
紫外可见分光光度计	UV-5500	上海元析仪器有限公司
酸度计	PHS-3C	上海仪电科学仪器股份有限公司
电热恒温水浴锅	HWS26	上海一恒科学仪器有限公司
分析天平	TG328A	上海精科仪器厂
磁力搅拌器	1kA-RTC 基本型	邦西仪器科技(上海)有限公司
电子舌	Smart Tongue	上海瑞芬有限公司美国 isenso 公司

（二）方法

1. 工艺流程

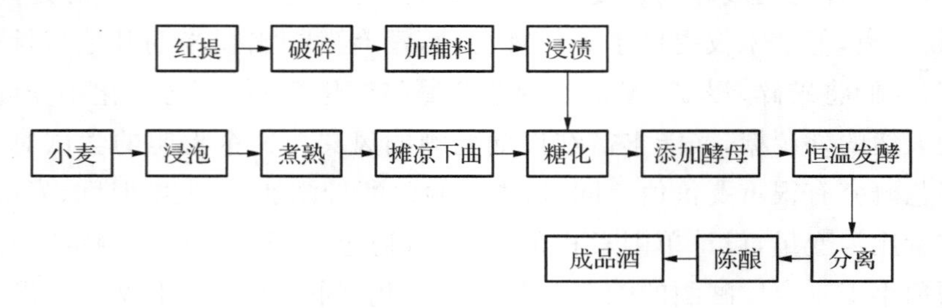

2. 操作要点

(1) 小麦前处理

小麦前处理包括浸泡、煮熟、摊凉、下曲和糖化等环节。

① 浸泡：小麦称重后，将其装在干净的桶中，用 40～50 ℃温水浸泡 6 h 后，去除泡粮水，干发 1～2 h，用清水冲洗三次，以除去酸水。

② 煮熟：将泡好沥干的小麦放入高压电锅，煮约 1 h，敞盖检查，小麦裂口率约为 85%，熟透心率为 90%，即可出锅。

③ 摊凉：将煮熟的小麦放置通风口，用勺子平推开(增加散热面积)，冷却至室温。

④ 下曲：小麦摊凉后，开始下酿酒小曲。用曲总量为原料的 0.4 倍，分 3 次下曲，每次下曲量占总曲量的 30%，下曲后要搅拌均匀。

⑤ 糖化：将下曲后的小麦搅拌均匀后装入玻璃罐，放入恒温水浴锅，温度控制在 28 ℃，糖化 48 h。

(2) 红提葡萄的前处理

① 葡萄分选：分选出完整无缺的葡萄，除去枝、叶、小果、生青果、烂果和其他杂物，以保证复合酒的质量。

② 除梗破碎：将分选出的优质红提葡萄人工除梗破碎，使更多葡萄汁流出。

③ 添加 SO_2 和果胶酶：SO_2 添加形式为 6%的亚硫酸溶液，根据红提葡萄的实际质量，按比例计算液体亚硫酸和果胶酶用量。本实验优选了红提葡萄，所以在除梗后破碎前分别加入 40 mg/L SO_2、30 mg/L 的果胶酶。

④ 浸渍：红提葡萄破碎后，立即入罐，将发酵罐放在恒温水浴锅中，温度控制在 25 ℃，浸渍 3 d，让红提葡萄的果香、颜色、酚类物质等进到葡萄汁中。

(3) 红提葡萄和小麦混合发酵具体步骤

红提葡萄和小麦经前处理后，取红提葡萄醪与糖化小麦按质量比为 3∶1 混合，分装在干净的玻璃发酵罐中，静置 8 h 后接入活化酵母 BV818 于发酵罐中，恒温发酵 5 d，用干净纱布过滤，静置 3 d 后，去除沉淀酒泥，复合酒在 10 ℃以下陈酿。

3. 糖化小麦的浸渍环境和浸渍时间对复合酒总酸的影响

前期研究发现，将浸渍 3 d 的红提葡萄醪与糖化 48 h 的小麦在 28 ℃恒温发酵10 d，期间复合酒的总酸不断升高，分离、陈酿处理后，其总酸约为单酿红提葡萄酒的 2 倍。小麦原料含有酸，糖化和发酵也会产生酸，即在不同环境中小麦总酸含量有差异[5]。以此推测，复合酒总酸升高与糖化小麦的浸渍环境和浸渍时间有关，设计如下实验研究糖化小麦的浸渍环境和浸渍时间对复合酒总酸的影响。

准备蒸馏水、10%乙醇溶液、50%乙醇溶液和 90%乙醇溶液四种溶液，将相同质量的糖化小麦浸泡在上述溶液中 3 d、6 d 和 9 d，分别测其总酸含量。

4. 陈酿期间陈酿温度、pH 对红提小麦复合酒颜色的影响

前期研究发现，将浸渍 3 d 的红提葡萄醪与糖化 48 h 的小麦在 28 ℃恒温发酵10 d，

期间，刚开始混合发酵时复合酒为浅粉色；皮渣分离时自流酒为乳白色；陈酿 14 d 时为玫瑰红色，之后，成品酒颜色稳定为深红色。复合酒的红色素来自红提葡萄，但复合酒最终颜色要比单酿红提葡萄酒颜色更鲜艳、更深。这可能与红提小麦复合酒陈酿温度和 pH 环境有关，因此，我们设计了以下两个实验分析陈酿期间陈酿温度和 pH 对红提小麦复合酒颜色的影响。

从混合发酵 7 d 的葡萄小麦复合发酵酒分离出自流酒，对自流酒进行如下处理：

(1) 用稀盐酸和稀氢氧化钠溶液调节自流复合酒 pH 为 1.0、2.0、4.0、6.0 和 8.0，观察复合酒颜色，并测定不同 pH 下复合酒的吸光度。

(2) 将自流复合酒放在温度为 10 ℃、20 ℃和 30 ℃的环境下陈酿 20 d，观察复合酒颜色，并测定不同 pH 下复合酒的吸光度。

5. 单因素实验

(1) 酵母菌添加量的确定

取浸渍 3 d 的红提葡萄醪与糖化 48 h 的小麦按质量比 3∶1 混合均匀，分别接种 0.2 g/L、0.6 g/L、1.0 g/L 和 1.4 g/L 的 BV818 酿酒酵母，在玻璃发酵罐中 25 ℃恒温发酵 5 d，分离出复合自流酒，比较其乙醇、花色苷、单宁和总酸含量。

(2) 发酵温度的确定

取浸渍 3 d 的红提葡萄醪与糖化 48 h 的小麦按质量比 3∶1 混合均匀，接种 0.6 g/L 的 BV818 酿酒酵母，分别在 15 ℃、20 ℃、25 ℃和 30 ℃温度条件下发酵 5 d，分离出复合自流酒，比较其乙醇、花色苷、单宁和总酸含量。

(3) 混合浸渍发酵时间的确定

取浸渍 3 d 的红提葡萄醪与糖化 48 h 的小麦按质量比 3∶1 混合均匀，接种 0.6 g/L 的 BV818 酿酒酵母，25 ℃下分别发酵 3 d、5 d、7 d 和 9 d，分离出复合自流酒，比较其乙醇、花色苷、单宁和总酸含量。

(4) 质量比的确定

取浸渍 3 d 的红提葡萄醪与糖化 48 h 的小麦按质量比 4∶1、3∶1、2∶1 和 1∶1 分别混合均匀，接种 0.6 g/L 的 BV818 酿酒酵母，在玻璃发酵罐中 25 ℃发酵 5 d，分离出复合自流酒，比较其乙醇、花色苷、单宁和总酸含量。

6. 正交实验

根据单因素实验结果，选出最适宜的单因素。为了更好优化葡萄小麦复合发酵酒的工艺条件，考察四个因素之间的相互影响，本实验再以酵母添加量、发酵温度、混合浸渍时间和质量比为因数，以酒度、花色苷和感官评价为指标，进行 $L_9(3^4)$ 正交实验。

7. 理化指标

酒度：密度瓶法[6]。

总酸：电位滴定法[7]。

pH：pH 计法[8]。

花色苷:pH 示差法[9]。

三、结果

(一)糖化 48 h 小麦在不同环境溶液中浸泡不同时间总酸的变化

由表 3-32 可知,在蒸馏水和不同乙醇含量的浸泡溶液中,糖化小麦的总酸含量有明显差异。

表 3-32 在不同环境溶液中不同浸泡时间内糖化小麦浸泡液的总酸含量

	蒸馏水(g/L)	10%乙醇溶液(g/L)	50%乙醇溶液(g/L)	90%乙醇溶液(g/L)
3 d	4.8±0.13b	1.8±0.10b	1.0±0.14b	0.9±0.14b
6 d	7.1±0.03a	2.5±0.17a	1.3±0.21a	1.2±0.21a
9 d	7.2±0.00a	2.4±0.07a	1.2±0.03a	1.2±0.03a

注:同一字母相同表示差异性不显著,字母不同表示差异性显著($P<0.05$),下同。

在蒸馏水中浸泡的糖化小麦的总酸含量最多,浸泡 9 天总酸达到 7.2 g/L;在相同浸泡时间内,随着浸泡液乙醇浓度的提高,糖化小麦浸泡液的总酸含量越低,一方面,乙醇可以通过结合酸,降低酸度。另一方面,随着酒度增加,糖化小麦中的微生物被杀死,溶解或发酵产生的酸逐渐减少,在 90%酒精溶液中,发酵微生物全部死亡,溶液中的酸主要来源于酒精浸提出小麦自身的有机酸。90%乙醇溶液浸泡 3 天的糖化小麦浸泡液中的总酸含量最低,主要是浸泡时间较短的缘故。从纵向分析,在相同浸泡溶液中,随着浸泡时间的延长,总酸含量先升高后趋于稳定,是由于小麦中的总酸在糖化和酒精发酵过程中达到极限,这与李斌等[10]研究结果相似。由此说明,与单一红提葡萄酒相比,用浸渍 3 天的红提葡萄醪与糖化 48 h 的小麦混合浸渍发酵,总酸会升高,其升高的总酸,少量源于小麦自身含有的有机酸被浸渍出来,大部分是由于糖化小麦在发酵中产生,且小麦发酵产生的总酸会随浸渍时间的增加而先增加,后趋于稳定。

(二)红提小麦复合酒在不同 pH 环境中颜色的变化

由表 3-33 可看出,当 pH<2 时,红提小麦复合酒样品为鲜红色,在 pH 为 4 时颜色变浅,为浅红色,当 pH>4 时复合酒样品颜色由红褐色转变为棕色,表明 pH 会影响葡萄酒的颜色。

表 3 - 33 不同 pH 下红提小麦复合酒的吸光值、颜色

pH	颜色
pH=1	鲜红色
pH=2	鲜红色
pH=4	浅红色
pH=6	红褐色
pH=8	棕色

如图 3 - 5,不同波长和 pH 下复合酒样品的吸光值。

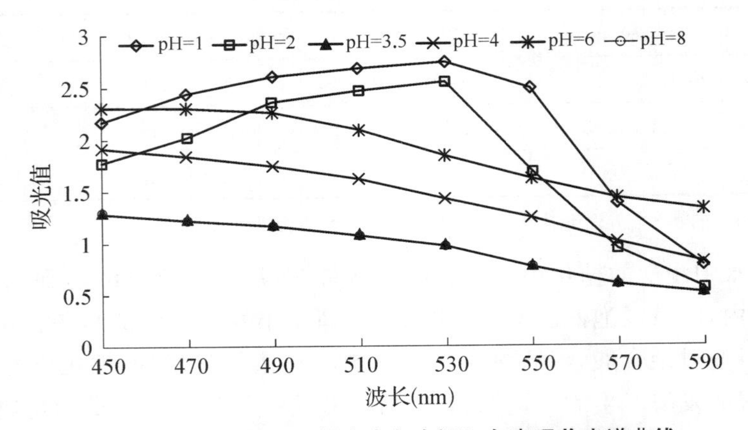

图 3 - 5 不同 pH 下红提小麦复合酒红色素吸收光谱曲线

当 pH>2 时,复合酒样品吸收峰逐渐消失,随溶液 pH 增加,复合酒颜色由红色变为褐色再变为棕色(表 3 - 33);pH<2 时,随样品 pH 减小,复合酒颜色由浅红色转变为鲜红色,颜色逐渐变深(表 3 - 33)。复合酒样品有明显的吸收峰,且在波长为 530 nm 处吸光值显著增加(图 3 - 5),表明酸性的强弱对复合酒颜色有明显的作用[11]。这与在复合酒在发酵过程中,随总酸升高,颜色逐渐由浅粉色变为玫红色,最终变为深红色的结果一致。因此,红提小麦复合酒的颜色变化与酒中总酸含量和溶液 pH 有关,总酸含量增加,pH 降低,复合酒颜色变深。

(三) 不同温度下红提小麦复合酒颜色的变化

由表 3 - 34 知,复合酒分别放在 10 ℃、20 ℃和 30 ℃下澄清 20 天,复合酒的颜色由初始的乳白色逐渐分别转变为红色、粉色和浅粉色。这是由于小麦中含有难溶的[12]高分子蛋白,使初始阶段酒体浑浊呈乳白色,而 10 ℃低温有利于蛋白质的冷稳,加速酒的澄清;温度达 30 ℃高温时,蛋白质活性增强,难以稳定,澄清慢,甚至出现浑浊。表明温度对复合酒澄清有影响,低温有利于澄清。另外,随着温度升高,复合酒溶液吸光值降低,颜色逐渐变浅,说明高温会分解复合酒中的色素,这与何玲等[13]的研究结果一致。

表 3-34 不同温度下复合酒的吸光值、颜色

温度(℃)	吸光值	颜色
10	0.613	红色
20	0.547	粉色
30	0.385	浅粉色且浑浊

(四) 酵母添加量对葡萄小麦复合酒酿造的影响

由图 3-6 可知,随着酵母添加量的增加,复合酒的酒精度和总酸含量整体变化不明显,即酵母添加量对复合酒的酒度、总酸影响不显著($P>0.05$)。

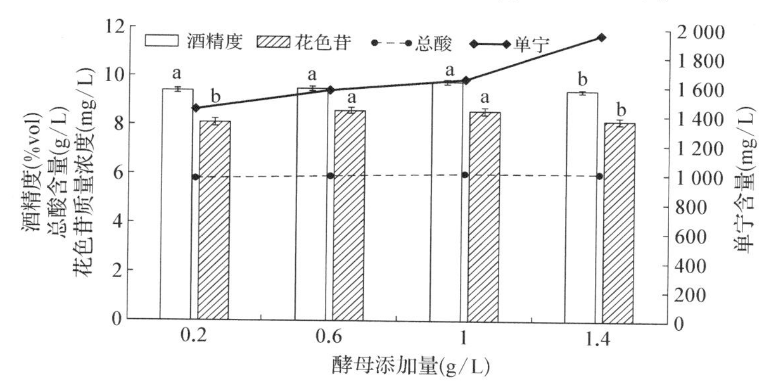

图 3-6 不同酵母添加量复合酒的特征指标变化

随酵母添加量的增加,花色苷含量先上升后下降,当添加量为 1.4 g/L 时达最大值(8.6 mg/L),添加量过高和过低都会导致花色苷含量减少。随酵母添加量增加,单宁含量逐渐上升,当添加量为 1.4 g/L 时达最大值(1 950 mg/L),但此时复合酒酒度、花色苷含量最低,过高的酵母添加量导致酒中大部分酵母消耗自身养分用于增殖,而用于产酒的酵母减少,使得酒度最低,并且产生酵母味,影响复合酒口感[14]。当酵母添加量为 1.0 g/L 时,复合酒酒精度和花色苷含量都较其他组高,单宁含量仅次于酵母添加量 1.4 g/L 的组,复合酒颜色、酒度、单宁较其他组协调。综合考虑,选择 1.0 g/L 的酵母添加量进行下一步实验。

(五) 发酵温度对葡萄小麦复合酒的影响

由图 3-7 可知,随着发酵温度的增加,复合酒酒精度和单宁含量都呈先上升后下降的趋势,当发酵温度为 20 ℃时,酒度最高为 10.39%vol,单宁含量也最高为 1 719 mg/L。一定的发酵温度有利于红提皮渣和小麦中单宁的浸提,但发酵温度过高,浸提率会下降,还容易浸出劣质单宁;此外,发酵温度过低,酵母的活性受到抑制,会导致产酒能力低,温度过高,酵母菌的生长和繁殖速率过快,但是其他微生物也会过快繁殖,酒体会快速衰老,口感差,变粗糙[15]。花色苷含量随发酵温度的升高而降低,温度为

15 ℃时，花色苷含量最高为 11.2 mg/L，温度为 30 ℃时，花色苷含量仅为 4.7 mg/L，可见发酵温度对花色苷含量影响显著($P<0.01$)，这是由于花色苷在酒中不稳定，在温度升高时易被降解。复合酒中总酸含量受发酵温度的影响不大($P>0.05$)。发酵温度为 20 ℃的复合酒中的花色苷仅次于 15 ℃组，且酒度和单宁含量最高，复合酒颜色、酒体和单宁较协调平衡。综合考虑，选择发酵温度为 20 ℃进行下一步实验。

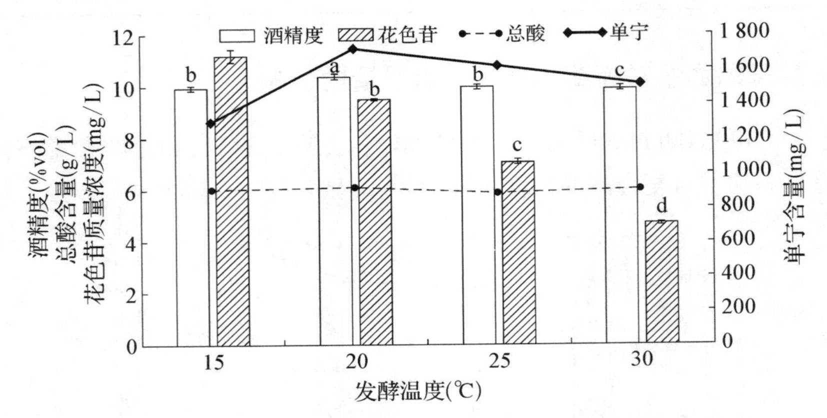

图 3-7　不同发酵温度复合酒的特征指标变化

(六) 浸渍时间对葡萄小麦复合酒的影响

由图 3-8 可知，随着浸渍时间增长，花色苷含量呈先上升后下降的趋势，当浸渍时间为 5 d 时，花色苷含量最高，达 11.1 mg/L。

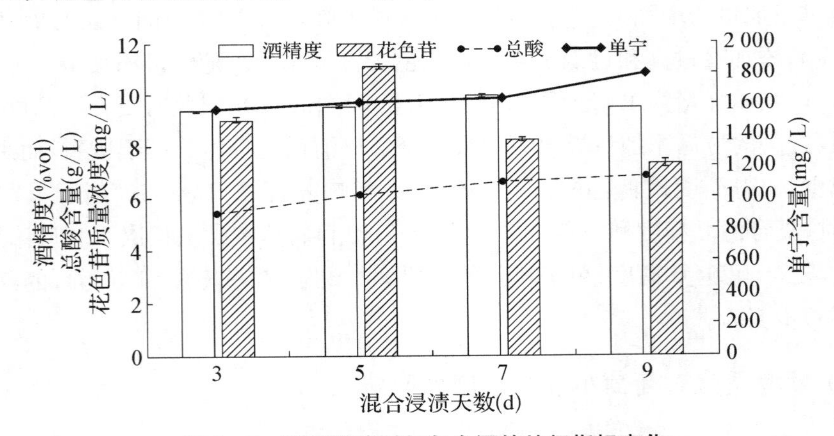

图 3-8　不同浸渍时间复合酒的特征指标变化

随着浸渍时间的延长，红提和小麦中的花色苷被浸提出来，浸渍 5 d 后花色苷含量不再增加，反而减少，这是由于浸渍 5 d 后，花色苷含量趋于饱和，含量不再增加，且部分花色苷与单宁形成络合物，导致花色苷含量减少[16]。单宁和总酸含量随浸渍时间的延长而增加，但是，过长的浸渍时间会使小麦中苦味和酸味物质增加、劣质单宁被浸渍出来，使酒体苦涩、粗糙；当浸渍时间>5 d 时，复合酒总酸达 6.5 g/L 以上，总酸过高，造成酒体不平衡，复合酒过酸。浸渍时间对酒精度影响不显著($P>0.05$)，浸渍时间为 5 d 时，复合酒总酸适中，单宁和花色苷含量较其他组高，复合酒较其他组协调平衡。综合考虑，选择浸渍时间为 5 d 进行下一步实验。

（七）葡萄醪和糖化小麦质量比对葡萄小麦复合酒的影响

由图 3－9 可知，复合酒的酒精度随原料质量比中红提葡萄质量的增加而减少，在一定范围内，糖化小麦占比越高，复合酒酒精度越高。

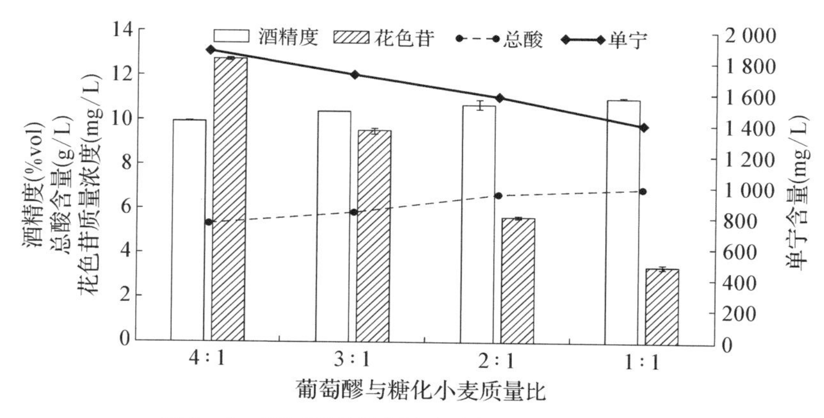

图 3－9 不同原料质量比复合酒的特征指标变化

总酸含量随糖化小麦质量的增加而上升，当糖化小麦的占比高于 1/4 时，总酸含量大幅度升高，这是由于糖化小麦在发酵过程中会形成大量的酸，过多糖化小麦的加入，会导致复合酒酸度过高，酒体不平衡。花色苷和单宁含量随着红提葡萄质量的增加而增加，发酵体系中红提葡萄占比越高，酒中花色苷和单宁含量越高，可以看出质量比为 4：1 和 3：1 组的花色苷和单宁含量显著高于质量比为 2：1 和 1：1 的组($P<0.05$)，花色苷和单宁含量对复合酒的颜色和口感有很大影响，二者含量高，酒体颜色鲜艳，结构感强，反之，复合酒质量不佳。当质量比为 4：1 时，复合酒中花色苷和单宁含量最高，而总酸和酒度偏低，会造成酒体不协调，而质量比为 3：1 时，酒精度、总酸、花色苷和单宁含量较适中，酒体较协调。综合考虑，选择质量比为 3：1 进行下一步实验。

（八）正交实验

正交试验的结果如表 3－35。

表 3－35 正交实验结果

	A 酵母添加量(g/L)	B 发酵温度(℃)	C 浸渍时间(d)	D 质量比	酒度(%vol)	花色苷(mg/L)	感官评分
1	1	1	1	1	13.63	8.1	85
2	1	2	2	2	14.28	7.7	81

续 表

		A 酵母添加量(g/L)	B 发酵温度(℃)	C 浸渍时间(d)	D 质量比	酒度(%vol)	花色苷(mg/L)	感官评分
3		1	3	3	3	13.86	12.3	72
4		2	1	2	3	13.62	12.4	78
5		2	2	3	1	14.67	7.8	83
6		2	3	1	2	14.14	11.7	81
7		3	1	3	2	13.64	14.9	80
8		3	2	1	3	13.35	11.7	83
9		3	3	2	1	14.07	8.9	79
酒精度	K_1	13.923	13.630	13.707	14.123			
	K_2	14.143	14.100	13.990	14.020			
	K_3	13.687	14.023	14.057	13.610			
	R	0.456	0.470	0.350	0.513			
花色苷	K_1	9.367	11.800	10.500	8.267			
	K_2	10.633	9.067	9.667	11.433			
	K_3	11.833	10.967	11.667	12.133			
	R	2.466	2.733	2.000	3.866			
感官评分	K_1	79.333	81.000	83.000	82.333			
	K_2	81.000	82.333	79.333	80.667			
	K_3	80.667	77.333	78.333	77.667			
	R	1.334	5.000	4.667	4.666			

由表 3－35 可知，对于酒度来说，D＞B＞C＞A，即质量比＞发酵温度＞浸渍时间＞酵母添加量，因此最佳组合为 $A_2B_2C_3D_1$，即酵母添加量为 1.0 g/L，发酵温度为 20 ℃，浸渍时间为 7 d，质量比为 2∶1。对于花色苷来说，D＞B＞A＞C，即质量比＞发酵温度＞酵母添加量＞浸渍时间，因此最佳组合为 $A_3B_1C_3D_3$，即酵母添加量为 1.4 g/L，发酵温度为 15 ℃，浸渍时间为 7 d，质量比为 2∶1。对于感官评分来说，B＞C＞D＞A，即发酵温度＞浸渍时间＞质量比＞酵母添加量，因此最佳发酵工艺组合为 $A_2B_2C_1D_1$，即酵母添加量 1.0 g/L，发酵温度 20 ℃，浸渍时间 3 d，质量比 2∶1。综合考虑，最佳组合为 $A_2B_2C_3D_1$，即酵母添加量为 1.0 g/L，发酵温度为 20 ℃，浸渍时间为 7 d，质量比为 2∶1。对最优组合的红提小麦复合酒进行三次重复性实验，可得到酒度为 14.67% vol，花色苷含量为 7.8 mg/L，感官评分为 83 分，酒体清澈透亮、色泽诱人，口感柔和，香气浓郁的红提小麦复合酒，与陈静[17]等的感官评价相似。

四、小结

正交实验设计是一种高效率、快速、经济的，用于研究多因素多水平影响的实验设计方法。其实验结果分析有极差分析方法、方差分析方法、回归分析方法等[18]。我们在红提小麦复合酒的工艺优化实验中，在单因素实验完成后，筛选出最佳的酵母添加量、发酵温度、浸渍时间、原料质量比开展 L(3^4)正交实验，由于缺少空白列，最终只通过直观分析(极差分析法)对实验数据进行分析，选出了最佳的发酵条件组合。但是没能把实验中条件改变引起的波动与实验误差引起的波动区分开，没有对因素影响的重要程度进行定量估计。本实验通过正交实验设计，选出了最佳发酵条件和最优发酵条件组合，使红提小麦复合酒的工艺得到很好优化，在以后有条件的研究下，可以设计空白列，增加实验组数，对正交实验结果进行方差分析，得出最显著的影响因素。

本课题用浸渍 3 d 的红提葡萄醪与糖化 48 h 的固态糖化小麦混合浸渍发酵，既可让小麦作为天然外源糖增加初始含糖量，提高潜在酒度，使酒体醇厚；同时，两种原料混合浸渍发酵，丰富了酒中风味物质，实验通过优化发酵过程中酵母添加量、发酵温度、浸渍时间、原料质量比等条件以最佳的工艺酿造出一款同时兼具小麦和红提典型性的鲜食葡萄复合酒。以此，可以提升小麦和红提的价值，提高传统鲜食葡萄酒的质量，并帮助果农解决红提葡萄的销售难题，同时也为鲜食葡萄酒类产品的开发提供新思路。通过本实验，筛选红提小麦复合酒的最优发酵工艺，为葡萄酒产业开发新产品，更好地带动葡萄酒、粮食酒的发展。

为了探讨红提小麦复合酒发酵中总酸升高的原因，分别将 150 g 糖化小麦加入 150 mL 蒸馏水、10%乙醇溶液、50%乙醇溶液、90%乙醇溶液等四种溶液中浸泡 3 d、6 d、9 d，测定其对应总酸含量，最终得出，红提小麦复合酒总酸升高，少部分由于小麦自身含有的有机酸被浸渍出来，大部分由小麦在发酵过程中产生，且随着浸渍时间增加，复合酒中总酸先逐渐升高，后趋于稳定。

为探讨红提小麦复合酒发酵和陈酿中颜色改变的原因，分别测定复合酒在 pH 为 1.0、2.0、4.0、6.0、8.0 和温度为 10 ℃、20 ℃、30 ℃时的吸光值，并观察颜色变化，最终发现复合酒颜色改变与酒中总酸逐渐增加、pH 逐渐减小有关，并且低温澄清有利于复合酒颜色稳定。

为了优化红提小麦复合发酵酒的工艺，以酒度、花色苷、单宁、总酸为指标，通过单因素实验对酵母添加量、发酵温度、浸渍时间、原料质量比进行最佳条件筛选，在单因素实验的基础上以酵母添加量、发酵温度、浸渍时间、原料质量比开展正交实验，以酒精度、花色苷和感官评分为指标对复合酒工艺进一步优化。最终得出复合酒最佳的发酵工艺为：1.0 g/L 的酵母添加量、20 ℃的发酵温度、7 d 的浸渍时间、2∶1 的原料质量比，在此条件下可获得清澈透亮、色泽诱人、口感柔和、香气浓郁的红提小麦复合酒。

参考文献

[1] 陈艳.陆良县中枢镇红提葡萄栽培技术[J].云南农业科技,2013,6:25-28.

[2] 王礼文.红提大宝处理对红提葡萄品质的影响[J].农业与技术,2020,40(3):79-81,88.

[3] 薛宇昂,单春会,宁明,杨丽萍,田欢,唐凤仙.红提葡萄与酿酒葡萄复合果酒发酵工艺优化[J].中国酿造,2019,38(09):107-111.

[4] 叶林林,杨娟,陈通,李圆圆,吴峰华,刘兴泉,何志平.红提和糯米复合发酵葡萄酒工艺优化及香气成分分析[J].食品科学,2019,40(18):182-188.

[5] 陆其刚,杨勇,沈晓波,钱莉莉,李燕荣.酿酒原料的发酵特性研究[J].酿酒,2019,46(04):16-20.

[6] 王俊,陈仁远,母光刚.半微量蒸馏法测定配制酒酒精度[J].化工设计通讯,2016,6:98-130.

[7] 中华人民共和国国家质量监督检验检疫总局,中国国家标准化管理委员会.《GB/T 15038—2006》总酸的测定[S].北京:中国标准出版社,2006.

[8] 张予林,石磊,魏冬梅.葡萄酒色度测定方法的研究[C].第四届国际葡萄与葡萄酒学术研讨会论文集.杨凌:西北农林科技大学,2005:171-175.

[9] 蒯祎,韩舜愈,张波. 单一 pH 法、pH 示差法和差减法央速测定干红葡萄酒中总花色苷含量的比较[J]. 食品工业科技,2012,33(23):323-325,42.

[10] 李斌. 糯麦 12 的糖化和发酵特性研究[D]. 北京: 中国科学院大学,2011.

[11] 邓玉杰,马雪蕾,古丽娜孜,吴新月,张珍珍.外部因素对葡萄酒酿造过程中颜色稳定性的影响[J].食品研究与开发,2017,38(05):30-33.

[12] 陈丹花.小麦在啤酒酿造中的应用研究[D].无锡:江南大学,2008.

[13] 何玲,唐爱均,洪锋.红提葡萄红色素稳定性的研究[J].西北农林科技大学学报(自然科学版),2005,9:73-76.

[14] Du, J, Han, F, Yu, P, et al. Optimization of fermentation conditions for Chinese bayberry wine by response surfacemethodology and its qualities[J]. *Journal of the institute of brewing*, 2016, 122(4):763-771.

[15] 海金萍,刘钰娜,邱松山. 三华李果酒发酵工艺的优化及香气成分分析[J]. 食品科学, 2016, 37(23):222-229.

[16] 杨涛华. 发酵温度和浸渍时间对赤霞珠葡萄酒的影响[D]. 杨凌:西北农林科技大学,2019.

[17] 陈静,南立军,温金英,李雪梅,王合意.沙糖桔葡萄复合果酒酿造工艺研究[J].中国酿造, 2019, 38(08):187-192.

[18] 闫路娜,李敏,陈丽星. 正交法在生物化学设计性实验教学中的应用[J]. 广州化工, 2013,41(21):156-158.

第四章　其他

本章主要介绍了桂花葡萄酒果冻的研发、青桔汁树脂降酸的工艺优化及青桔蜂蜜复合汁的初步开发、发酵条件对小台农芒果酒中 Vc 含量及风味的影响、提取方法对百香果籽油抗氧化功效的影响和糯米混合酒的优化工艺五部分内容。

第一节　桂花葡萄酒果冻

【目的】获得一款新型的桂花葡萄酒果冻。

【方法】以桂花和红葡萄酒为主要原料，辅以黄原胶、卡拉胶、魔芋胶、山梨糖醇和柠檬酸等食品添加剂，采用单因素实验和正交实验对桂花葡萄酒果冻的工艺流程和配方进行优化，最后结合理化分析和感官品鉴，筛选出具有一定保健功能且品质优良的果冻优化工艺。

【结果】当桂花和红葡萄酒的用量共 25 g 且配比为 1∶24，复合凝胶剂(魔芋胶∶黄原胶∶卡拉胶＝2∶3∶1)1 g，山梨糖醇 8 g，柠檬酸 0.15 g 时，得到的 100 g 桂花葡萄酒果冻可溶性固形物 16%，酒精度3.65%vol，黄酮 0.60 mg/mL，菌落总数低于 100 cfu/g，有浓郁的酒香和馥郁的花香，透明度好，颜色悦人，酸甜适宜，质地均匀，口感细腻，感官评分 88 分。

一、背景

果冻，又可称果子冻，是一种主要以凝胶剂为辅料，果汁、果肉或其他物质为原料，经过溶解、调制和降温等一系列流程后得到的产品[1]。常见的果冻外观剔透，颜色鲜艳，口感爽滑且品种丰富，是小孩和女性朋友喜欢的佳品。据统计，国内果冻市场规模已经超过 200 亿[2]。为了迎合市场需要和消费需求，已开发出了许多果蔬类果冻和中草药类果冻，如金针菇果冻、苦瓜果冻和菊花果冻；茶类次之，如乌龙茶果冻和绿茶果冻；酒类较少，如啤酒果冻和米酒果冻。

桂花，在中国西南部较常见[3]。中医认为桂花入药可以消肿化瘀、补脾益肺，还可用于治疗胃疼、头疼、牙疼和风湿僵硬等[4]。桂花中的非芳香性化合物具有广泛的生物活性[5]，如抗氧化性[6]、酶抑制活性[7]和抑菌活性[8]，在医药领域表现良好。红葡萄酒作为一种常见的酒类饮品，含有许多对人体有益的成分。其中含量较多的酚类可加快还原基团的合成，减缓身体衰老，多酚的抗病毒功能可预防流感，缓解心理压力；山梨糖醇、儿茶酸、没食子酸等，可帮助胆汁分泌，调理肠胃功能，助消化；白藜芦醇能抑制和预防癌细胞突变[9]。

桂花葡萄酒果冻是在果冻中加入红葡萄酒和桂花。在果冻中加入红葡萄酒有众多好处，首先，红葡萄酒里的有色物质会给果冻带来愉悦的红色；其次，红葡萄酒中单宁丰富，带给口腔收敛感，使果冻口感独特；最后，红葡萄酒营养成分多，制成果冻有保健效果。在果冻中加入桂花也能带来很多益处，首先，桂花有怡人的香气，可以赋予果冻花香，增加了果冻香气种类，使果冻香气变得复杂且优美；其次，桂花药理作用显著，能赋予果冻一定保健作用；最后，桂花为伞状花序，花瓣饱满，可以使果冻嚼起来有一定物质感，改善了传统果冻较单一的口感。简言之，在果冻中加入葡萄酒和桂花，对果冻的颜色、口感、香气、营养价值和保健等方面都有积极作用。

桂花多用于香料制作，其优异的药理作用并没有得到充分利用；葡萄酒则多以玻璃瓶装的形式出现，不方便携带。本课题中使用桂花深刻体现了中国自古以来药食同源的思想，使桂花的保健作用得到好发挥，物尽其用。红葡萄酒则以果冻这一新的形式出现，方便携带，吸引消费者。现在，人们对饮食的诉求已逐渐由追求温饱转变为追求小康，并随着营养健康教育的普及，趋于追求保健。本实验以桂花和红葡萄酒为主要原料，利用它们独特的香味和良好的保健作用研发出一款颜色鲜艳、口感细腻、酸甜平衡、香气突出、有一定营养价值的新型果冻，不仅拓宽了桂花市场，也为葡萄酒的副产品开发提供了新的思路。

二、材料与方法

(一) 材料

1. 原料与辅料

原料：5A 无硫金桂花，广西桂林青罗坊；11.5%vol 玫瑰蜜干红葡萄酒，云南弥勒云南红酒庄；喜之郎什锦果冻，广东喜之郎集团有限公司。

辅料：卡拉胶(食品级)、魔芋胶(食品级)、黄原胶(食品级)、柠檬酸(食品级)、山梨糖醇(食品级)，河南万邦化工科技有限公司；满仓土蜂蜜，河南商丘刘家天沐湖蜂业有限公司。

2. 试剂

0.2 mol/L 磷酸氢二钠、0.2 mol/L 柠檬酸、30%乙醇、5%亚硝酸钠、10%硝酸铝、芦丁标准品。

3. 仪器设备

表 4-1　主要仪器设备

仪器名称	型号	生产厂家
电热恒温水浴锅	HWS26	上海一恒科学仪器有限公司
分析天平	TG328A	上海精科仪器厂
扭力架盘天平	Q/320581	常熟市衡器厂
电子天平	JY/YP	上海上天精密仪器有限公司
酸度计	PB-10	塞多利斯科学仪器(北京)有限公司
紫外可见分光光度计	UV-5500	上海元析仪器有限公司
生物安全柜	Ⅱ级 A2	北京东联哈尔仪器制造有限公司
高压蒸汽灭菌锅	BKQ-B50L	济南来宝医疗器械有限责任公司
生化培养箱	SPX-100B-Z	上海博讯实业有限公司医疗设备厂
远红外电灶	DB-DTL20C	中山市多宝电器有限公司

(二) 方法

1. 工艺流程

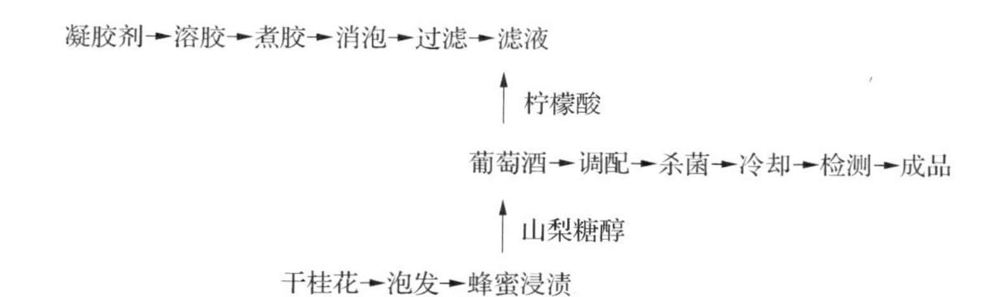

2. 操作要点

(1) 凝胶剂

将魔芋胶∶黄原胶∶卡拉胶(2∶3∶1)混合制成复合凝胶剂备用。凝胶剂有特异性,每种凝胶剂都有其优势和不可避免的缺点,使用不同的凝胶剂混合可以使它们优势互补,增加凝胶效果,缩短凝胶时间,节省原料。

(2) 溶胶和煮胶

将凝胶剂慢速倒入 75 ℃热水中,同时用玻璃棒朝一个方向搅拌,避免凝胶剂结块成团状。搅拌 2 min 后,凝胶剂在水中充分分散并吸水膨胀,然后放入70 ℃恒温水浴锅中维持 4 min,使其溶解成均匀的胶状溶液。

(3) 消泡

先降温至 50 ℃,使大部分泡沫破裂消失,剩余的直接用胶头滴管吸走,简单快捷。除此之外还可以用消泡剂,但是消泡剂本身的化学需氧量(COD)含量较高,使用剂量或方法不当会导致果冻 COD 超标。

(4) 过滤

将凝胶溶液过 50 目的筛网，通过滤孔除去胶溶液非表面的杂质和气泡，备用。

(5) 桂花预处理

泡发：称取 1 g 干桂花于烧杯中，加入 100 mL 的 85 ℃水浴 3 min，使用这种方法进行泡发既维持了形态又减少了香气损失。

浸渍：泡发的桂花过滤放凉 10 min 后，加入 2 倍质量的蜂蜜，密封放置于 3 ℃冰箱中 2 天，放置时间过短，蜂蜜中的营养成分和甜味物质不能很好浸渍到桂花中；放置时间过长，桂花中的苦味物质会渗透出来，影响果冻的风味。

(6) 加柠檬酸

先用少量蒸馏水溶解柠檬酸，然后将其加到冷却至 40 ℃的凝胶溶液中。如果将柠檬酸固体直接加到凝胶剂中，会造成凝胶剂的分解，导致果冻质地不均匀，影响果冻的组织状态[10]。

(7) 杀菌

将调配好的混合液装罐后放于恒温水浴锅中(15±5)min，温度维持在(85±2)℃。

(8) 冷却

杀菌后的果冻降至室温后放入 4 ℃冰箱，定型后即为成品。

3. 设计方案

(1) 桂花葡萄酒果冻的单因素实验

根据预实验结果，固定其他因素，通过单因素实验，综合理化分析和感官品鉴的结果，研究桂花和红葡萄酒的配比及凝胶剂、山梨糖醇和柠檬酸添加量的最佳变量范围。

(2) 桂花葡萄酒果冻的正交实验

根据单因素实验结果，以桂花和红葡萄酒的配比及凝胶剂、山梨糖醇、柠檬酸用量 4 个因素，建立 4 因素 3 水平 $L_9(4^3)$的正交实验，根据对果冻的理化分析和感官品鉴的结果，确定较理想的桂花葡萄酒果冻的生产配方。

(3) 桂花葡萄酒果冻的验证实验

用正交实验得到的最佳果冻生产配方制作果冻，检测可溶性固形物、酒精度、黄酮和菌落总数等指标，并和市售的同类型果冻进行比较分析。

4. 理化分析

(1) 凝胶强度

参照孙静等[11]人的方法，略有修改。

① 实验步骤

取截面光滑的细玻璃棒固定在铁架台上，将果冻产品放在一端，将烧杯放在天平另一端，在小烧杯中加入适量的水，平衡天平(w_1)；调整玻璃棒的横截面积使其与果冻产品胶体表面轻轻接触，然后向小烧杯中缓慢加水，观察到玻璃棒穿透凝胶体表面时，停止加水，称量小烧杯和水的总量(w_2)。

② 计算

$$凝胶强度=\frac{w_2-w_1}{S}$$

S:玻璃棒的横截面积,m^2;

w_2:玻璃棒穿过胶体时烧杯和水的总质量 g;

w_1:玻璃棒与胶体表面接触时烧杯和水的总质量,g。

(2) 持水率

参照孙静等[11]人的方法,略有修改。

① 实验步骤

将刚制作完成的成品果冻质量记为 m_1,在室温下放置 24 h 后的质量记为 m_2,根据除去析出水分前后的质量,计算产品持水率。平行测定 3 组,结果取其平均值。

② 计算

$$持水率=\frac{m_1-m_2}{m_1}\times 100\%$$

m_1:未除去析出水的果冻样品质量,g;

m_2:除去析出水时的果冻样品质量,g。

(3) 透明度

参照孙静等[11]人的方法,略有修改。

(4) 色度

采用分光光度法,参照梁冬梅等人[12]的方法,略有修改。

① 用 pH 计检测样液 pH。

② 制备缓冲溶液:

A 液:0.2 mol/L 磷酸氢二钠。称取 7.12 g 磷酸氢二钠定容至 200 mL。

B 液:0.2 mol/L 柠檬酸。称取 4.2 g 柠檬酸定容至 200 mL。

用 pH 计直接测定 A 液和 B 液的混合液的 pH,制备缓冲液,使缓冲溶液的 pH 与样液的 pH 相同。

③ 实验步骤

用大肚吸管吸取 2 mL 样液于 25 mL 比色管中,再用与样液相同 pH 的缓冲液稀释至 25 mL,待测样品在比色槽中放置 15 min,此后观察比色皿中是否有气泡,若有气泡需驱赶后再开始比色,用 1 cm 比色皿在 λ_{420}、λ_{520}、λ_{620} 处分别测吸光值 A_{420}、A_{520}、A_{620},以蒸馏水作空白对比实验。

④ 计算

$$色度=(A_{420}+A_{520}+A_{620})\times 稀释倍数$$

结果保留 1 位小数。平行实验测定结果绝对值之差不得超过 0.1。

(5) 黄酮

采用分光光度法,参照邓长生等人[13]的方法,略有修改。

① 芦丁标准液的配制

将芦丁标准品在烘箱中烘至恒重,称取 0.075 2 g 芦丁标准品放于 50 mL 烧杯中,用少量 30%乙醇溶液溶解,然后用玻璃棒引入 250 mL 容量瓶中,用 30%乙醇溶液定容至刻度线。得到浓度为 0.300 8 mg/mL 的芦丁标准溶液。

② 标准曲线的绘制

用移液管分别量取芦丁标准溶液 1.0 mL、2.0 mL、4.0 mL、6.0 mL、8.0 mL 于 5 只 25 mL 比色管中,用 30%乙醇定容至 12.5 mL,然后加入 0.7 mL 的 5%亚硝酸钠溶液,摇匀后放置5 min后加入 0.7 mL10%硝酸铝,5 min 后加入 5 mL1 mol/L 氢氧化钠溶液,混匀后用 30%乙醇稀释至 25 mL 刻度线,10 min 后在 510 nm 的波长下测吸光度。得到芦丁溶液浓度(y)与吸光度(x)的线性回归方程。

③ 黄酮含量

将果冻溶液按照上述方法测定吸光度,代入线性方程中计算出样品的黄酮含量。

(6) 酒精度

采用密度瓶法,参照王俊等人[14]的方法,略有修改。

(7) 可溶性固形物

采用折光仪法,参照黄雪松等[15]人的方法,略有修改。

(8) 菌落总数

采用稀释涂布平板法,参照《GB 4789.2—2016[16]》的方法,略有修改。

5. 感官品鉴

参照《GB/T 19883—2018[17]》制定表 4-2。邀请本专业的 10 名同学,经过一定培训后组成品评小组,分别从色泽、气味、滋味、口感和组织状态 5 个方面品尝果冻并打分。

表 4-2 桂花葡萄酒果冻的感官评分标准

项目	评分标准	感官评分(分)
色泽(20 分)	颜色较深或较浅,无异常色泽	0~6
	颜色略深或略浅,无异常色泽	7~13
	颜色呈明亮的粉红色且分布均匀	14~20
气味(20 分)	无桂花、蜂蜜、浆果香气或有不良气味	0~6
	略带桂花、蜂蜜、浆果香气	7~13
	桂花香气浓郁且有舒适的蜂蜜、浆果香气	14~20
滋味(20 分)	过甜或过酸	0~6
	酸甜不平衡	7~13
	酸甜适宜	14~20

续　表

项目	评分标准	感官评分(分)
口感(20分)	入口无弹性,不够细腻	0～6
	入口较有弹性,不够细腻	7～13
	入口细腻有弹性,有嚼劲	14～20
组织状态(20分)	过软或过硬,有沉淀、气泡	0～6
	较软或较硬,略有沉淀、气泡	7～13
	结构紧密,硬软适中,除桂花无异物	14～20

三、结果

(一) 单因素实验

1. 桂花和红葡萄酒配比的确定

分别将处理好的桂花与葡萄酒按配比为1∶99、1∶49、1∶32、1∶24和1∶19制成混合酒液25 g,添加制备好的凝胶剂1 g,山梨糖醇10 g,柠檬酸0.15 g,辅以蒸馏水,制作100 g果冻。

由图4-1可以看出,桂花葡萄酒果冻的凝胶强度和持水率随着桂花和葡萄酒配比的增加先增后减,当配比为1∶24(桂花1 g,红葡萄酒24 g)时,凝胶强度和持水率达到最大,色度则随着桂花和红葡萄酒配比的增加而缓慢增加。桂花和葡萄酒配比的增加,即桂花含量增加,葡萄酒含量减少,使得果冻中固体成分增多,强化了果冻的内部结构,使果冻质地变均匀,凝胶强度增加,持水率随之增加。但超过一定范围,会抑制果冻成型。葡萄酒和桂花中中黄酮含量丰富[4,18],黄酮含量越高,样品颜色越鲜艳明亮,色度随之增加。

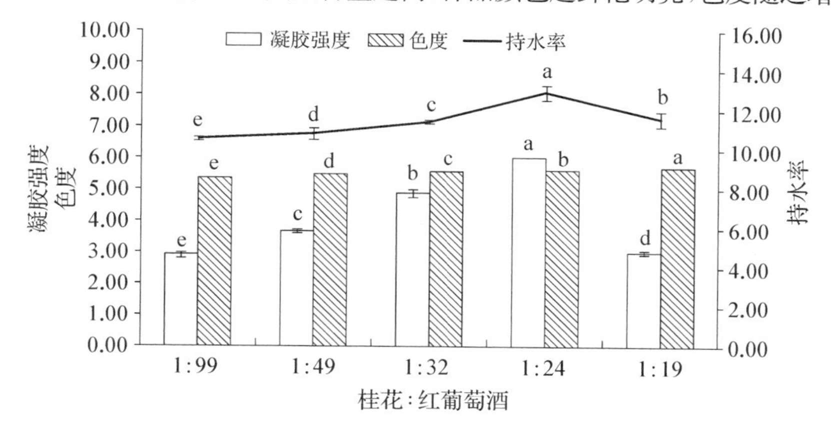

图4-1　桂花和葡萄酒的不同配比对果冻理化指标的影响

注:同一指标的字母相同表示各差异性不明显,反之则差异性显著,即 $P<0.05$,下同。

综合图 4-1 和表 4-3，随着桂花与红葡萄酒的配比增加，果冻的透明度降低，香气越来越浓郁，结构越来越均匀，但是桂花过量不仅会使果冻的组织不均匀，还会使口感变得粗糙，嚼起来缺少弹性，且桂花中的苦味物质会影响果冻的滋味。结合理化分析和感官品鉴结果，桂花与红葡萄酒配比为 1∶24 的果冻品质最佳。

表 4-3　桂花和葡萄酒不同配比对果冻感官品质的影响

桂花∶葡萄酒	透明度	感官分析	感官评分(分)
1∶99	4	浅红色，桂花香气不突出，结构紧密，口感不够细腻	79
1∶49	4	鲜红色，桂花香气清新，结构紧密，口感不够细腻	82
1∶32	4	鲜红色，桂花香气明显，结构紧密，口感细腻但不舒适	84
1∶24	4	鲜红色，桂花香气突出，结构紧密有弹性，口感细腻且舒适	87
1∶19	3	鲜红色，桂花香气浓郁，质地较硬，口感粗糙且有苦味，颗粒感明显	85

2. 凝胶剂使用量的确定

按桂花与葡萄酒配比为 1∶24 制备混合酒液 20 g，分别添加制备好的复合凝胶剂 1 g、1.5 g、2 g、2.5 g、3 g，山梨糖醇 10 g，柠檬酸 0.15 g，适量蒸馏水，制作 100 g 果冻。

由图 4-2 可以看出，随着凝胶剂含量的增加，果冻的色度先增后降，而凝胶强度和持水率逐渐增加，凝胶剂添加 1.5 g 时色度最高。一定范围内，凝胶强度和持水率成正比，凝胶强度越强，果冻持水力越强[11]。在卡拉胶、黄原胶和魔芋胶按 2∶3∶1 混合的复合凝胶剂中，魔芋胶和黄原胶含有丰富的膳食纤维，可以促进肠道蠕动；卡拉胶可分解成卡拉胶低聚糖，具有较强抗氧化能力，能抵抗衰老[1]。复合凝胶剂可以增强果冻的凝胶效果，但是凝胶剂添加量超过适宜范围后，会因为过强的络合作用而产生过多絮状物，使果冻浑浊暗淡，影响色度。

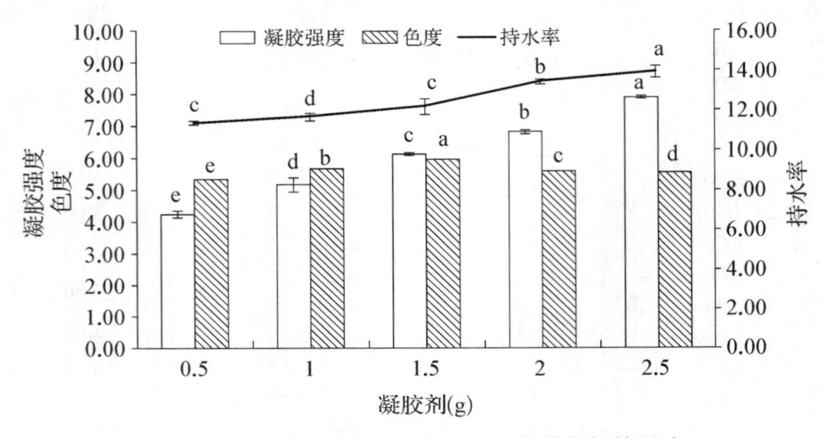

图 4-2　不同凝胶剂添加量对果冻理化指标的影响

综合图 4－2 和表 4－4，随着凝胶剂添加量的增加，桂花葡萄酒果冻的透明度降低，组织状态越来越均匀，但超过 1.5 g 后，弹性降低，状态更接近固体状而不是冻状，且因为凝胶剂的络合作用，许多香气成分和色素物质都随着凝胶剂添加量增加而降低，导致果冻色度降低。结合理化分析和感官品鉴结果，当凝胶剂添加量为 1 g 时，果冻品质较优。

表 4－4　不同凝胶剂添加量对果冻感官品质的影响

凝胶剂添加量(g)	透明度	感官指标	感官评分(分)
0.5	4	鲜红色，桂花香气明显，组织松散，口感差，无弹性	77
1	4	鲜红色，桂花香气突出，口感细腻，质地均匀有弹性	88
1.5	3	暗红色，桂花香气不明显，口感细腻，质地均匀	74
2	2	暗红色，桂花香气沉闷，口感粗糙，组织状态较硬	75
2.5	1	灰红色，桂花香气不突出，口感黏糊，组织状态过硬	70

3. 山梨糖醇使用量的确定

按桂花与葡萄酒配比为 1∶24 制备混合酒液 25 g，添加制备好的凝胶剂 1 g，柠檬酸 0.15 g，山梨糖醇的用量分别为 8 g、10 g、12 g、14 g、16 g，适量蒸馏水，制作 100 g 果冻。

由图 4－3 可以看出，随着山梨糖醇含量的升高，果冻持水率和色度逐渐下降，凝胶强度变化不大。山梨糖醇多羟基，与凝胶剂中的蛋白质不易发生美拉德反应，对果冻凝胶效果不会有明显影响。山梨糖醇不仅给果冻带来清凉的甜味，还能助消化，防蛀牙[19]；其次，山梨糖醇有显著保水功能[20]，但过量使果冻持水率降低，色素物质褐变，导致果冻颜色变暗，饱和度降低。

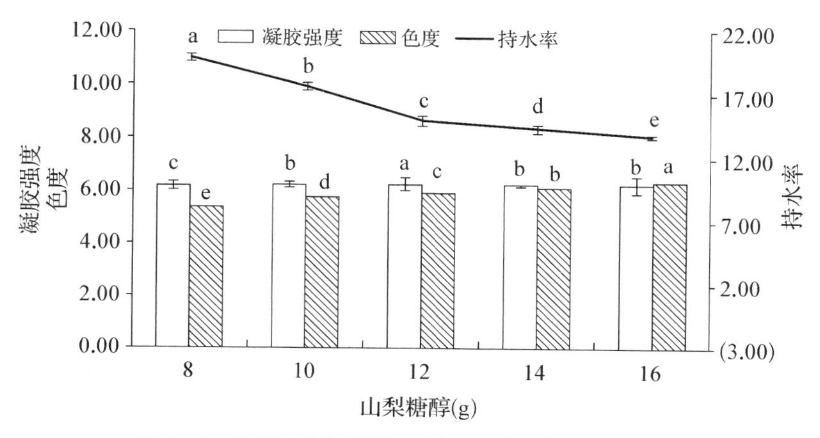

图 4－3　不同山梨糖醇添加量对果冻理化指标的影响

结合图 4－3 和表 4－5，随着山梨糖醇含量逐渐提高，桂花葡萄酒果冻的透明度降低，糖酸逐渐协调，口感逐渐细腻，但是过多添加会使果冻颜色改变，香气变得不怡人。结合理化分析和感官品鉴的结果，当山梨糖醇添加量为 10 g 时果冻较优质。

表 4-5　不同山梨糖醇添加量对果冻感官品质的影响

山梨糖醇添加量(g)	透明度	感官分析	感官评分(分)
8	4	鲜红色,桂花香气淡雅,酸甜适宜,质地均匀,口感细腻	85
10	4	鲜红色,桂花香气突出,酸甜平衡,质地均匀,口感细腻	90
12	3	淡红色,桂花香气浓厚,糖酸不平衡,质地较均匀,口感一般	83
14	3	暗红色,桂花香气沉闷,过甜,口感一般	75
16	2	红褐色,桂花香气厚重,过甜,口感欠佳	70

4. 柠檬酸使用量的确定

按桂花与葡萄酒配比为 1∶24 制备混合酒液 25 g,加入制备好的凝胶剂 1 g,山梨糖醇 10 g,柠檬酸用量分别为 0.1 g、0.15 g、0.2 g、0.25 g、0.3 g,再加入适量蒸馏水,制作 100 g 果冻。

由图 4-4 可看出,随着柠檬酸添加量的增加,桂花葡萄酒果冻的凝胶强度和持水率逐渐降低,色度呈缓慢上升趋势。在一定范围内,柠檬酸不仅能改善产品口味,还能防止细菌繁殖,添加过量,会水解凝胶剂,影响凝胶效果;添加不足,不能起改良风味的作用[19]。柠檬酸降低了果冻 pH,酸性条件有利于稳定葡萄酒中色素,进而影响果冻色度。

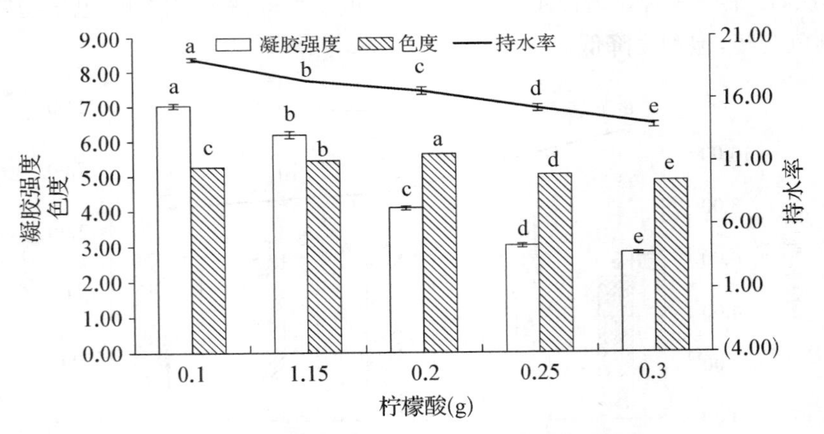

图 4-4　不同柠檬酸添加量对果冻理化指标的影响

由图 4-4 和表 4-6 可看出,随着柠檬酸添加量的增加,桂花葡萄酒果冻的透明度没变化,色泽越来鲜艳,香气也变得浓郁突出,但是因为柠檬酸导致果冻的酸度过高,组织松散,质地不均匀。结合理化分析和感官品鉴的结果,当柠檬酸的添加量为 0.15 g 时果冻较优质。

表 4－6　不同柠檬酸添加量对果冻感官品质的影响

柠檬酸添加量(g)	透明度	感官分析	感官评分(分)
0.1	4	红色,桂花香气不突出,糖酸适宜,口感一般,质地均匀	86
0.15	4	鲜红色,桂花香气突出,糖酸平衡,口感细腻,质地均匀有弹性	90
0.2	4	鲜红色,桂花香气浓郁,过酸,口感一般,质地均匀	84
0.25	4	鲜红色,桂花香气浓郁,过酸,口感较差,质地不均匀	75
0.3	4	鲜红色,桂花香气浓郁,过酸,口感差,质地松散	68

(二) 黄酮标准曲线

以标准品芦丁表示黄酮。图 4－5 为芦丁的标准曲线图,线性回归方程为 $y=0.010\,5x+0.065\,9$,相关系数 $R^2=0.999\,3$,在 0～2.5 mg/mL 范围内线性关系良好。

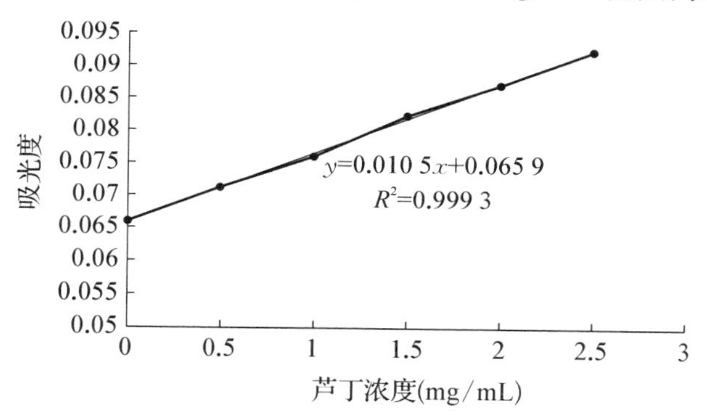

图 4－5　芦丁标准品的标准曲线

(三) 正交实验

如表 4－7 所示,设计了四因素(桂花和葡萄酒的配比、凝胶剂用量、山梨糖醇用量、柠檬酸用量)三水平(1∶49、1∶32、1∶24;1 g、1.5 g、2 g;8 g、9 g、10 g;0.1 g、0.15 g、0.2 g)共九组的正交实验。

表 4－7　正交实验因素及水平

水平	A 桂花∶红葡萄酒	B 凝胶剂用量(g)	C 山梨糖醇用量(g)	D 柠檬酸用量(g)
1	1∶49	1	8	0.10
2	1∶32	1.5	9	0.15
3	1∶24	2	10	0.20

从表4-8中感官评分的极差可以看出，各因素对桂花葡萄酒果冻的色泽、气味、滋味、口感、组织状态等感官品质的影响由大到小依次为：D(柠檬酸添加量)>A(桂花和红葡萄酒的配比)>B(凝胶剂添加量)>C(山梨糖醇添加量)，其中柠檬酸的添加量是影响桂花葡萄酒果冻感官品质的主要因素，其次是桂花和葡萄酒的配比，然后是凝胶剂的添加量，影响最小的是山梨糖醇的添加量。基于此，决定桂花葡萄酒果冻感官品质最优的组合为 $A_3B_1C_1D_2$。

表4-8　桂花葡萄酒果冻的感官评分和黄酮含量的正交实验结果

实验号		A	B	C	D	感官评分(分)	黄酮含量(mg/mL)
1		1	1	1	1	84	0.38
2		1	2	2	2	82	0.32
3		1	3	3	3	74	0.25
4		2	1	2	3	76	0.57
5		2	2	3	1	75	0.51
6		2	3	1	2	86	0.54
7		3	1	3	2	90	0.44
8		3	2	1	3	77	0.66
9		3	3	2	1	88	0.47
感官评分	K_1	240	250	247	247		
	K_2	237	234	246	258		
	K_3	255	248	239	227		
	R	18	16	8	31		
黄酮含量	$K_{1'}$	0.95	1.39	1.58	1.3		
	$K_{2'}$	1.62	1.49	1.36	1.3		
	$K_{3'}$	1.57	1.26	1.2	1.48		
	R	0.95	0.23	0.38	0.18		

从表4-8中黄酮含量的极差可以看出，四种因素对桂花葡萄酒果冻黄酮含量的影响由大到小依次为：A(桂花和红葡萄酒配比)>C(山梨糖醇添加量)>B(凝胶剂添加量)>D(柠檬酸添加量)，说明桂花和红葡萄酒的配比是影响桂花葡萄酒果冻保健品质(黄酮的含量)的主要因素，然后是山梨糖醇添加量和凝胶剂添加量，最后是柠檬酸添加量。基于此，决定桂花葡萄酒果冻营养品质最优的组合为：$A_2B_2C_1D_3$。

综合感官评分和黄酮含量的极差，四种因素对桂花葡萄酒果冻的感官品质都有影响，只是影响程度不同，其中柠檬酸添加量影响较大，因为酸对颜色、口感、香气都会有一定影响。在果冻的营养品质方面，桂花和葡萄酒配比的影响较为突出，因为桂花和蜂蜜中都含有大量黄酮，通过浸渍都进入果冻中。总体上，因素C的水平1对果冻的感官品质和营养品质影响都显著，因素D对果冻感官品质影响较大，因素A对营养品质影响较大，而因素B对果冻的感官品质和营养品质影响都不显著，所以最后选择的组合为：$A_3B_1C_1D_2$。

（四）验证实验

结合单因素实验和正交实验，按照最佳的组合$A_3B_1C_1D_2$制作果冻，即桂花和葡萄酒共25 g且质量比为1∶24，复合凝胶剂1 g，山梨糖醇8 g，柠檬酸0.15 g，加适量蒸馏水制成100 g果冻，然后对其进行理化指标和微生物指标检测。

1. 理化指标

由表4－9可知，按照正交实验得出的最优成分配比制作的桂花葡萄酒果冻可溶性固形物16%，高于15%，符合国家标准[17]；黄酮0.60 mg/mL，营养价值显著，有一定保健作用；酒精3.65%vol，低于7%vol，属于一款低醇葡萄酒果冻，适合多种类型人群。

表4－9 桂花葡萄酒果冻理化指标

指标	含量
可溶性固形物	16%
黄酮	0.60 mg/mL
酒精度	3.65%vol

2. 微生物指标

从表4－10可知，酵母菌<20 cfu/g、大肠杆菌<30 cfu/g、霉菌<20 cfu/g，菌落总数<100 cfu/g，致病菌没有检出。因此，桂花葡萄酒果冻的微生物指标符合相关标准。

表4－10 桂花葡萄酒果冻微生物指标

菌落	菌落数(cfu/g)	菌落总数(cfu/g)
酵母菌	<20	<100
大肠杆菌	<30	
霉菌	<20	
致病菌	0	

从图4－6中可看出，培养基长出了酵母菌、霉菌、大肠杆菌、放线菌等菌落，其中酵母菌菌落数最多，大肠杆菌次之，然后是霉菌，放线菌最少。排除灭菌不彻底、接种不规范和空气流通等共同影响因素，酵母菌主要来源于葡萄酒；大肠杆菌来源于制作过程的器具不卫生或是手上的细菌；霉菌则是由于制作果冻环境湿度较低产生；放线菌可能来源于衣物。但酵母菌菌落数<20 cfu/g，大肠杆菌菌落数<30 cfu/g，霉菌菌落数<20 cfu/g，沙门氏菌、金黄色葡萄球菌等致病菌均未检出，菌落总数<100 cfu/g，符合国家

食品安全标准[21]。

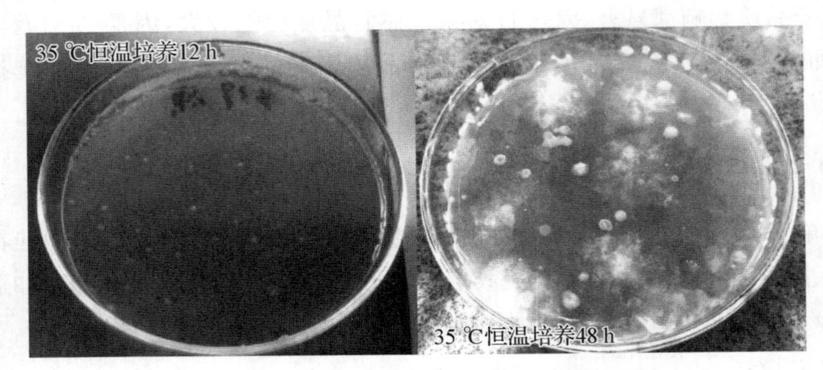

图 4-6　桂花葡萄酒果冻菌落生长情况

3. 与市售产品的比较实验

购买与桂花葡萄果冻质地相似的喜之郎什锦果冻，分别测定凝胶强度、持水率、透明度等指标，结合感官品鉴对比分析。

从表 4-11 可看出，桂花葡萄酒果冻与喜之郎什锦果冻各项指标较为接近，其中自制果冻的凝胶强度和持水率两个指标略低于市售果冻。但是结合感官品鉴来看，市售果冻色素明显，香气单一，口感一般；自制果冻颜色悦人，香气浓郁，口感细腻。综上所述，虽然自制的果冻部分理化指标不高，但颜色、香气、口感等方面比市售果冻更理想。

表 4-11　桂花葡萄酒果冻与市售喜之郎果冻比较

指标	自制桂花葡萄酒果冻	市售喜之郎什锦果冻
凝胶强度	6.11	8.23
持水率	17.79%	23.18%
透明度	5	5
感官品鉴	88 分	90 分

四、小结

在原料方面，为了突出地方特色，选择中国西南产区的干红葡萄酒，颜色呈浅宝石红，花香果香明显，属于中度酒体，所以该实验得出的最优配方和工艺不适合白葡萄酒或者其他酒体醇厚、三类香气突出且结构感强的红葡萄酒。桂花选用了市售的 5A 级干桂花，香气浓郁，颜色鲜艳，组织状态好，因为新鲜桂花有很重的苦味，含有一定量的单宁，必须经过晾晒后才可以使用，处理不当会使桂花失去原先色泽甚至损失部分黄酮。

在实验流程方面，为了保证实验的精确性，每一组单因素实验使用的温度计、玻璃棒、烧杯等仪器都相同。其次，因为大家对果冻的评价是偏主观的，所以单因素实验中最优用量的选择，是综合理化分析和感官品评的结果。因为桂花葡萄酒果冻中黄酮含量是影响其营养价值的主要因素之一，故正交实验中除了设计感官评分，还测定了果冻中的黄酮含量，综合感官品质和营养品质，筛选出最优配方。

在对于酒类果冻的研究中，出现最早的是对啤酒果冻和甜酒果冻的研究，啤酒果冻[22]营养价值高，色泽透明，但口感寡淡，不够舒适；甜酒果冻[23]外观晶莹剔透，口感软滑爽脆，但使用的是糯米发酵原酒，导致成品果冻酒度过高，对消费者有一定限制。本课题研发的桂花葡萄酒果冻入口细腻、酸甜适中，且酒样经一系列处理后才用来制作果冻，酒度由一开始的 11.50%vol 调配至 3.65%vol，不仅解决了啤酒果冻口感寡淡的问题，还弥补了甜酒果冻酒度过高的缺陷。在酒类果冻中加入香料的研究开始得较早[24]，但是没有被引入国内，桂花葡萄酒果冻的研发为开发同类型产品提供了技术参考，既可填补国内在此方面的空白，解决桂花资源利用范围的问题，又可丰富葡萄酒的系列产品，带动相关产业的发展，有不错的发展前景。

为了研发一款新型桂花葡萄酒果冻，在预实验的基础上先进行单因素实验，测定凝胶强度、持水率和色度，综合感官分析得到最优的桂花和葡萄酒配比 1∶24，凝胶剂 1 g，山梨糖醇 10 g，柠檬酸 0.15 g。然后展开四因素三水平正交实验，以感官评分和黄酮含量为标准，综合感官品质和营养品质，筛选出最佳配方为桂花和葡萄酒 25 g 且配比为 1∶24，凝胶剂 1 g，山梨糖醇 8 g，柠檬酸 0.15 g。最后进行验证实验，测定理化指标和微生物指标，并和市场上的同类型产品对比分析。最后制作出的桂花葡萄酒果冻，颜色为鲜艳的红色，桂花香气和酒香协调，酸甜适口，弹性好，口感细腻，酒度 3.65%vol，感官评分 88 分，黄酮 0.60 mg/mL，品质优良且有一定保健作用。

本款产品不建议小孩和孕妇食用。

参考文献

[1] 田华,黄珍.保健果冻研究现状与展望[J].食品研究与开发,2019,40(04):215-219.
[2] 张卫.果冻市场繁荣 包装需紧跟发展步伐[J].中国食品,2016,7:110-111.
[3] 尹伟,宋祖荣,刘金旗,张国升.桂花的化学成分研究[J].中国中药杂志,2015,40(04):679-685.
[4] 房仙颖,周江莲,王靖秋,汤锋,赵林果.桂花渣粕黄酮提取物的制备及酶法修饰[J].林业工程学报,2020,5(06):99-105.
[5] 尹爱武,邓胜国,高鹏飞,胡剑璇.桂花黄酮抗自由基及体内抗氧化作用研究[J].湖南科技学院学报,2011,32(12):51-53.
[6] Do-Gyeong Lee, Jin-Sung Choi, Seung-Woo Yeon, En-Ji Cui, Hee-Jung Park, Jong-Su Yoo, In-Sik Chung, Nam-In Baek. Secoiridoid glycoside from the flowers of Osmanthus fragrans var. aurantiacus makino inhibited the activity of β-secretase[J]. *Journal of the Korean Society for Applied Biological Chemistry*, 2010,53(3).
[7] 王丽梅,余龙江,崔永明,项俊.桂花黄酮的提取纯化及抑菌活性研究[J].天然产物研究与开发,2008,4:717-720.
[8] 唐伟卓,赵余庆.木犀属植物化学成分及药理作用研究进展[J].中草药,2014,45(04):590-602.
[9] 李水彬,孙炜.葡萄酒的酿造工艺及其保健作用[J].现代食品,2019,19:76-78.
[10] 丰暑敏,张波,李丽,杨平,台小文.红葡萄酒夹心果冻的制作工艺优化[J].食品与发酵工业,2020,46(24):144-150.
[11] 孙静,李晓萍,李刚刚,效碧亮. 常见胶凝剂在橙汁果冻中的应用特性研究[J]. 现代食品,2020(16):102-107.
[12] 梁冬梅,林玉华. 分光光度法测葡萄酒的色度[J]. 中外葡萄与葡萄酒,2002,3: 9-10.
[13] 邓长生,彭秧,王新宇,李玲,迪拉热·穆沙. 新疆雪莲养生葡萄酒中总黄酮及多糖含量的测定[J]. 中国酿造,2010,6:153-156.
[14] 王俊,陈仁远,母光刚.半微量蒸馏法测定配制酒酒精度[J].化工设计通讯,2016,6:98-130.
[15] 黄雪松,纪庆柱.山楂原料含糖量的快速估测[J].中国果品研究,1994,1:24-25.
[16] 国家食品药品监督管理总局,国家卫生和计划生育委员会.《GB 4789.2—2016》食品安全国家标准 食品微生物学检验 菌落总数测定[S].2017.06.23.
[17] 全国休闲食品标准化技术委员会(SAC/TC 490). 果冻:《GB/T 19883—2018》[S]. 2019.1.1.
[18] 陶永胜,李华,王华.葡萄酒中主要的黄酮类化合物及其分析方法[J].中外葡萄与葡萄酒,2001,4:14-17.
[19] 张雁,张惠娜,张孝祺.营养保健型芦荟果冻的研制[J].食品研究与开发,2002,5:63-64.
[20] 陈晓婷,王联珠,苏永昌,刘淑集,吴靖娜,郭莹莹,刘智禹.山梨糖醇在水产品加工中的应用研究[J].渔业研究,2020,42(04):404-410.
[21] 中华人民共和国国家卫生和计划生育委员会.《GB 19299—2015》食品安全国家标准 果冻[S].2016.11.13.
[22] 秦慧彬,李晋毅. 爽口鲜果啤酒果冻制作工艺[J]. 山西农业大学学报,2007,S2:207-210.
[23] 宗留香,侯玉泽,康怀彬.甜酒营养保健果冻的研制[J].安徽农业科学,2009,37(1): 366-367.
[24] 宫入照子,松本仲子,小林.关于明胶果冻使用的洋酒和需要的香料[J].调理科学,1986,19(1):45-51.

第二节　青桔汁的降酸与青桔蜂蜜复合汁

【目的】探究青桔汁树脂降酸的工艺和青桔蜂蜜复合汁的开发。

【方法】本实验通过比对6种离子交换树脂对青桔汁中总酸的静态吸附特性，测定吸附过程中青桔汁主要理化指标，筛选青桔汁降酸的最佳离子交换树脂；并对比不同流速对青桔汁降酸的影响，筛选出离子交换树脂的最佳流速；同时，将蜂蜜与青桔汁按不同比例混合，测定不同比例的青桔蜂蜜复合汁的理化指标，选定青桔蜂蜜复合汁的最佳配比。

【结果】L400型离子交换树脂最适合青桔汁降酸，脱酸率达到66.7%；流速对L400型树脂动态动力学曲线影响较大，4 BV/h为最佳吸附降酸流速，温度为室温。青桔汁与蜂蜜的最佳调配比例为5∶1，该比例下复合汁的糖酸比为13.5∶1，此时的青桔蜂蜜复合汁酸甜适口。

一、背景

青桔中富含Vc，能防止牙龈出血，还能美白，减少雀斑发生，预防癌症。但青桔是一种含较高酸度的原料，导致果汁中糖酸比过低、口感粗糙，而单加甜味物质调节果汁糖酸比会导致成本升高。所以可以先给青桔降酸，再利用。

目前，果汁的降酸方法主要有物理降酸法、化学降酸法和生物降酸法3种[1]。其中化学降酸法操作简单、效果好，但果汁品质会受到一定程度影响，口感变差，且大量化学试剂也破坏了食品纯天然的特点，因此，在生产生活中采用较少。生物降酸法主要偏向果酒降酸，酸度高的青桔果汁不适合此方法。物理降酸法分为电渗析法、离子交换树脂法和冷冻降酸法。冷冻降酸法局限于葡萄汁降酸；另2种物理降酸法降酸能力强、无需添加化学试剂、耗能低，且对果汁颜色和风味影响较小，但由于电渗析法成本较高，应用较少；离子交换树脂法操作简单，且树脂可重复使用，成本低，使用普遍[2]。

蜂蜜是一种很受欢迎的食品，其中含有L-半胱氨酸，具有解毒、抗氧化功效，是一种重要的抗氧化剂，能较好改善人体内环境。本实验将降酸后的青桔汁和蜂蜜按不同比例混合，调节青桔汁的糖酸比，最后通过感官品评和各项理化指标的对比，筛选出青桔蜂蜜复合汁的最佳调配比例，以期获得口感更佳的青桔蜂蜜复合果汁。青桔和蜂蜜的结合既保持了蜂蜜的L-半胱氨酸的稳定，也保证了青桔中Vc的效价[3]。

国内外关于树脂降酸的研究很多，Toth[4]研究了表面活性剂吸附动力学；Kammerer等[5]对食品中吸附和离子交换树脂进行了综合分析发现，树脂种类繁多，为食品在加工和人类健康中发挥更大作用提供了广阔空间；Couture和Rouseff[6]研究了弱碱性阴离子交换树脂对酸柑橘的降酸和降苦，最终既降低了酸度又减轻了苦味。研究表明，大孔吸附树脂、强碱性和弱碱性阴离子交换树脂均有降酸作用[7]。

综上可知，国内外对于果汁降酸主要从总酸、脱苦和色泽变化等方面进行研究。离子交换树脂分离技术应用非常广泛，主要包括有机酸的提纯、水处理、果汁中的脱苦和降酸、食用香料的提取等。所以，本实验选用6种阴离子交换树脂通过静态吸附和动态吸附探究最适的降酸工艺对青桔汁进行降酸，改善青桔汁的口感，以推动青桔果汁深加工的发展。

二、材料与方法

（一）材料

1. 原料

青桔，产自海南省澄迈县；蜂蜜，河南商丘刘家天沐湖蜂业有限公司。

2. 辅料

表4－12　主要树脂

树脂类型	厂家
201*7凝胶强碱性阴离子交换树脂	郑州和成新材料科技有限公司
D301大孔弱碱性阴离子交换树脂	
D315大孔弱碱性阴离子交换树脂	
D318大孔弱碱性阴离子交换树脂	
L400弱碱性环氧系阴离子交换树脂	
L300弱碱性环氧系阴离子交换树脂	

3. 试剂

氢氧化钠、氯化钠、盐酸、草酸、葡萄糖、乙醇、斐林试剂、亚甲基蓝、碘、硫酸铜。

（二）仪器与设备

表4－13　主要仪器设备

仪器	型号规格	生产厂家
分析天平	PR124ZH	奥豪斯仪器有限公司
pH计	PHS－3C	上海仪电科学仪器股份有限公司
电热恒温水浴锅	HH.S11－2	上海博讯实业有限公司医疗设备厂
磁力搅拌器	1kA－RTC基本型	邦西仪器科技（上海）有限公司
台式低速离心机	L3－6K	湖南可成仪器设备有限责任公司
手持折光仪	RHB－32ATC	邦西仪器科技（上海）有限责任公司
层析柱	30*300	盐城高德科学仪器有限公司

（三）实验方法

1. 工艺流程

青桔汁→过滤→离心→稀释 5 倍→离心→树脂降酸→青桔汁加蜂蜜调配→青桔蜂蜜复合汁。

2. 青桔汁预处理

为了防止在树脂降酸实验中青桔汁大分子物质阻塞树脂，需要先将青桔汁经 4 000 rpm 离心 10 min，于 5 ℃贮藏备用。

3. 树脂预处理

参照王鸥等[8]的方法进行树脂预处理。

水洗：(1) 清洗：用 50～60 ℃热水反复清洗新树脂；(2) 第一次浸洗：每隔 15 min 换一次水，浸洗过程中不断搅动，换水 5～6 次；(3) 第二次浸洗：每隔约 30 min 换一次水，总共换 4～5 次。以除去杂物和细小的树脂颗粒，直至洗液澄清、无色无味。

酸碱洗：(1) 用约 6%的盐酸溶液浸泡 6 h，排出盐酸溶液，用蒸馏水反复冲洗至洗出水的 pH 为中性；(2) 用约 4%氢氧化钠溶液浸泡 6 h，排出氢氧化钠溶液，用蒸馏水反复冲洗至洗液的 pH5～6。

若树脂在食品或制药行业使用，用 95%乙醇浸泡，然后用蒸馏水反复清洗树脂，至树脂没有乙醇味为止，再重复使用。

4. 树脂静态吸附动力学实验

参考张南海等[9]方法，略作修改。

准确称取预处理过的 201×7、D315、D318、D301、L300、L400 离子交换树脂各 20 g。转移至具塞瓶中，再分别向瓶中加入 200 mL 经过预处理的青桔汁，室温放置 6 h，每 30 min搅拌一次，并测其总酸；测定处理前和处理 6 h 后的青桔汁的各项理化指标。计算各种树脂的表观吸附量，并结合各个理化指标，选出对青桔汁降酸效果最佳的树脂。

表观吸附量计算公式

$$q=\frac{(C_0-C)\times V}{L}$$

式中：q——为表观交换吸附量，g/g；

V——处理后青桔汁的体积，mL；

C_0——吸附前青桔汁总酸含量，g/L；

C——吸附后青桔汁总酸含量，g/L；

L——加入树脂的质量，g。

5. 树脂动态吸附动力学实验

参考李铁柱等[10]的方法，略作修改。

称取 20 g 在常温下预处理过的树脂，倒入 φ30 mm×300 mm 离子交换柱中，确保没有气泡产生。青桔汁以 3 BV/h、4 BV/h、5 BV/h 和 6 BV/h 四种不同流速通过离子交换柱。定量收集流出液，测定总酸含量，计算漏出率。当树脂达到饱和时，停止实验，并绘制出离子交换树脂在四种流速下的动态动力学曲线。

漏出率计算公式：

$$LR(\%)=\frac{C}{C_0}\times 100\%$$

式中：LR——漏出率，%；

C_0——进柱前青桔汁总酸质量浓度，g/L；

C——漏出的青桔汁总酸质量浓度，g/L。

6. 树脂再生处理

参考王树学[11]的方法，略作修改。

在使用的树脂达到饱和后，对其进行再生处理，用蒸馏水反复清洗至水清亮，然后用 6%氢氧化钠溶液进行再生，时间约 60 min，然后用清水清洗，至 pH5～6 时结束。

7. 青桔蜂蜜复合果汁的制备

将青桔汁树脂静态吸附动力学实验酸降到 10 g/L 左右[9]，与蜂蜜按照 100∶5、100∶10、100∶15、100∶20 和 100∶25 五种比例混合，测定它们的理化指标，邀请 10 名经过食品专业培训的人员进行感官评价，根据表 4－14 中的评价标准进行评分。

表 4－14 感官评分标准

指标	评分标准	分值
色泽(30)	金黄明亮	20～30
	颜色暗黄	10～20
	颜色棕黄	0～10
口感(40)	酸甜比合适，口感细腻	25～40
	酸甜比较好	15～25
	酸甜比不适(偏酸或偏甜)	0～15
香气(30)	有青桔和蜂蜜的香气，香气适中纯正	20～30
	有青桔和蜂蜜的香气，但过于浓烈	10～20
	香气不合适，气味异常	0～10

最后结合感官评分、感官描述、总糖含量和总酸含量等指标将按不同比例混合的复合汁进行对比，筛选出最优的比例，制备出最终的青桔蜂蜜复合果汁。

(四) 理化指标

1. 总酸

采用电位滴定法[12]。

实验步骤:

(1) 试样的制备:吸取约 60 mL 样品于 100 mL 烧杯中,将烧杯于 40 ℃中振荡恒温水浴 30 min,取出,冷却至室温。

(2) 吸取 10.00 mL 样品(液温 20 ℃)于 100 mL 烧杯中,加 50 mL 水,插入电极,放入一枚转子,置于电磁搅拌器上,开始搅拌,用氢氧化钠标准溶液滴定。开始时滴定速度可稍快,当样液 pH 为 8.0 后放慢滴定速度,每次滴加半滴溶液直至 pH 达到 8.2,为滴定终点,记录消耗氢氧化钠标准溶液的体积。同时做空白实验。

(3) 计算样品中总酸的含量:

$$X = \frac{C \times (V_1 - V_0) \times 75}{V_2}$$

式中:X——样品中总酸的含量(以酒石酸计),g/L;

C——氢氧化钠标准滴定溶液的浓度,mol/L;

V_0——空白实验消耗氢氧化钠标准滴定溶液的体积,mL;

V_1——样品滴定时消耗氢氧化钠标准滴定溶液的体积,mL;

V_2——吸取样品的体积,mL;

75——酒石酸的摩尔质量的数值,g/mol。

2. 可溶性固形物

采用折光仪法[13]。

3. 维生素 C

采用碘量法[14]。

实验步骤:

(1) 量取待测样品 50.00 mL,加等量的 2%草酸溶液(50 mL),混合均匀,即刻从中量取 50 mL 样品,置于小烧杯中,用 2%草酸溶液将样品移入 250 mL 容量瓶中,并稀释至刻度,摇匀,过滤,取中段滤液备用。

(2) 准确吸取 25.00 mL 按上述步骤制备的滤液于锥形瓶中。加 0.5%淀粉指示剂 1 mL,用 0.01 mol/L 的(1/2)I_2标准溶液滴定至微蓝色 30 s 不褪色。记录消耗的碘液体积,平行测 3 次,同时测空白值,分别计算 V_C 含量,结果取平均值。按下式计算样品中 V_C的含量:

$$Vc(mg/100\ g) = \frac{C(V - V_0)}{m} \times 88.06 \times A \times 100$$

式中：Vc——Vc 含量，mg/100 g；

C——0.01 mol/L 的(1/2)I_2碘标准溶液；

V——滴定时消耗的 I_2 标准溶液体积，mL；

V_0——空白值，mL；

A——样液稀释倍数；

m——样品质量，g。

4. 总糖

采用斐林滴定法[15]。

（1）原理

利用斐林溶液与还原糖共沸，生成氧化亚铜沉淀的反应，以亚甲基蓝为指示液，用样品或经水解后的样品滴定煮沸的斐林溶液，达到终点时，稍微过量的还原糖将蓝色的亚甲基蓝还原为无色。根据样品消耗量求得总糖或还原糖的含量。

（2）试剂和材料

① 盐酸溶液(1+1)。

② 氢氧化钠溶液(200 g/L)。

③ 葡萄糖标准溶液(2.5 g/L)：精确称取在 105～110 ℃烘箱内烘干 3 h 并在干燥器中冷却的葡萄糖 2.5 g(称准精确至 0.000 1 g)，用水溶解并定容至 1 000 mL。亚甲基蓝指示液(10 g/L)：称取 1.0 g 亚甲基蓝，溶解于水中，稀释至 100 mL。

④ 斐林溶液（Ⅰ、Ⅱ）

a）配制

按《GB/T 603》配制。

b）标定

预备实验：吸取斐林溶液Ⅰ、Ⅱ各 5.00 mL 于 250 mL 三角瓶中，加 50 mL 水，摇匀，在电炉上加热至沸，在沸腾状态下用制备好的葡萄糖标准溶液滴定，当溶液蓝色将消失呈红色时，加 2 滴亚甲基蓝指示液，继续滴至蓝色消失，记录消耗的葡萄糖标准溶液的体积。

正式实验：吸取斐林溶液Ⅰ、Ⅱ各 5.00 mL 于 250 mL 三角瓶中，加 50 mL 水和比预备实验少 1 mL 的葡萄糖标准溶液，加热至沸腾，并保持 2 min，加 2 滴亚甲基蓝指示液，在沸腾状态下于 1 min 内用葡萄糖标准溶液滴至终点，记录消耗的葡萄糖标准溶液的总体积(V)。

c）计算

$$F=\frac{m}{1\,000}\times V \tag{i}$$

式中：F——斐林溶液Ⅰ、Ⅱ各 5 mL 相当于葡萄糖的克数，g；

m——称取无水葡萄糖的质量，g；

V——消耗葡萄糖标准溶液的总体积，mL。

(3) 试样的制备

① 测总糖用试样：准确吸取一定量的样品(V_1)[液温为 20 ℃]于 100 mL 容量瓶中，使总糖量为 0.2～0.4 g，加 5 mL 盐酸溶液(1+1)。加水至 20 mL，摇匀。68℃水浴水解15 min，取出，冷却。用 200 g/L 氢氧化钠溶液中和，调温至 20 ℃，加水定容至刻度(V_2)，备用。

② 测还原糖用试样：准确吸取一定量的样品(V_1)[液温为 20 ℃]于 100 mL 容量瓶中，使还原糖量为 0.2～0.4 g，加水定容至刻度，备用。

(4) 分析步骤

以试样代替葡萄糖标准溶液，重复前述操作，记录消耗试样的体积(V_3)，结果按式(ii)计算。

按前述操作测定干葡萄酒样品时，正式滴定需用葡萄糖标准溶液滴定至终点。结果按式(iii)计算。

(5) 结果计算

$$X = \frac{F}{(V_1/V_2) \times V_3} \times 1\,000 \tag{ii}$$

$$X = \frac{F - c \times V}{(V_1/V_2) \times V_3} \times 1\,000 \tag{iii}$$

式中：

X——干葡萄酒、半干葡萄酒总糖或还原糖的含量，g/L；

F——斐林溶液Ⅰ、Ⅱ各 5 mL 相当于葡萄糖的克数，g；

c——葡萄糖标准溶液的准确浓度，g/mL；

V——消耗葡萄糖标准溶液的体积，mL；

V_1——吸取的样品体积，mL；

V_2——样品稀释后或水解定容的体积，mL；

V_3——消耗试样的体积，mL。

所得结果应保留一位小数。

5. pH

采用 pH 计法[16]。

三、结果

(一) 树脂静态吸附动力学实验降酸

1. 不同树脂静态吸附动力学曲线

由图 4-7 所示，树脂静态吸附 6 h 后，可以看出，6 种树脂中总酸的表观吸附量变化都是呈先迅速升高，然后缓慢上升，最后趋近于平缓的趋势。原因是刚开始树脂中的

OH^- 与青桔汁中的阴离子快速交换，树脂快速吸附青桔汁的有机酸，过一段时间后树脂吸附慢慢达到饱和，吸附能力变弱，滴定酸浓度不再变化[17]。6 种离子交换树脂表观吸附量从大到小排序为：L400＞D301＞D315＞D318＞201 * 7＞L300。L300 型树脂的静态吸附达到平衡所用时间最短，但其表观交换吸附量最小，吸附能力最弱；L400 型树脂的表观吸附量最大，吸附能力最强，D301 型树脂的吸附量和 L400 树脂的吸附量十分接近，但从经济角度考虑，L400 型树脂价格相对 D301 型树脂更加实惠，因此，在青桔汁降酸中，优先考虑使用 L400 型树脂。

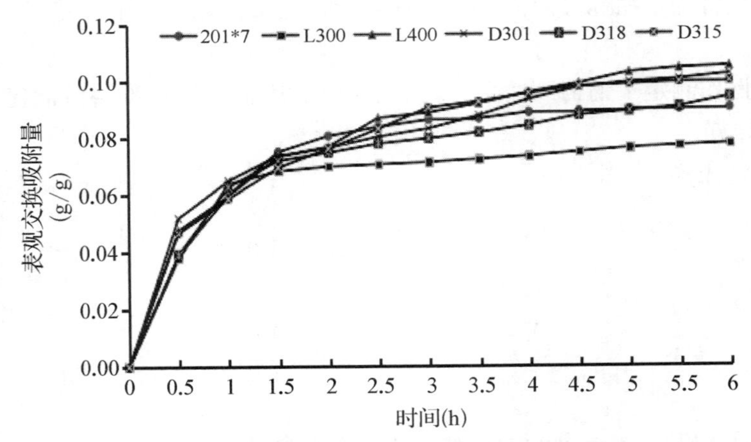

图 4-7　不同树脂静态吸附动力学曲线

由表 4-15 可知，青桔汁的表观交换吸附量越大，总酸含量就越少，pH 就越大，降酸效果越好。

表 4-15　交换吸附后青桔汁主要理化性质的变化

树脂型号	pH	总酸(g/L)	表观交换吸附量(g/g)	可溶性固形物(°Brix)	Vc(mg/100 mL)	脱酸率(%)
处理前	2.64	15.71±0.15	0.000±0.00	1.6±0.20	44.03±0.79	0.0±0.0
201 * 7	3.85	6.72±0.19	0.090±0.01	1.4±0.02	36.26±0.60	57.3±0.1
L300	3.47	7.94±0.10	0.080±0.01	1.2±0.00	32.83±0.90	49.3±0.1
L400	3.99	5.20±0.08	0.105±0.00	1.4±0.00	35.17±0.70	66.7±0.2
D301	3.96	5.55±0.04	0.103±0.00	1.2±0.02	32.48±0.74	64.9±0.1
D318	3.68	6.30±0.09	0.093±0.01	1.4±0.00	30.93±0.86	59.7±0.1
D315	3.92	5.79±0.09	0.099±0.01	1.4±0.00	33.40±0.86	63.3±0.1

用 6 种树脂处理 6 h 后总酸的吸附效果都十分明显，其中 L400 型树脂吸附性能最好，表观吸附量最小的是 L300 型树脂，其脱酸率只有 49.3%，而 L400 型树脂对青桔汁脱酸率达到 66.7%，D301 型树脂的吸附效果（脱酸率 64.9%）与 L400 型树脂的吸附效果（脱酸率 66.7%）相当，但从经济角度考虑，优先选择 L400 弱碱性环氧系阴离子交换

树脂。6种树脂处理后的青桔汁中可溶性固形物含量都有所下降，但不明显，说明树脂对可溶性固形物的吸附作用较小。由表4-2可知，经吸附后Vc含量最少的青桔汁是用D318型树脂处理的，故D318型树脂对Vc吸附能力最强，经201*7型树脂吸附后的青桔汁Vc含量最多，说明Vc表观交换吸附量最弱的是201*7型树脂，经L400型树脂处理的果汁的Vc含量与经201*7型树脂处理的仅相差0.99 mg/100 mL，但201*7型树脂的脱酸率(57.3%)远不如L400型树脂的(66.7%)。综上，6种树脂中总酸吸附能力最强的L400型树脂，对Vc的影响最小。因此，本研究将L400型树脂作为青桔汁降酸所用树脂。

(二) L400型树脂动态降酸

图4-8是L400弱碱性环氧系阴离子交换树脂在3 BV/h、4 BV/h、5 BV/h和6 BV/h四种流速下的漏出曲线。

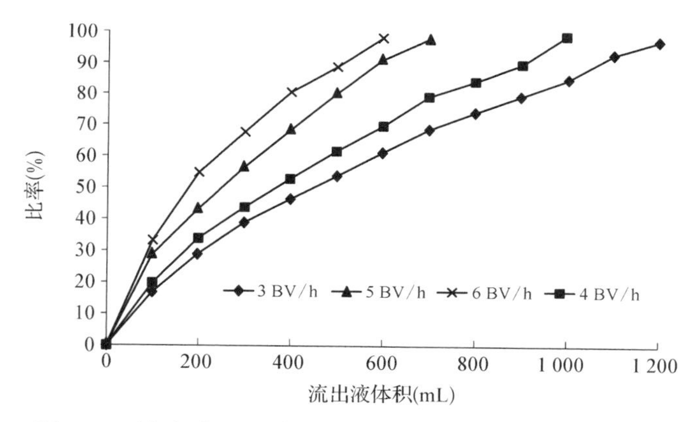

图4-8　流速对L400离子交换树脂动态动力学曲线的影响

流速为5 BV/h和6 BV/h的漏出点出现的处理量十分接近，流速为3 BV/h和4 BV/h时漏出点出现的处理量相近，其漏出曲线也相似。由图4-8可以看出，流速越快，漏点出现越快，在流速为3 BV/h和4 BV/h时，到达漏出点时处理量达到了1 200 mL和1 000 mL，而5 BV/h和6 BV/h两种流速到达漏出点时处理量为700 mL和600 mL，漏出点下降了近1/2，降酸效果明显下降。流出液体积越大，说明树脂的脱酸率越高，因此，3 BV/h流速处理过的青桔汁的脱酸效率最高。但流速过低，离子交换速率过慢，降低了树脂的吸附功能，还会影响实际生产中的工作效率，因此，3 BV/h在实际生产中并不适合。而流速过快，青桔汁和树脂不能充分接触，有机酸吸附不够充分，过早漏出，降低吸附率[18]，树脂的利用率大大降低。因此，实际生产中也不宜选用流速过大的树脂。综合上述分析，本研究最终选定4 BV/h为L400型树脂的最佳操作流速。

(三) 青桔蜂蜜复合汁的调配

如表4-16所示，通过各项理化指标和感官描述综合分析发现，随着蜂蜜添加量的不断增加，复合汁的糖酸比也逐渐升高，蜂蜜添加量的增大改善了青桔汁的口感。蜂蜜添加量在 5 mL 时，果汁糖酸比只有 2.4∶1，尽管青桔的香气浓厚，但是口感上还有明显的酸感，引起不适；蜂蜜添加量为 10 mL 时，果汁的糖酸比为 5.3∶1，略有蜂蜜的香气，但口感上甜酸还是不平衡；蜂蜜添加量为 15 mL 时，果汁的糖酸比为 10.1∶1，蜂蜜的香气明显，但口感上出现了涩感；蜂蜜添加量在 20 mL 时，感官评分达到了最高值(80.8)，色泽呈黄色，青桔和蜂蜜的香气平衡，酸甜适口，此时复合汁的糖酸比为 13.5∶1；蜂蜜添加量为 25 mL 时，开始出现异味，蜂蜜的香气掩盖了青桔的香气，色泽暗黄，入口甜腻，由于添加量过大，口感变得厚重，且有后苦。国标规定，上果汁糖酸比为12.1～16.1，100∶25 的糖酸比也符合标准，但是感官分析结果显示：加 25 mL 蜂蜜的果汁气味异常，口感甜腻还有后苦。综上所述，青桔和蜂蜜复合果汁的最佳调配比例为 100∶20。

表 4-16　不同比例青桔蜂蜜复合汁的感官评分

序号	青桔汁体积(mL)	蜂蜜体积(mL)	总酸(g/L)	总糖质量(mL)	糖酸比	感官描述	感官评分
1	100	5	9.30±0.11	20.6±0.05	2.4∶1	色泽淡黄，有青桔香气，偏酸。	71.4±2.24
2	100	10	8.38±0.03	44.5±0.05	5.3∶1	色泽淡黄，有青桔香气，略有蜂蜜香气，较酸。	73.1±1.45
3	100	15	8.45±0.05	85.0±0.05	10.1∶1	色泽黄色，有青桔香气，蜂蜜香气明显，较涩。	76.8±1.99
4	100	20	7.78±0.02	104.6±0.00	13.5∶1	色泽黄色，青桔和蜂蜜香气平衡，酸甜适中。	80.8±1.83
5	100	25	7.51±0.04	121.4±0.05	16∶1	色泽暗黄，甜腻，微苦，蜂蜜味掩盖了青桔的香气。	72.0±2.90

四、小结

果汁中糖和酸的比例是决定其品质、风味的重要指标[19]。目前大多数人还不能接受酸度过高的青桔汁，而青桔的糖酸比过低，原汁的糖酸比将近 1∶8。因此，青桔在我国市场很小，原料本身的缺陷限制了青桔工业发展。改良青桔汁的风味，首先要提高它的糖酸比。要想快速解决青桔汁糖酸比过低的问题，首先要对青桔汁进行降酸，再通过甜味物质增添甜味。因此,本实验运用离子交换树脂法对青桔汁进行降酸,降酸后添加蜂蜜增加其甜味。

树脂的特点是可再生,循环使用可以大大降低使用成本[20]。离子交换树脂降酸法是通过转型后阴离子交换树脂中的氢氧根离子与有机酸反应,中和果汁中的酸根,达到降酸的目的[21]。与传统的化学降酸法相比,该方法更加简单和安全。离子扩散的速度取决于其交换速度,流速越快,树脂表面的离子浓度差增大,有利于离子扩散。但流速过大,树脂的漏出点会过早出现,青桔汁的处理量就降低,从而增加了降酸成本。因此,降酸实验中应选择适当的流速。

树脂是由高分子材料构成,随着时间的增加,树脂会溶解在青桔汁中,这样大大降低了青桔汁的品质,因此,为了保证青桔汁的品质,要求在实验过程中定期更换树脂。

201＊7、D301、D315、D318、L300 和 L400 这六种阴离子交换树脂对青桔汁中的总酸都有不同程度的吸附作用,其中 L400 弱碱性环氧系阴离子交换树脂对青桔汁的总酸吸附能力最强,脱酸率达到了 66.7%,表观吸附量为 0.105 g/g,并且可溶性固形物和 Vc 的保留效果均较好。通过树脂动态动力学实验得出,流速对 L400 型树脂有影响,4 BV/h为 L400 型树脂处理青桔汁的最佳流速,其处理量达到 1 200 mL,符合实际生产和推广。用蜂蜜调节青桔汁的糖酸比,通过各项理化指标和感官品评对比,筛选出青桔蜂蜜的最佳比例为 100∶20,该比例下的复合汁糖酸比为 13.5∶1,复合果汁色泽呈黄色、酸甜适口,且青桔和蜂蜜香气平衡。

综上所述,L400 碱性环氧系阴离子交换树脂可以较好地降低青桔汁中的总酸,达到了降酸目的,对柑橘类产品加工企业有较高的参考价值。

参考文献

[1] Li Ning, Wei Yue, Li Xuemeng, Wang Jiahui, Zhou Jiaqian, Wang Jie. Optimization of deacidification for concentrated grape juice[J]. *Food Science & Nutrition*. 2019, 7(6): 2050 - 2058.

[2] 顾雪竹，李先端，钟银燕，毛淑杰. 蜂蜜的现代研究及应用[J]. 中国实验方剂学杂志，2007,6: 70 - 73.

[3] 郑瑜宁. 金柑浓缩汁加工技术的研究[D]. 福州：福建农林大学，2012.

[4] Toth J. Adsorption: Theory, Modeling, and Analysis[J]. *Surfactant Science Series*, 2002, 107.

[5] Kammerer J, Carle R, Kammerer D. Adsorption and ion exchange: basic principles and their application in food processing [J]. *J. Agric. Food Chem*, 2011, (59): 22 - 42.

[6] Couture R, Rouseff R. Debittering and deacidifying sour orange (Citrus aurantium) juice using neutral and anion exchange resins[J]. *Journal of Food Science*, 1992, 52(2): 380 - 384.

[7] Vera E, Ruales J, Dornier M, Sandeaux J, Persin F, Pourcelly G, Vaillant F, Reynes M. Comparison of different methods for deacidification of clarified passion fruit juice[J]. *Journal of Food Engineering*, 2003, 59: 361 - 367.

[8] 王鸥，魏颖，唐苗苗，周峰，籍保平. 北五味子鲜果分析及其果汁降酸工艺研究[J]. 中国食品学报，2015, 15(08): 163 - 169.

[9] 张南海，刘芮瑜，董筱睿，郭艺展，余千慧，赵亮，张列兵，王成涛，吴薇，籍保平，葛章春，周峰. 黑莓汁树脂降酸工艺研究及其复合果汁制备[J]. 食品科学，2020, 41(10): 281 - 287.

[10] 李铁柱，李延花，邹德静，隋秀琴，文连奎. 五味子汁离子交换树脂降酸工艺研究[J]. 农产品加工(学刊)，2013, 24: 20 - 22.

[11] 王树学. 离子交换树脂的处理与再生探讨[J]. 化工管理，2018, 18: 110.

[12] 中华人民共和国国家质量监督检验检疫总局，中国国家标准化管理委员会.《GB/T 15038—2006》总酸的测定[S]. 北京：中国标准出版社，2006.

[13] 马玮，史玉滋，段颖，王长林. 南瓜果实淀粉和可溶性固形物研究进展[J]. 中国瓜菜，2018, 31(11): 1 - 5.

[14] 丁小礼，甘易华. 碘量法测定南康甜柚中维生素 C 含量研究[J]. 轻工标准与质量，2018, 1: 61 - 62.

[15] 尚建疆，蔡立新. 酸度计连续滴定法测定葡萄汁中总酸和氨基氮的质量浓度[J]. 现代盐化工，2020, 47(03): 24+26.

[16] 李晓芬，周学进，张公信，付艳丽，高云涛. 大孔吸附树脂对竹叶兰中总黄酮的分离纯化[J]. 湖北农业科学，2011, 50(14): 2939 - 2942.

[17] 王传怀，张国宝，吕希化，余宏. 电渗析提取柠檬酸技术[J]. 膜科学与技术，1992, 3: 44 - 48.

[18] 杨维军. 橙汁降酸工艺技术研究[D]. 重庆：西南大学，2006.

[19] 王凯军，何文妍，房阔. 典型离子交换水处理技术在低浓度氨氮回收中的应用分析[J]. 环境工程学报，2019, 13(10): 2285 - 2301.

[20] 刘爽，刘青茹，袁芳，高彦祥. 果汁降酸技术研究进展[J]. 食品科技，2014, 39(07): 83 - 87.

第三节　小台农芒果酒

【目的】研究不同发酵条件对小台农芒果酒中的维生素C(Vc)含量和风味的影响。

【方法】以海南小台农芒果为主要原料，以不同梯度的果胶酶、酵母添加量和发酵时间为单因素，测定Vc、总糖、滴定酸和可溶性固形物等指标，在此基础上进行L_3^3正交实验，确定最佳酿造工艺。

【结果】筛选出两种工艺，一种工艺为果胶酶添加量0.15%，酵母添加量0.20 g/L，发酵时间7 d，芒果酒总体评分最高85分，Vc为33.89 mg/100 g，以此工艺酿造的小台农芒果酒具有浓郁的芒果香气，酒体结构感强，酒香与果香融合较好，余味较长；另一种工艺为果胶酶添加量0.20%，酵母添加量0.20 g/L，发酵时间8 d，在此工艺下芒果酒最终评分74，Vc含量最高37.27 mg/100 g，但其酒精度较高，酒体较淡薄，结构感不强，后味略苦。如考虑风味则优选第一种工艺，如考虑Vc含量则优选第二种工艺。

一、背景

芒果，漆树科芒果属，是著名的热带水果，富含胡萝卜素、蛋白质、碳水化合物、脂肪和糖等营养成分，含有多种维生素[1]，尤其维生素C，具有抗氧化作用，能保护果汁和果酒等色泽和风味，还可以保护视力，止咳、化痰[2]。

海南位于我国南端，属于热带气候，种植的小台农芒果具有外形美、品质佳和口感优等特点，其芒果种植面积占全国60%以上，上市早[3]。但目前，由于加工技术不成熟，深加工产品较少，果农以鲜销为主，收入不高。且由于芒果含水量高，果肉组织娇嫩，在运输过程中易受机械损伤，且因天气影响容易受微生物侵染而腐烂变质，不易储存。而小台农芒果酒含有丰富的Vc，不仅可以补充人体不能合成的维生素，而且有利于美容养颜，清除皮肤内自由基，帮助抵抗衰老。

国内外对芒果酒传统工艺改进的相关研究主要包括：芒果酒传统工艺及其发酵工艺改进、在感官指标基础上通过单因素实验对芒果酒发酵工艺进行优化、芒果复合酒的研究等。大多数研究主要在工艺优化方面，对单品种芒果酒的酿造（如小台农芒果酒）及以单因素实验和正交分析对芒果酒酿造工艺的改进研究还很少，尤其是产品营养（维生素）成分测定和提升方面还有待进一步研究。本实验紧密联系目前研究动态，在原有研究基础上研究果胶酶添加量、酵母添加量、发酵时间对小台农芒果酒Vc含量的影响，一方面促进新型芒果品种酿酒的研发，另一方面，在芒果酒原有工艺的基础上，通过控制相关单因素，并且通过正交分析法，在提升芒果酒口感的同时也提高芒果酒的营养价值，为研发一款口味独特、质量上乘的芒果酒提供基础，有利于解决芒果不易储存的问题，开发新产品，促进当地经济发展[4]。

二、材料与方法

(一) 材料

1. 原料

小台农芒果:产自海南省三亚市。

2. 辅料

表 4-17　主要辅料

名称	品牌名称	公司
酿酒酵母	安琪葡萄酒、果酒专用酵母	安琪酵母股份有限公司
果胶酶	食惠食品原料	宁夏和氏璧生物技术有限公司
亚硫酸	凯化	山东凯龙化工科技发展有限公司

实验于 2021 年 4 月—5 月在楚雄师范学院葡萄与葡萄酒工艺实验室进行。

3. 试剂

1∶1 盐酸、2%草酸溶液、0.5%淀粉指示剂、0.01 mol/I_2标准溶液、斐林试剂、0.05 mol/L 氢氧化钠、200 g/L NaOH、亚甲基蓝。

(二) 仪器与设备

表 4-18　主要仪器设备

仪器	型号规格	生产厂家
电子天平	Sop OUINITIX224-1CN	赛多利斯科学仪器(北京)有限公司
电热鼓风干燥箱	DHG-9070A	上海一恒科学仪器有限公司
电磁炉	DTL22A50	合肥荣事达家电有限公司
电热恒温水浴锅	HWS26	上海一恒科学仪器有限公司
分析天平	TG328A	上海精科仪器厂
电子舌	Smart Tongue	上海瑞芬有限公司美国 isenso 公司

(三) 小台农芒果酒酿造工艺

1. 工艺流程

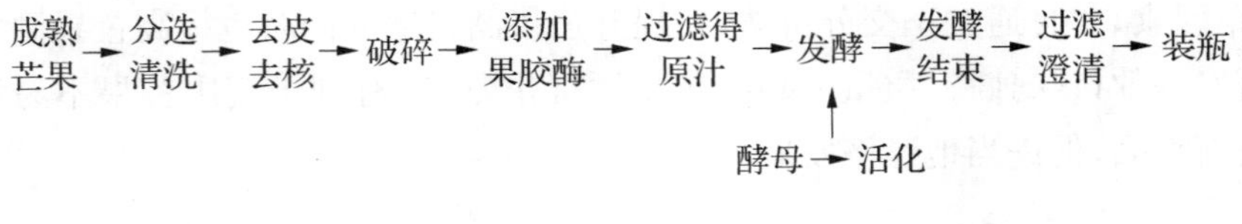

成熟芒果 → 分选清洗 → 去皮去核 → 破碎 → 添加果胶酶 → 过滤得原汁 → 发酵 → 发酵结束 → 过滤澄清 → 装瓶

酵母 → 活化 → (发酵)

2. 操作要点

表 4-19　操作要点

工序	具体步骤
材料处理	以成熟度 8 分熟、未腐烂的小台农芒果为原料，洗净，除去灰尘和微生物，擦拭水分后去皮去核。
破碎出汁	利用去皮去核后的芒果进行榨汁，按照质量比例添加果胶酶提高出汁率和 6%的亚硫酸溶液以杀菌并提高稳定性。
酵母活化	在 38 ℃蒸馏水(质量为酵母质量的 10 倍)里加入适量芒果汁，有助于酵母活化。搅拌均匀，酵母活化成泡沫后，以 0.2 g/L 的量加入果汁。
发酵	在发酵过程中，发酵罐装料不宜过满，防止发酵过程中产热体积膨胀导致溢罐，发酵温度为25 ℃，保温发酵 6 d。
过滤澄清	待发酵完成后，及时倒罐，除去酒中的沉淀物和残渣，将上清液虹吸至无菌玻璃容器中，于冰箱冷藏澄清 1 d，过滤，得到澄清且有光泽的果酒。

(四) 实验方案

(1) 通过单因素分析，在原料一定的条件下，果胶酶添加量分别为 0.1%、0.15%、0.2%、0.25%和 0.3%五个梯度，测定最终总糖、滴定酸、可溶固形物、Vc 含量和酒精度，综合分析后初步确定小台农芒果酒适宜的果胶酶添加量。

(2) 通过单因素分析，在原料一定的条件下，酵母添加量分别为 0.1 g/L、0.15 g/L、0.2 g/L、0.25 g/L、0.30 g/L，测定最终总糖、滴定酸、可溶固形物、Vc 含量和酒精度，综合分析后，初步确定小台农芒果酒适宜的酵母添加量。

(3) 通过单因素分析，在原料一定的条件下，发酵时间分别为 4 d、5 d、6 d、7 d 和 8 d，测定最终总糖、滴定酸、可溶固形物、Vc 含量和酒精度，综合分析后，初步确定小台农芒果酒的最佳发酵时间。

小台农芒果酒单因素实验水平和实验条件如表 4-20。

表 4-20　单因素实验表

因素	实验水平	实验条件
果胶酶添加量(%)	0.1、0.15、0.2、0.25、0.3	酵母添加量 0.2 g/L，发酵 6 d，发酵温度 25 ℃
酵母添加量(g/L)	0.1、0.15、0.2、0.25、0.3	果胶酶添加量 0.02%，发酵时间 6 d，发酵温度 25 ℃
发酵时间(d)	4、5、6、7、8	果胶酶添加量 0.02%，酵母添加量 0.2 g/L，发酵温度 25 ℃

(五) 正交实验

小台农芒果酒发酵三因素三水平正交实验设计[5-6]，如表 4-21。

表 4-21 正交实验因素水平表

水平	因素		
	A 果胶酶添加量(%)	B 酵母添加量(g/L)	C 发酵时间(d)
1	0.15	0.15	6
2	0.20	0.20	7
3	0.25	0.25	8

(六) 各项指标

在进行单因素实验时,按照规定的发酵时间进行发酵,待发酵完毕后测定以下指标:Vc、总糖、滴定酸、酒精度和可溶性固形物。

在单因素实验的基础上进行正交实验,按照规定的发酵时间进行发酵,待发酵完毕后测定 Vc 含量,并进行感官品评。

在正交实验的基础上,选出总体评分和 Vc 含量最高的一组,进行主成分分析。

1. Vc

采用碘滴定法。参照丁小礼等[7]的方法,略作修改。

利用碘量法测定维生素 C 的含量,不用特殊仪器,操作简便、快速、准确,与其他方法相比,不需要贵重仪器,且准确度高、可操作性强、试剂易得,是测定蔬菜中 Vc 的好方法。

实验原理:

以 2%草酸为提取剂,提取匀浆样品中的 V_C,然后以 0.5%淀粉为指示剂,用碘标准溶液滴定至溶液呈淡蓝色为终点,根据滴定消耗的碘标准溶液体积和浓度计算被测样品的 Vc 含量。

试剂:0.01 mol/L 的(1/2)I_2 碘标准溶液、2%草酸溶液、0.5%淀粉

仪器:250 mL 容量瓶。

测试样品的预处理:

待测样品 50.00 mL,加等量的 2%草酸溶液,混合均匀,即刻从中量取 50 mL(准确至 0.1 mL)浆状样品,置于小烧杯中,用 2%草酸溶液将样品移入 250 mL 容量瓶中,并稀释至刻度,摇匀,过滤,取中段滤液备用。

样品测试及计算:

准确吸取 25.00 mL 上述预处理的滤液于锥形瓶中。加 0.5%淀粉指示剂 1 mL,用 0.01 mol/L 的(1/2)I_2标准溶液滴定至微蓝色 30 s 不褪色。记录消耗的碘液体积,平行测 3 次,同时测空白值,分别计算 Vc 含量,结果取平均值。按下式计算样品中 V_C的含量:

$$\mathrm{Vc(mg/100\ g)} = \frac{C \times (V - V_0) \times 88.06 \times A}{m} \times 100$$

式中：C——0.01 mol/L，(1/2)I_2碘标准溶液浓度；

V——滴定时消耗的I_2标准溶液体积，mL；

V_0——空白值，mL；

A——样液稀释倍数；

M——样品质量，g。

2. 总糖

采用直接滴定法[8]。

斐林液A：称取5 g硫酸铜($CuSO_4 \cdot 5H_2O$)和0.1 g亚甲基蓝，用蒸馏水溶解。移入500 mL棕色容量瓶中，用蒸馏水定容。

斐林液B：称取173 g酒石酸钾钠，50 g氢氧化钠，用蒸馏水溶解，移入500 mL容量瓶中，用蒸馏水定容。

葡萄糖标准液(2.5 g/L)：准确称取无水葡萄糖2.5 g，并加水定容至1 000 mL。

标定：

预备实验：吸取斐林液A、B各5 mL于250 mL三角瓶中，加50 mL水，摇匀，在电炉上加热至沸腾，在沸腾状态下用葡萄糖标准液滴定，当溶液蓝色消失呈红色时，加2滴亚甲基蓝指示液，继续滴至蓝色消失，记录消耗葡萄糖标准液的体积。

正式实验：吸取斐林液A、B各5 mL于250 mL三角瓶中，加50 mL水和比预备实验少1 mL的葡萄糖标准溶液，加热至沸腾，并保持2 min，加2滴亚甲基蓝指示液，在沸腾状态下于1 min内用葡萄糖标准溶液滴至终点，记录消耗葡萄糖标准溶液的总体积V。

计算：

$$F=\frac{m\times V}{1\ 000}$$

式中：F——斐林液A、B各5 mL，相当于葡萄糖的克数，g；

M——称取无水葡萄糖的质量，g；

V——消耗葡萄糖标准溶液的总体积，mL。

$$X_1=\frac{F-G\times V}{\left(\frac{V_1}{V_2}\times V_3\right)}\times 1\ 000$$

$$X_2=\frac{C\times(V-V_0)}{V_1}$$

式中：X_1——总糖或还原糖的含量(g/L)，一般用于原料的总糖；

X_1——总糖或还原糖的含量(g/L)，一般用于发酵完成后酒中的残糖；

F——斐林液A、B各5 mL，相当于葡萄糖的克数，g；

$G(C)$——葡萄糖标准液的浓度，g/mL；

V_1——吸取样品的体积，mL；

V_2——样品稀释后或水解定容的体积，mL；

V_3——消耗试样的体积，mL；

V——消耗葡萄糖标准溶液的体积，mL。

3. 滴定酸

参照吴婧婧等[9]的方法，略作修改，滴定酸含量以柠檬酸含量计。

取 20 ℃样品 2 mL，置于 250 mL 三角瓶中，加入中性蒸馏水 50 mL，同时加入 2 滴酚酞，立即用 NaOH 标准滴定溶液滴定至终点（淡粉色），并保持 30 s 不褪色，记下消耗 NaOH 标准滴定溶液的体积。

计算：

$$X=\frac{C\times(V_1-V_0)\times 70}{V_2}$$

式中：X——样品中总酸的含量（以柠檬酸计），g/L；

C——氢氧化钠标准滴定溶液的浓度，mol/L；

V_0——空白实验消耗氢氧化钠标准滴定溶液的体积，mL；

V_1——样品滴定时消耗氢氧化钠标准滴定溶液的体积，mL；

V_2——吸取样品的体积，mL；

70——柠檬酸的摩尔质量的数值，g/mol。

4. 酒度

密度瓶法。参照王俊等[10]的方法，略作修改。

试样的制备：

用一洁净、干燥的 100 mL 容量瓶准确量取 100 mL 样品（液温 20 ℃）于 500 mL 蒸馏瓶中，用 50 mL 水分三次冲洗容量瓶，洗液并入蒸馏瓶中，再加几颗玻璃珠，连接冷凝器，以取样用的原容量瓶作接收器（外加冰浴）。开启冷却水，缓慢加热蒸馏。收集馏出液接近刻度，取下容量瓶，盖塞。于 20 ℃水浴中保温 30 min，补加水至刻度，混匀，备用。

蒸馏水质量的测定：

(1) 将密度瓶洗净并干燥，带温度计和侧孔罩称量。重复干燥和称量，直至恒重（m）。

(2) 取下温度计，用煮沸冷却至 15 ℃左右的蒸馏水注满恒量的密度瓶，插上温度计，瓶中不得有气泡。将密度瓶浸入 20.0 ℃的恒温水浴中，待内容物温度达20 ℃，并保持 10 min 不变后，用滤纸吸去侧管溢出的液体，使侧管中的液面与侧管管口齐平，立即盖好侧孔罩，取出密度瓶，用滤纸擦干瓶壁上的水，立即称量（m_1）。

试样质量的测量：

将密度瓶中的水倒出，洗净，干燥，然后装满制备的试样，重复上述操作，称量（m_2）。

$$\rho_{20}^{20}=\frac{m_2-m+A}{m_1-m+A}\times\rho_0$$

$$A=\rho_0\times\frac{m_1-m}{997.0}$$

式中：ρ_{20}^{20}——试样馏出液在 20 ℃时的密度，g/L；

m——密度瓶的质量，g；

m_1——20 ℃时密度瓶与充满密度瓶蒸馏水的总质量，g；

m_2——20 ℃时密度瓶与充满密度瓶试样馏出液的总质量，g；

ρ_0——20 ℃时蒸馏水的密度，998.20 g/L；

A——空气浮力校正值；

997.0——在 20 ℃时蒸馏水与干燥空气密度值之差，g/L。

根据试样馏出液的密度，查葡萄酒质量控制附录 A（规范性附录），求得酒精度。

5. 可溶性固形物

使用折光仪法测定。参照马玮等[11]的方法，略作修改。

打开手持式折光仪盖板，用干净的纱布或卷纸小心擦干棱镜玻璃面。在棱镜玻璃面上滴 2 滴蒸馏水，盖上盖板。于水平状态，从接眼部观察，检查视野中明暗交界线是否处在刻度零线上。若与零线不重合，则旋动刻度调节螺旋，使分界线面刚好落在零线上。打开盖板，用纱布或卷纸将水擦干，然后如上法在棱镜玻璃面上滴 2 滴芒果汁（酒），进行观测，读取视野中明暗交界线上的刻度，即为果蔬汁中可溶性固形物含量（%）（糖的大致含量），重复三次。

（七）感官评价

表 4-22　芒果酒感官评分标准

项目	评价标准	分值/分
色泽（10 分）	无褐变，颜色呈现金黄，悦目协调	8～10 分
	略微褐变，橙黄色，悦目协调	6～8 分
	中度褐变，淡褐色	4～6 分
	重度褐变，深褐色	0～4 分
澄清度（10 分）	澄清透亮，有光泽，无明显悬浮物	8～10 分
	较澄清，有光泽，无沉淀	4～8 分
	浑浊且无光泽	0～4 分
香气（30 分）	果香，酒香协调	20～25 分
	果香，酒香较少，无异香	10～20 分
	果香，酒香不足，有异香	0～10 分

续 表

项目	评价标准	分值/分
滋味(30 分)	酒体丰满,酸度适中,结构感强,余味较长	25～30 分
	酒质柔和爽口,酸度适中	20～25 分
	酒体较协调,酒体结构感不强,余味较短	10～20 分
	酒体寡淡,不协调或有其他明显的缺陷	0～10 分
典型性(20 分)	典型完美,优雅无缺,风格独特	15～20 分
	典型明确,风格良好	10～15 分
	有典型性但不够显著	5～10 分
	无芒果果酒典型性	0～5 分

三、结果

(一) 芒果原料相关指标

不同芒果种质间含糖量差异较大,通常芒果含糖量在 34.9 g/L 至 160.4 g/L 之间[12-13],由表 4－23 可知。本实验采用的小台农芒果含糖量较丰富为 121.9 g/L,滴定酸为 4.34 g/L,M=28.09,原料成熟度较好,Vc 含量为 28.90 mg/100 g,含量适中,在正常范围内,可溶性固形物含量丰富。

表 4－23　芒果原料相关指标

总糖(g/L)	滴定酸(g/L)	Vc(mg/100 g)	可溶性固形物(%)	M
121.90	4.34	28.90	16.2	28.09

(二) 不同发酵条件下小台农芒果酒的相关指标

1. 不同酵母添加量的小台农芒果酒的理化指标

由表 4－24 可知,随着发酵的进行,芒果汁中的糖被转换成酒精,总糖含量降低;滴定酸(以柠檬酸计)相对于原料都有所上升,这是因为芒果汁中的糖被酵母繁殖代谢,产生柠檬酸和乳酸等代谢物,导致酒的酸度升高[14]。随着酵母添加量的增加,可溶性固形物逐渐降低,在酵母添加量为 0.3 g/L 时,发酵速度不增反降,且酵母消耗糖的速度下降,因为发酵体系中的营养物质有限,增加酵母量引起发酵体系中的渗透压偏高,抑制酵母生长,降低发酵体系中乙醇转化率[15]。糖浓度对可溶性固形物含量产生了一定影响,在发酵过程中酵母利用糖代谢产生酒精,降低糖浓度和可溶性固形物含量。由表 4－24可知,当酵母添加量为 0.2 g/L 时,Vc 含量达到最大值,之后 Vc 含量基本达到稳定，芒果酒中的糖有限，没有充足养分提供给酵母菌，所以继续添加酵母并不会对 Vc 含量有太大影响。这与孙洪浩等[16]的研究结果一致。再者，酵母添加量多于 0.25 g/L 时，酒精度有所下降，导致 Vc 含量随之降低；在酵母添加量少于 0.25 g/L 时，酒精度与酵母添加量成正比，酵母添加量为 0.25 g/L 时，酒精度最高，此后酒精度接近平稳。当酵母菌添加量小于 0.2 g/L 时，由于酵母含量不足，产生的酒度较低，各种芳香味难以形成，且酒中酸涩味较重，口感不佳[17]。菌种添加量大于 0.2 g/kg 时，虽然酒度有所升高，但酒味略微盖过芒果原有香气，果香不明显且酒体酸度过高，口感略带苦涩，澄清度不高，从而影响整体的感官评价。因此，在酿造小台农芒果酒时，酵母菌添加量不宜过多，也不能不足，实验确定最佳添加量为 0.2 g/L。基于此，正交实验酵母添加量梯度选为 0.15 g/L、0.2 g/L 和 0.25 g/L。

表 4－24　不同酵母添加量小台农芒果酒的相关指标

酵母添加量(g/L)	总糖(g/L)	滴定酸(g/L)	可溶性固形物(%)	Vc(mg/100 g)	酒度(%vol)
0.1	38.25	5.80	15.4	23.58	4.90
0.15	19.08	6.48	15.1	27.90	5.98
0.2	3.97	6.22	14.6	33.71	6.83
0.25	1.17	5.39	13.9	33.56	7.03
0.3	5.98	7.08	14.3	28.67	6.78

2. 不同果胶酶添加量的小台农芒果酒的理化指标

由于芒果果浆中富含纤维和果胶，因此应添加适当果胶酶可提高出汁率，且有利于芒果酒的澄清，同时更有利于提取出芒果中的色素和芳香物质。随着果胶酶添加量的增加，芒果酒中的总糖、滴定酸并无明显变化，滴定酸在果胶酶添加量为 0.2%之后有所降低。由表 4－25 可知，在 0.1%～0.2%范围内，随着果胶酶添加量的增加，出汁率也逐渐增加，果浆中的纤维和果胶分解更彻底[18]，芒果酒中的 Vc 含量和可溶性固形物也越高，在果胶酶添加量为 0.2%之后，随着果胶酶添加量的上升，对 Vc 含量的提升没有太大作用，考虑到实际生产成本和酒的品质问题，选择果胶酶最佳添加量为 0.2%。

表 4－25　不同果胶酶添加量对小台农芒果酒的相关指标的影响

果胶酶添加量(%)	总糖(g/L)	滴定酸(g/L)	可溶性固形物(%)	Vc(mg/100 g)	酒精度(%vol)
0.1	27.34	6.37	14.9	23.92	5.36
0.15	5.89	6.35	12.5	26.74	6.78
0.2	6.26	6.35	13.5	30.06	6.72
0.25	20.57	5.99	14.2	29.23	5.82
0.3	8.38	5.68	13.8	28.23	6.62

3. 不同发酵时间的小台农芒果酒的理化指标

由表 4 - 26 可知，随着发酵时间的延长，总糖含量逐渐降低。刚开始发酵时，酵母属于适应期，消耗糖类速度慢，发酵的后两天，酵母进入活跃期，消耗糖速度较快，在此之后残糖消耗速率较慢，在第 6 d 之后，由于酒中酵母代谢产物的增加、营养物质的消耗和氧气的减少，残糖含量几乎无变化[19]。由表 4 - 23 可知，芒果原浆的滴定酸（以柠檬酸计）含量为 4.34 g/L。刚开始发酵时酸度变化不大，启动发酵 1 d 后，酸度大幅上升，直至发酵 5 d；发酵至 6 d 以后，酸度升高速度减慢，发酵 8 d，滴定酸含量达 6.23 g/L。滴定酸含量相对于原料有所上升，这是因为芒果汁中的糖类被酵母及其他微生物用于生长繁殖，并产生了柠檬酸和乳酸等代谢物，导致酒的酸度升高。随着发酵的进行，酒中高酸性环境会抑制微生物产酸能力，导致酸度几乎无变化[20]。

表 4 - 26　不同发酵时间小台农芒果酒的相关指标

发酵时间(d)	总糖(g/L)	滴定酸(g/L)	可溶性固形物(%)	Vc(mg/100 g)	酒度(%vol)
4	37.06	5.90	15.4	25.91	4.86
5	18.58	6.12	15.2	23.58	5.93
6	12.37	6.30	14.7	29.73	6.77
7	4.75	6.37	13.9	31.22	6.98
8	1.95	6.23	13.2	39.03	7.06

由表 4 - 23 和 4 - 26 可知，糖浓度降低速度很快，表明芒果汁的发酵速度很快，而可溶性固形物含量下降速度较慢，表明可溶性固形物含量的下降与糖浓度的下降有关，但也受到其他因素的影响。由表 4 - 26 可知，随着发酵时间的延长，总糖快速下降，而滴定酸、Vc 和酒精度上升，表明可溶性固形物含量的缓慢下降由滴定酸、Vc 和酒精度引起。滴定酸、Vc 和酒精度的升高抑制了可溶性固形物的下降。未发酵的芒果汁中 Vc 含量为 28.90 mg/100 g（表 4 - 23），在发酵 6 d 之前，随着发酵时间的延长，Vc 含量逐渐下降，降低至 23.58 mg/100 g。在芒果酒发酵初期，酵母需要充足的氧气进行有氧呼吸并产生热量，而 Vc 优先和氧气结合导致其不稳定，使 Vc 含量下降；另外，氧气和酵母在发酵过程中产生热量也导致 Vc 含量下降和不稳定[21]。在发酵 6 d 后，Vc 含量逐渐升高，并在发酵 8 d 时达到 39.03 mg/100 g。随着发酵进行，酒精度有所升高并稳定，糖含量降低到无法满足酵母需要，产生的热量极小，对 Vc 含量的影响降到最低，所以，Vc 含量（39.03 mg/100 g）上升到高于芒果汁 Vc 含量（28.90 mg/100 g），达到最高，这进一步证明了温度对 Vc 含量的影响，与林丽静等[21]研究结论一致。另一方面，芒果酒中部分纤维物质被分解并浸提在酒中，导致酒中 Vc 含量有所提升，这与陈华丽等[22]在乳酸菌发酵复合果汁中的研究结果相似，即随着发酵的进行，纤维素的含量不断增加，而 Vc 含量明显下降。除此之外，辜青青等[23]在对南丰蜜桔研究中也发现了相似的

变化趋势，即果实中纤维素含量的下降导致了 Vc 含量提升。由表 4－26 可知，发酵 8 d 的芒果酒 Vc 含量最高，但此时发酵基本完毕。如果芒果酒中的纤维和皮渣浸渍时间过长，将导致酒中的不良风味浸出，给酒带来苦涩感。品尝发现，发酵 6 d 的芒果酒果香和酒香丰富，但 Vc 含量正在提高，因此正交实验发酵时间确定为 6 d、7 d 和 8 d。

4. 正交实验

通过单因素实验选出每组因素最佳水平，以此设计三因素三水平正交实验，果胶酶添加量分别为 0.15％、0.2％、0.25％，酵母添加量分别为 0.15 g/L、0.2 g/L、0.25 g/L，发酵时间分别为 6 d、7 d、8 d。

表 4－27 正交实验因素水平表

水平	因素		
	A 果胶酶添加量(％)	B 酵母添加量(g/L)	C 发酵时间(d)
1	0.15	0.15	6
2	0.20	0.20	7
3	0.25	0.25	8

由表 4－28 可知，正交实验各组的极差 R 分别为：酵母添加量极差为 7.333，是三个极差最大的一组，因此酵母添加量是影响小台农芒果酒感官评分的主要因素，在发酵过程中要着重控制其添加量；其次是发酵时间，极差为 4.000，在果酒发酵过程中也要控制好发酵时间；最后为果胶酶添加量，极差为 2.334；三个因素极差关系为 $R_B > R_C > R_A$。因此，正交实验第 2 组为最佳组合，即果胶酶添加量为 0.15％，酵母添加量为 0.2 g/L，发酵时间为 7 d。

表 4－28 小台农芒果酒正交实验结果

序号	果胶酶添加量(％)	酵母添加量(g/L)	发酵时间(d)	Vc(mg/100 g)	感官评分
1	1	1	1	30.12	72
2	1	2	2	33.56	85
3	1	3	3	35.11	75
4	2	1	2	32.75	74
5	2	2	3	37.27	74
6	2	3	1	33.16	80
7	3	1	3	35.05	73
8	3	2	1	33.89	82
9	3	3	2	34.34	71
K_1	77.667	73.000	78.000		

续 表

序号	果胶酶添加量(%)	酵母添加量(g/L)	发酵时间(d)	Vc(mg/100 g)	感官评分
K_2	76.000	80.333	76.667		
K3	75.333	75.333	74.000		
R	2.334	7.333	4.000		

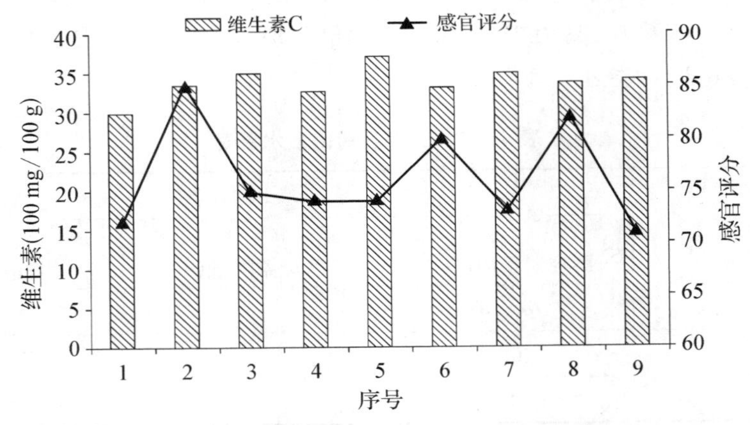

图 4-9 正交实验小台农芒果酒的 Vc 含量及感官品评

经过正交实验数据分析和感官评价，选择两种酒，分别是感官评分最高的第 2 组和维生素 C 含量最高的第 5 组，利用电子舌进行主成分分析。前者整体感官评价最高，后者 Vc 含量最高。根据图 4-10 所示，两种不同工艺酿造的小台农芒果酒的相对距离较大，容易区分，酒的种类都有一定重复性。正交实验的第 5 组芒果酒样品的差别很大。第 2 组芒果酒差别不大。两款芒果酒的主成分分析 DI 值为 93.83，主成分总贡献率为 86.0%，更充分地代表了整个样本的信息，表明电子舌可以用来识别和区分不同种类的芒果酒，体现了电子舌鉴定分析不同酿造工艺小台农芒果酒中的敏捷性和实用性[24]。

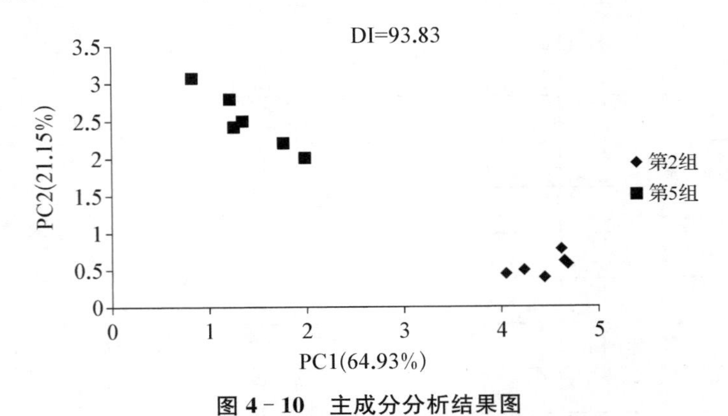

图 4-10 主成分分析结果图

（三）感官评定

在正交实验的基础上进行感官评定，感官评分主要分为色泽、澄清度、香气、滋味和典型性，总分为 100 分，各指标分别评分，取各指标和为总分。本次的 10 人品尝小组由经过专业培训和训练并具有相应品酒证书的葡萄酒工程专业的学生组成。

表 4－29 正交实验小台农芒果酒感官评语及评分

序号	综合评语	最终评分
1	酒体呈浅金黄色，澄清透明，具有芒果、香橙、菠萝等热带水果的丰富香气且具有淡雅的白花香气，但酒体较薄，后苦，余味较短。	72
2	酒体呈金黄色，唯一缺点是酒体澄清度较其他组略低，具有芒果、香橙、菠萝、柚子等热带水果的丰富、香气，果香怡人；酒精度较低，略甜，酒体结构感强，芒果酒典型性最强；余味较长，在 9 款酒中，多数人认为是口感最佳的一款酒。	85
3	酒体呈浅金黄色，澄清无沉淀，具有芒果、香橙等热带水果的香气，香气较丰富；酒精度较高，酒体结构感强，酒香与果香融合较好，余味较长。	77
4	酒体呈浅金黄色，略微沉淀，香气较丰富；酒精度高，酒香与果香融合较好，酒体结构感强但较薄，后味略苦，余味较短。	74
5	酒体呈浅金黄色，澄清无沉淀，香气丰富；酒精度较高，酒体较淡薄，结构感不强，后味略苦。	74
6	酒体呈浅金黄色，澄清无沉淀，具有芒果、香橙等热带水果的香气，香气丰富；酒精度较高，酒体结构感强，酒香与果香融合较好，余味较长。	80
7	酒体呈暗黄色，有细微沉淀，但香气丰富；酒体结构感较强；余味较长。	73
8	酒体呈浅金黄色，澄清无沉淀，在 9 款芒果酒中，澄清度最高；具有浓郁的芒果香气；酒体结构感强，酒香与果香融合较好，余味较长。	82
9	酒体呈金黄色，酒体色泽较好，澄清无沉淀；香气浓郁；但酒体结构感不强且较淡薄，后味略苦；余味较短。	71

经过 10 名同学的多次品尝、讨论分析得出，总体分数最高为正交实验的第 2 组，其酒体呈金黄色，唯一缺点是酒体澄清度较其他组略低，具有芒果、香橙、菠萝和柚子等热带水果的香气，香气最为丰富，果香怡人；酒精度较低，略甜，酒体结构感强，芒果酒典型性最强；余味较长，分数为 85，Vc 含量为 33.56 mg/100 g(表 4－28)。其次为正交实验第 8 组，酒体呈浅金黄色，澄清无沉淀，在 9 款芒果酒中，澄清度最高；具有浓郁的芒果香气；酒体结构感强，酒香与果香融合较好，余味较长，分数为 82，其 Vc 含量为 33.89 mg/100 g(表 4－28)。Vc 含量最高的是正交实验第 5 组，其 Vc 含量为 37.27 mg/100 g(表 4－28)，但其酒精度较高，酒体较淡薄，结构感不强，后味略苦，口感和风味不及第 3 组，分数为 74。

四、小结

本次实验选择海南小台农芒果，并对其进行营养成分(维生素)测定，通过不同酿造工艺在提升芒果酒口感的同时也提高芒果酒的营养价值，为研发一款口味独特、质量上乘的芒果酒提供了基础。该研究顺应了市场要求，有利于解决芒果不易储存的问题，开发出新型的农副产品，并且促进当地经济的发展。同时，之前鲜见对小台农芒果酒的研究，且芒果酒工艺有待完善，所以在该品种芒果酒酿造的研究还有待继续发展。

本实验通过设计三种不同梯度的单因素实验，分别是果胶酶添加量（0.1%、0.15%、0.2%、0.25%和0.30%）、酵母添加量（0.1 g/L、0.15 g/L、0.2 g/L、0.25 g/L和0.3 g/L）、发酵时间（4 d、5 d、6 d、7 d和8 d），控制相关发酵条件，按照要求发酵完成后通过检测Vc、总糖、滴定酸（以柠檬酸计）、可溶性固形物等，对比分析，探讨三种不同梯度的单因素（分别是酵母最佳添加量、果胶酶添加量和发酵时间）对小台农芒果酒中Vc含量和风味等影响，在单因素实验的基础上进行正交实验，确定最佳小台农芒果酒的酿造工艺。

在单因素实验中，最终确定最佳果胶酶添加量为0.2%，最佳酵母添加量为0.2 g/L，最佳发酵时间为7 d。

9组正交实验的小台农芒果酒中总体分数最高的为正交实验的第2组，其果胶酶添加量为0.15%、酵母添加量为0.20 g/L、发酵时间为7 d，酒体呈金黄色，唯一缺点是酒体澄清度较其他组略低。第2组芒果酒具有芒果、香橙、菠萝和柚子等热带水果的香气，香气最丰富，果香怡人；酒精度较低，略甜，酒体结构感强，芒果酒典型性最强；余味较长，最终评分为85，Vc含量为33.56 mg/100 g。

Vc含量最高的是正交实验第5组，果胶酶添加量为0.2%、酵母添加量为0.20 g/L、发酵时间为8 d，Vc含量为37.27 mg/100 g，但其酒精度较高，酒体较淡薄，结构感不强，后味略苦，口感和风味不及第3组，最终评分为74。

参考文献

[1] 罗小杰，韦虎.芒果酒的研制[J].广西轻工业，2011，27(04)：37+49.

[2] 张静. 澄清型红枣汁工艺优化及其稳定性研究[D].西安：西北大学，2009.

[3] 朱杰.海南芒果产业关键技术[J].农业工程，2020，10(02)：125-127.

[4] 庞世卿.三亚市芒果生产的特点及其进一步发展之意见[J].热带作物研究，1992，3：39-44.

[5] 零东宁，刘国明，李昌宝，李丽，郑凤锦.芒果酒发酵工艺优化[J].轻工科技，2016，32(06)：1-2+17.

[6] 李世燕，田美荣，李栋.毛酸浆酒发酵工艺研究[J].农业科技与装备，2013，9：52-54.

[7] 丁小礼，甘易华.碘量法测定南康甜柚中 Vc 含量研究[J].轻工标准与质量，2018，1：61-62.

[8] 中华人民共和国国家质量监督检验检疫总局，中国国家标准化管理委员会.《GB/T 15038—2006》总糖的测定[S].北京：中国标准出版社，2006.

[9] 吴婧婧，梁贵秋，陆春霞.响应面法对桑果醋发酵工艺的优化[C]//昆明：中国蚕学会第八届青年学术研讨会，2014.

[10] 王俊，陈仁远，母光刚.半微量蒸馏法测定配制酒酒精度[J].化工设计通讯，2016，42(06)：98+130.

[11] 马玮，史玉滋，段颖.南瓜果实淀粉和可溶性固形物研究进展[J].中国瓜菜，2018，31(11)：1-5.

[12] 武红霞，邢姗姗，王松标，马蔚红，周毅刚.芒果种质资源糖积累的基因型差异分析[J].中国农学通报，2011，27(10)：266-270.

[13] 谢若男，马晨，张群，刘春华，阳辛凤.海南省芒果主产区主栽品种果实品质特性分析[J].南方农业学报，2018，49(12)：2511-2517.

[14] 闫征，王昌禄，顾晓波.pH 值对乳酸菌生长和乳酸产量的影响[J]l 食品与发酵工业，2003，29(6)：35-38.

[15] 海金萍，刘钰娜，邱松山.三华李果酒发酵工艺的优化及香气成分分析[J].食品科学，2016，37(23)：222-229.

[16] 孙洪浩，朱正军，邓元海，张家庆，徐国俊，曹敬华，陈茂彬.野生猕猴桃干酒酿造工艺研究[J].中国酿造，2014，3：62-66.

[17] 吴林生，高智翔，徐德聪.树莓酒发酵工艺优化研究[J].合肥师范学院学报，2020，38(3)：25-29.

[18] 张佳艳，林欢，秦战军.西番莲果渣酶解工艺的研究[J].食品研究与开发，2016，37(19)：95-99.

[19] 杜妹玲，张秀玲，范丽莉，赵恒田，刘明华.蓝靛果酒带渣发酵工艺的优化及其香气分析[J].食品工业科技，2020，41(5)：136-144+150.

[20] 杨冲，彭珍，熊涛.南丰蜜桔汁乳酸菌发酵过程中品质的变化[J].食品工业科技，2018，39(11)：1-5+11.

[21] 林丽静，马丽娜，黄晓兵，龚霄，吴子健.菠萝皮渣糯米果酒发酵中成分变化及抗氧化研究[J].食品研究与开发，2019，40(24)：52-59.

[22] 陈华丽，吴继军，邹波，刘忠义，徐玉娟，肖更生，余元善.木醋杆菌对乳酸菌发酵复合果汁的影响[J].现代食品科技，2019，35(3)：125-132+139.

[23] 辜青青，徐回林，曲雪艳，肖平，陈金印.南丰蜜桔果实生长发育的研究[J].现代园艺，2010，6：4-5+66.

[24] 苏伟，齐琦，赵旭，母应春，邱树毅.电子舌结合 GC/MS 分析黑糯米酒中风味物质[J].酿酒科技，2017，(9)：102-106.

第四节 百香果籽油

【目的】提取优质且抗氧化性强的百香果籽油，并减少百香果副产物资源的浪费。

【方法】以广西玉林市生产的百香果纯籽为材料，采用水酶法、索氏提取法和微波辅助提取法提取百香果籽油，同时测定百香果籽油对DPPH(1,1-二苯基-2-苦基苯肼)自由基、羟基自由基和超氧阴离子自由基的清除率及其还原性(Fe^{3+})。

【结果】索氏提取法提取的百香果籽油提取率最高，达26.75%；在抗氧化体系和还原力的测定中发现，采用水酶法提取的百香果籽油对三种自由基的清除率最高，分别为80.00%、91.76%和93.05%；不同方法提取的百香果籽油的还原力分别为0.23、0.34和0.3。因此，索氏提取法的提油率最高，水酶法提取的百香果籽油的抗氧化性最强，三种方法提取的百香果籽油的还原力相近。

一、背景

百香果学名西番莲，是西番莲科西番莲属多年生常绿藤本植物。近些年，百香果果汁的产品市场需求量不断增加，种植面积不断扩大，但亩产量低，综合利用水平差，影响了百香果产业发展。百香果果汁的生产留下了大量果皮和果籽残渣，分别占了50%和26%，果皮中含有浓度较高的营养成分，如多酚、糖类、矿物质、维生素等；而籽油中含有一种非常重要的成分——亚麻油酸，它对人体有很多益处，可以减少机体自由基的产生，加强身体维生素的吸收，减少肌肤中的胶原蛋白流失和改善静脉肿胀等。百香果籽油有较好的羟基去除作用，去除率81.7%，可以有效抑制60%以上超氧阴离子自由基，最大抑制率达94.7%[1]。

近年来，国内外百香果籽油的研究主要集中在成分分析、提取过程优化和抗氧化性上[2]。基于国内外研究，本实验以百香果为研究对象，在提取工艺上，分别采用水酶法、索氏提取法和微波辅助提取法提取百香果籽油样品，其中水酶法提取工艺绿色安全，条件温和且不污染环境；索氏提取法利用有机石油醚索氏抽提，有很好选择性，设备简单，操作较容易；微波辅助提取法利用微波能提高提取效率，耗能低，能节省试剂、降低成本。在抗氧化实验中，研究百香果籽油对DPPH自由基、羟自由基和超氧阴离子自由基的抑制率和对Fe^{3+}的还原能力。为了探究哪些方法提取的百香果籽油有更强的自由基清除率与还原力，通过实验，对比分析三种方法提取的百香果籽油在不同抗氧化体系中的优势，一方面为提取抗氧化性强、纯度高的百香果籽油提供理论依据；另一方面促进百香果籽油在食品、制药和化工领域的发展；在消费者收入水平提升、对天然产品需求提升和营销因素推动下，百香果籽油产品发展前景良好。

二、材料与方法

（一）材料与仪器

1. 实验材料

百香果纯籽，广西壮族自治区玉林市。

2. 辅料

木瓜蛋白酶：南宁庞博生物工程有限公司；糖化酶：博立生物制品有限公司；β-葡聚糖酶：和氏壁生物科技有限公司。

3. 试剂

DPPH（1,1-二苯基-2-三硝基苯肼）、正己烷、邻二氮菲、双氧水、铁氰化钾、石油醚、Vc、磷酸盐、邻苯三酚、三氯化铁。

4. 仪器

表 4-30　实验仪器

仪器	型号	制造商
电子天平	Sop QUINITX224-1CN	赛多斯科学仪器(北京)有限公司
分析天平	TG328A	上海精科仪器厂
高速智能粉碎机	2500Y	武仪海纳电器有限公司
高速冷冻离心机	KDC-140HR	安徽中科中佳科学仪器有限公司
电热恒温水浴锅	HWS-26	上海恒一科学仪器有限公司
微波辅助萃取仪	SKS210HP	云南科仪化玻有限公司
真空蒸馏机	DZF-6020	上海博迅实业有限公司
电热鼓风干燥	DHG-9070A	上海一恒科学仪器有限公司
索氏提取器	BSXT-02-150	盐城新明特玻璃仪器有限公司
恒温加热磁力搅拌器	GL-2	巩义市予华仪器有限责任公司
紫外分光光度	UV-5500	上海元析仪器有限公司

（二）实验方法

1. 实验流程

百香果籽→晾干→除杂→筛选→烘干→粉碎→筛分→{水酶法 / 索氏提取法 / 微波辅助提取法}→

百香果籽油→抗氧化实验→数据分析

2. 提取工艺

方法见表 4-31。

表 4-31　三种提取工艺的步骤

水酶法[3]	第一步	采购新鲜籽大的百香果籽，将其晾干，除去杂质，筛选出饱满的百香果籽，于 150 ℃烘干至恒重。
	第二步	使用高速智能粉碎机粉碎百香果籽，并用筛子(40 目)筛分，称量 10 g 百香果籽末，根据 1∶3 的料液比加入蒸馏水 30 mL，将其混合均匀，调节 pH 至 6，添加 4.96%复合酶(木瓜蛋白酶∶葡聚糖酶∶糖化酶=8∶1∶1)，再次摇匀，置于 50 ℃水浴锅中酶解 6 h。
	第三步	酶解结束后，将酶解容器置于 90 ℃恒温水浴锅中灭酶 20 min，冷却至室温后，再将其置于-18 ℃冰箱中冰冻 20 h，然后置于 40 ℃水浴锅内解冻 2 h 后离心，转速为 9 000 r/min，离心 20 min，然后吸取上层清油并过滤，低温烘干至质量恒定。
	第四步	根据百香果籽末(样品)质量 m_1 和提取油脂质量 m_2，按下式计算百香果籽油提取率(用同样方法分别提取五组)。 籽油提取率 $(W\%)=\frac{m_2}{m_1}\times 100\%$ (i)
索氏提取法[4]	第一步	称取处理好的百香果籽末 10 g，送入折好的滤纸(筒)中再放进索氏提取器内。
	第二步	用分析纯石油醚(沸点 60 ℃～90 ℃)在 85 ℃恒温浴温条件下，索氏提取 8 h 以上，直至浸提筒内溶液无色，回收溶剂，计算百香果籽油得油率，同上(用同样方法分别提取五组)。
微波辅助提取法[5]	第一步	称取处理好的百香果籽末 10 g，放入容器中并加入 70 mL 正己烷溶剂，浸泡 30 min 后放入微波协同萃取仪中，调节功率至 250 W，辐射 8 min 后，取出冷却至室温。
	第二步	分离容器中的溶液，将滤液减压蒸馏，所得百香果籽油置于鼓风干燥箱中烘干至恒重，计算得油率，同上(用同样方法提取五组)。

3. 百香果籽油抗氧化实验

见表 4-32。

表 4-32　百香果籽油抗氧化测定步骤

DPPH 自由基清除作用[7-8]	第一步	将无水乙醇稀释为体积分数为 95%的乙醇溶剂，分别把用三种方法提取的百香果籽油配成浓度为 1.0 mg/mL、1.5 mg/mL、2.0 mg/mL、2.5 mg/mL和 3.0 mg/mL 的溶液。
	第二步	取 1.0 mL 样品液与 2 mL 浓度为 0.024 mg/mL 的 DPPH 乙醇(95%)溶液混合，避光 0.5 h，以 95%乙醇液调零，在波长 517 nm 处测定，测得吸光度为 A_1，以不加精油样品的 DPPH-乙醇液为空白对照，测得吸光度为 A_0，平行测定三次，取平均值计算清除率，清除率按式(ii)计算。 清除率(%) $=\frac{A_0-A_1}{A_0}\times 100\%$ (ii) 其中 A_0、A_1 分别为空白、样品吸光度 阳性对照：将 Vc 配成上述不同浓度梯度的溶液，替代百香果籽油加入试管中，其他具体操作步骤同上。

续　表

羟自由基清除作用[9]	第一步	抗氧化实验采用 H_2O_2/Fe^{2+} 体系，取 7 支具塞试管，分别加入 0.75 mmol/L 的邻二氮菲溶液 1.0 mL、150.0 mmol/L pH7.4 的磷酸盐缓冲溶液(PBS)1.5 mL，充分混匀后，再加 0.75 mmol/L 的 $FeSO_4$ 1.0 mL，立即混匀。 阳性对照：将 Vc 配成上述不同浓度梯度的溶液，替代百香果籽油加入试管中，其他具体操作步骤同上。
	第二步	向其中的 5 支试管依次加入 1.0 mg/L、1.5 mg/L、2.0 mg/L、2.5 mg/L 和 3.0 mg/L 的百香果籽油溶液各 1.0 mL，混匀。另外两支，一支加 0.01% H_2O_2 1.0 mL，另外一支不加 H_2O_2。
	第三步	用蒸馏水分别将 7 支试管补充到相同的体积(约为试管 2/3 处)，于 37 ℃水浴 1 h，在波长 536 nm 条件下测吸光度值。重复测定三次，取平均值计算清除率，按式(iii)计算。 $$\text{羟自由基清除率} = \frac{A_2 - A_1}{A_0 - A_1} \qquad \text{(iii)}$$ A_0：加 H_2O_2 的吸光度值； A_1：gi 加 H_2O_2 的吸光度值； A_2：加百香果精油溶液的吸光度值。
超氧阴离子自由基清除作用[10-11]	第一步	采用邻苯三酚法，取 4.5 mL 0.05 mol/L Tris-HCl 缓冲溶液(pH8.2)，于 25 ℃水浴中预热 10 min。分别向其中加入 0.4 mL 试样液和 0.4 mL 25 mmol/L邻苯三酚溶液，混匀并于 25 ℃水浴中准确反应 5 min。
	第二步	阳性对照：将 Vc 配成上述不同浓度梯度的溶液，替代百香果籽油加入试管中，其他具体操作步骤同上。
还原力测定[12]	第一步	采用普鲁士蓝法测定百香果籽油还原 Fe^{3+} 的能力，分别取不同质量浓度的百香果籽油溶液 1.0 mL，加入 pH6.6 的磷酸盐缓冲溶液 2.0 mL 和 1% 的铁氰化钾溶液 1.0 mL，充分摇匀混合，置于 50 ℃恒温水浴锅中保温 25 min。
	第二步	冷却后加入 10%三氯乙酸溶液 1 mL，充分混合，于 3 500r/min 离心 1 min后取上清液 1.0 mL 于试管中，再加入 0.1% $FeCl_3$溶液 1.0 mL 和蒸馏水 2.0 mL，充分混匀，在常温下反应 5 min 后于 700 nm 波长处测定吸光度 A_1，甲醇代替百香果籽油溶液作为空白对照 A_0，计算还原力值 A，按式(iv)计算。 $$A = A_1 - A_0 \qquad \text{(iv)}$$ 其中 A_0、A 分别为空白和样品吸光度 阳性对照：将 Vc 配成上述不同浓度梯度的溶液，替代百香果籽油加入试管中，其他具体操作步骤同上。

注：Vc 为强抗氧化剂，设置阳性对照是为了更好对比百香果籽油的抗氧化性。

三、结果

(一) 不同方法提取百香果籽油提取率比较

使用水酶法、索氏提取法和微波辅助提取法提取百香果籽油，用每一种方法分别提取 5 组样品(m_1相同)，分别计算提取率。如图 4－11 所示，每种方法提取的五组百香果籽油的提取率有差别。水酶法提取的五组样品的提取率为 14%～18%，每组之间提取率不同的主要原因是五组百香果籽的成熟度不同，另一个原因是百香果籽酶解结束后，离心分离时，收集上层清液后有部分残渣与水分和油脂混合，过滤后分离不完全；索氏提取法提取的五组样品的提取率为24%～27%，每组之间提取率有差异的原因是，索氏提取法提取百香果籽油过程中，少量百香果籽油被抽提到圆底烧瓶中，导致油脂提取率不同；微波辅助提取法提取的五组样品的提取率为19%～21%，造成提取率不同的原因是正己烷萃取百香果油后，固液分离不完全，导致减压蒸馏后每组百香果籽油的量不同。

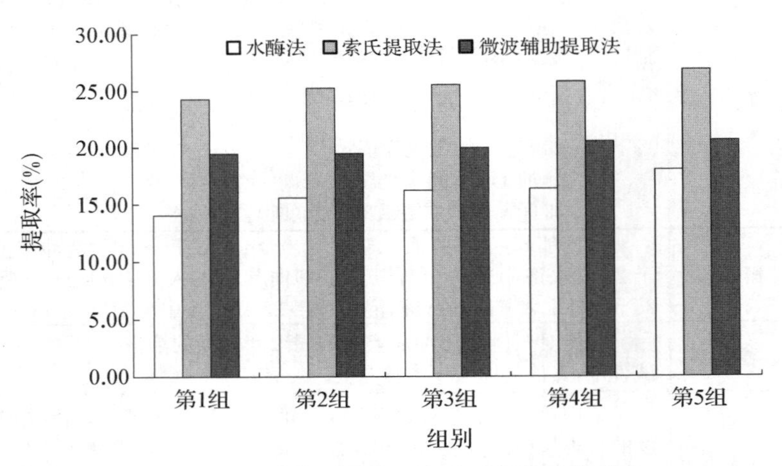

图4-11　不同方法对百香果籽油提取率的影响

在不同提取方法中，提取率差异的原因如下：(1) 水酶法[3]提取工艺与其他两种提取工艺相比，简单环保、反应条件温和、无需高温高压处理、设备要求低和无有机溶剂残留。但是在提取过程中，成分复杂、细胞壁厚实且坚硬，需要多种酶的协助提取，这导致部分原料细胞破壁效果不佳。除此之外，百香果籽油只离心了一次，造成百香果籽油分离效果不佳，提取率较低。(2) 微波辅助提取是用微波能量提高提取速度的新技术，其优点是功率小、能耗低、提取效率高，提取率略高于水酶法，不足之处是由于细胞被破碎，正己烷萃取百香果籽油过程中，同时萃取了色素和糖类等物质，成分比较复杂，并且高温减压蒸馏对实验结果有影响[5]。(3) 索氏提取法提取百香果籽油最多。以石油醚为有机溶剂，在恒定高温(85 ℃)加热提取，与上述两种方法相比，虽然耗费时间较长，高温下提取还会造成百香果籽油氧化，但提取较充分，操作过程易控制，也能有效提取小分子组分[6]。

(二) 不同方法提取百香果籽油的抗氧化和还原力

1. 不同方法提取的百香果籽油对DPPH自由基的清除作用

使用分光光度计在波长517 nm处测定不同方法提取的百香果籽油DPPH自由基

清除率 A_0 和 A_1，平行测定三次，计算清除率，并以 Vc 为阳性对照（设置阳性对照以增强对比性）。结果如表 4－33，Vc 作为强抗氧化剂，随着浓度的升高，抗氧化性不断增强，浓度为 3.0 mg/mL 时的抗氧化性达到了 93.33%，表明 Vc 具有很强的抗氧化性；水酶法、索氏提取法和微波辅助提取法提取的百香果籽油在抗氧化实验中，随着浓度的升高，抗氧化性不断增强，说明三种方法提取的百香果籽油对 DPPH 自由基都具有较好的清除作用；然而，随着浓度升高到 3 mg/L 时，水酶法提取的百香果籽油对 DPPH 自由基清除率达到 80%，略高于另外两种方法，索氏提取法的次之，微波辅助提取法的最低。

表 4－33　不同提取方法对不同浓度样品的 DPPH 自由基清除效果的影响

	样品浓度(mg/mL)				
	1.0	1.5	2.0	2.5	3.0
Vc	83.26%	89.55%	90.32%	90.79%	93.33%
水酶法	63.33%	66.66%	69.13%	70.36%	80.00%
索氏提取法	63.37%	66.66%	67.33%	69.13%	76.74%
微波辅助提取法	53.57%	53.30%	56.60%	57.86%	67.22%

2. 不同方法提取的百香果籽油对羟自由基的清除作用

抗氧化实验采用 H_2O_2/Fe^{2+} 体系，以蒸馏水为参比溶液，在紫外分光光度计中，于波长 536 nm 下测定各样品的吸光度 A_0 和 A_1，计算出样品相应对羟自由基的清除率。如表 4－34，随着样品浓度的增加，百香果籽油对羟自由基的清除作用逐渐增强，说明在该反应体系中，水酶法、索氏提取法、微波辅助提取法提取的百香果籽油和 Vc 均对羟自由基有较好的清除作用，清除率分别达到 80.68%～91.76%、64.77%～91.27%、57.95%～88.92%和 57.95%～88.54%。不同方法提取的百香果籽油中，水酶法和索氏提取法提取的百香果籽油清除率差别不大，前者略高，而微波辅助提取法对羟自由基清除率次之，再者，三种百香果籽油对羟自由基的清除率比阳性对照组（Vc）高，表明百香果籽油对羟自由基有较好的清除作用。

表 4－34　不同提取方法对不同浓度样品的羟自由基清除率的影响

	样品浓度(mg/mL)				
	1.0	1.5	2.0	2.5	3.0
Vc	57.95%	67.61%	70.45%	80.06%	88.54%
水酶法	80.68%	82.67%	87.21%	88.92%	91.76%
索氏提取法	64.77%	68.94%	78.76%	83.23%	91.27%
微波辅助提取法	57.95%	67.61%	70.45%	88.06%	88.92%

3. 百香果籽油提取方法对超氧阴离子自由基的清除作用

不同方法提取的百香果籽油对超氧阴离子的清除率如图4－12。

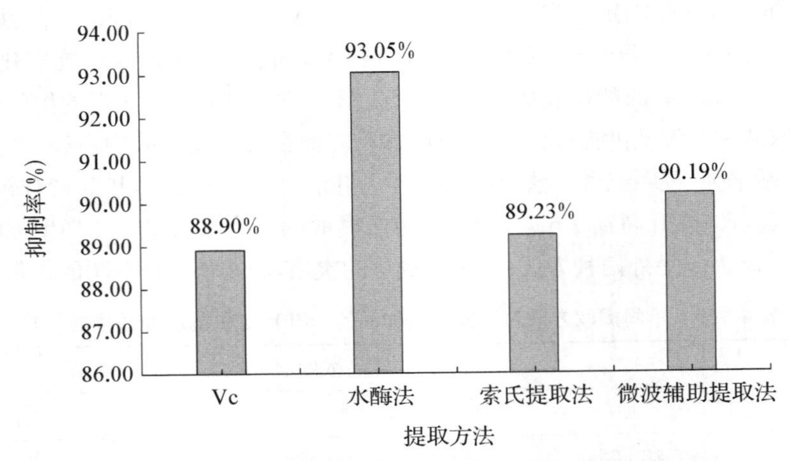

图 4-12 不同方法提取的百香果籽油对超氧阴离子的抑制率

水酶法提取的百香果籽油对超氧阴离子的抑制率达到了 93.05%，表明该方法提取的百香果籽油对超氧阴离子自由基抑制率最高；微波辅助提取法抑制率次之，为 90.19%，索氏提取法抑制率最低为 89.23%，这三种方法提取的百香果籽油都有较好的清除作用；与阳性对照组（Vc）比较，提取的百香果籽油对超氧阴离子自由基清除效果比 Vc 强，有较好的超氧阴离子自由基清除作用，Vc 超氧阴离子自由基清除率达 88.90%，说明 Vc 也具较好的超氧阴离子清除能力。

4. 不同方法提取百香果籽油的还原力

以甲醇作为稀释百香果籽油的溶剂，以不加百香果籽油的样品作为空白对照组，按照同样的方式稀释 Vc 作为阳性对照组，在紫外分光光度计波长 700 nm 处测定各组样品吸光度 A_0 和 A_1，计算还原力，结果如表 4-35。在不同方法提取的百香果籽油和 Vc 还原力测定中，水酶法还原力为 0.04～0.23，索氏提取法还原力为 0.05～0.34，微波辅助提取法还原力为0.19～0.33，且还原力相近。Vc 还原力值为 2.26～2.31，而三种方法提取的百香果籽油的还原力显著低于 Vc，说明了 Vc 具备较好的还原力。除此之外，不同方法提取的百香果籽油都有一定的还原力。

表 4-35 不同方法提取的百香果籽油样品的还原力

	样品浓度（mg/mL）				
	1.0	1.5	2.0	2.5	3.0
Vc	2.26	2.27	2.28	2.30	2.31
水酶法	0.04	0.08	0.09	0.10	0.23
索氏提取法	0.05	0.14	0.15	0.17	0.34
微波辅助提取法	0.19	0.20	0.21	0.24	0.33

百香果籽中有 30%脂肪和多种抗氧化物质，如酚类、类胡萝卜素、黄酮类和有机酸

等[13]，此外，还可以减少脂质自由基生成，防止脂质过氧化，抑制癌症、心脏病等，抗氧化效果显著。综合表4-4和图4-12，用不同方法提取的百香果籽油，对DPPH自由基、羟自由基和超氧阴离子自由基的清除作用都有差别，对Fe^{3+}还原力较弱，产生差异的原因主要是提取百香果籽油的方法、试剂种类和温度等差异，导致提取的百香果籽油成分不同，进而影响了不同体系的抗氧化功效。陶志华等[1]以百香果籽油的羟自由基和超氧苯基去除率为指标，研究了百香果籽油的抗氧化活性，结果发现，百香果籽油对两种自由基有较好的去除效果，对花生油脂有较好的抗氧化作用。刘松奇等[3]研究发现，水酶法提取的百香果籽油DPPH自由基清除率接近橄榄油和山核桃油。伍玉春等[14]研究表明，百香果籽油具有一定抗氧化活性，对ABTS自由基清除率65.18%，对羟基自由基清除率78.61%，超氧阴离子自由基清除率63.32%，DPPH自由基抑制率80.43%。

四、小结

与前人的研究相比，本研究选择了多种提取工艺对百香果籽油进行提取，由于提取条件的差异，在提取率和提取成分上有所不同，实验结果表明，不同提取方法对百香果籽油抗氧化功效具有可行性，且不同方法提取的百香果籽油对自由基清除效果明显，清除率也不同。

百香果籽用于食品开发，其籽油极易被人体吸收，吸收率高达98.49%，并能辅助多种维生素吸收。百香果籽仁含油率超过60%，不饱和脂肪酸含量高达80%以上，可治疗原发性脂肪酸缺乏症和心血管疾病，阻止脑血栓形成，促进人体血脂代谢[15]。Ricard等[16]研究表明，超声波可以取代传统的提取方法。许晓静等[17]，研究表明，黄色和紫色的百香果籽油都具有显著的体内抗氧化效果。Braz[18]研究发现，百香果籽原油的自由基清除活性与其他食用油相似，且具有较强的抗氧化活性。以上研究说明百香果籽的开发前景广阔。

此次研究对提取抗氧化性强、纯度高的百香果籽油有很好的借鉴作用。对百香果籽油的提取工艺尚存疑惑。水酶法提取百香果籽油条件温和，耗能低又绿色环保，所以应用比较广泛，但是酶的种类不够丰富，应增加酶的种类，优化提取工艺，使酶解法提取油脂成为发展趋势[19]。不同方法提取的百香果籽油的提取率、抗氧化性和还原力都有差别，造成原因是在原料选择中，对原料的品种、产地和种植的环境没有详细了解，百香果籽品种单一，因此提油率与他人的研究也有所不同。不同方法提取的百香果籽油抗氧化和还原能力相似，但是结果有差别，原因是受辅料、试剂种类，提取温度和人为因素的影响[20]。

以产自广西的百香果纯籽为材料，使用不同方法提取的百香果籽进行抗氧化和还原力实验，得出以下结论：

(1) 从百香果籽油提取率角度，索氏提取法提取的百香果籽油较水酶法和微波辅助提取法提取的百香果籽油，提取率稍高，达到了25.75%，而由于采用的提取方法与条件不同，水酶法和微波辅助提取法提取的百香果籽油的提取率也存在一定差异。

(2) 在不同抗氧化实验中，三种方法提取的百香果籽油浓度在1～3 mg/mL范围内，均具有较强的抗氧化活性，且与浓度变化呈正相关。在不同抗氧化体系中有以下差别：三种方法提取的百香果籽油中，水酶法提取的百香果籽油对DPPH自由基、羟自由基和超氧阴离子自由基的清除作用最强；索氏提取法提取的百香果籽油较水酶法对自由基的清除作用略低，但对DPPH自由基和羟自由基也有较好的清除作用；在超氧阴离子清除实验中的微波辅助提取法提取的百香果籽油，其清除率略低于水酶法提取的百香果籽油，但也具有较好的超氧阴离子自由基清除作用。三种方法提取的百香果籽油均有一定还原力，还原力相近，但不强。

参考文献

[1] 陶志华,健文.百香果籽油的抗氧化活性研究[J].广州化工,2012,40(14):120－121+138.

[2] 欧阳建文,熊兴耀,王辉宪,王仁才,刘东波,阳国平,袁洪.超临界 CO_2 萃取西番莲籽油及其成分分析[J].园艺学报,2007,1:239－241.

[3] 刘松奇,戢得蓉,段丽丽.水酶法提取百香果籽油工艺优化及其抗氧化性研究[J].四川旅游学院学报,2020,3:26－31.

[4] 何冬梅,刘红星,黄初升,林森,孙振军.百香果籽挥发油的提取研究[J].中国酿造,2010,3:150－153.

[5] 程谦伟,孟陆丽,何仁,黄永春.响应面优化微波辅助提取百香果籽油工艺研究[J].粮食与油脂,2010,5:20－22.

[6] 李承敏,梁宇斌,李雪华.百香果籽挥发油的提取研究[J].乡村科技,2016,36:34－35.

[7] Bounatirou S, Smiti S, Miguel M G, Faleiro L, Rejeb M N, Neffati M, Costa M M, Figueiredo A C, Barroso J G, Pedro L G. Chemical composition, antioxidant and antibacterial activities of the essential oils isolated from Tunisian Thymus capitatus Hoff. et Link [J]. *Food Chemistry*, 2007, 105(1): 146－155.

[8] Sacchetti G, Maietti S, Muzzoli M, Scaglianti M, Manfredini S, Radice M, Bruni R, Comparative evaluation of 11 essential oils of different origin as functional antioxidants, antiradicals and antimicrobials in foods [J]. *Food Chemistry*, 2005, 91(4): 621－632.

[9] 田光辉,刘存芳,赖普辉.糙苏叶子挥发油成分及其生物活性的研究[J].食品工业科技,2008, 29(5):106－109.

[10] 胡飞,何艳克.苦瓜多糖的分离纯化及抗氧化性的研究[J].食品工业科技,2009,30(8): 247－249.

[11] Xiang Z, Ning Z. Scavenging and antioxidant properties of compound derived from chlorogenic acid in South-China honeysuckle [J]. *LWT-Food Science and Technology*, 2008, 41(7): 1189－1203.

[12] 康明丽,张平.减压贮藏理论及技术研究进展[J].食品与机械,2001,2:9－10.

[13] 沈玉平,周旭,张祖姣,蒋黎艳.水酶法提取油脂研究进展[J].中国油脂,2021,46(02):14－19.

[14] 伍玉春,何世强,陈显玲,苏龙.百香果籽油提取条件优化及其抗氧化活性的研究[J].广州化工,2018,46(11):47－49+79.

[15] 吉林省粮食厅工业处. 玉米提胚榨油[M]. 北京:中国财政经济出版社,1982: 143－148.

[16] De Oliveira, R.C.; Davantel De Barros, S.T.; Gimenes, M.L. The extraction of passion fruit oil with green solvents(Article)[J].*Journal of Food Engineering*.2013,117(4):458－463.

[17] 许晓静,陶志华.黄色和紫色百香果籽油抗氧化作用的对比研究[J].食品工业科技, 2016,37(11):49－52+57.

[18] Cassia R M; Neuza J. Yellow passion fruit seed oil (Passiflora edulis f. flavicarpa): physical and chemical characteristics [J]. *Brazilian Archives of Biology and Technology*. 2012, 55(1):127－134.

[19] 冯学花,陶阿丽,蔡晓芳.酶解法在油脂提取中的应用研究进展[J].长江大学学报(自科版),2018,15(22):54-56.
[20] 薛山.不同提取方法下紫苏叶精油成分组成及抗氧化功效研究[J].食品工业科技,2016,37(19):67-74.

第五节 糯米混合酒

【目的】研究原料、酒曲添加量和酿造时间对米酒品质的影响，探讨米酒的优化工艺。

【方法】以楚雄市禄丰市仁兴镇稻花香米、糯米、红米和黑米为实验原料，检测各原料在浸泡、蒸煮和降温后淀粉、还原糖和可溶性固形物含量的变化，以此设计单因素实验，研究其品质特性。选用黑米、红米和香米分别与糯米混酿，同时用糯米酿造的米酒作空白，测定其理化指标，结合电子舌分析和感官品评，选择与糯米混合的最佳的大米原料；然后在其中分别加入 1 g/230 g、1 g/240 g、1 g/250 g 和 1 g/260 g 的酒曲发酵，优化最佳酒曲添加量。基于以上实验，设置不同的时间梯度(5 d、8 d、11 d、14 d 和 17 d)进行发酵，研究发酵时间对米酒品质的影响。

【结果】最终确定最佳原料为稻花香米，酒曲添加量 1 g/240 g，发酵时间 14 d。

一、背景

大米的广泛种植催生了米酒酿造业，米酒作为营养保健酒，市场前景广阔。研究米酒新工艺，对改良米酒工艺，改善米酒品质，具有重要的现实意义。此外，米酒作为一种大众喜好的家常酒，成本低，易酿造，口感佳，米酒消费市场的扩大对满足消费需求具有重要意义。本实验通过对原料和酿造工艺的研究，利用基本理化指标、香气和感官评价等综合评定，优选出米酒的最优工艺，为我国米酒的发展做出贡献，为其他五谷杂粮深加工提供参考，促进米酒绿色健康发展[1]。现已经开发的糯米混合酒有灵芝米酒、玉米米酒、苦荞黑糯米酒和黑米糯米混合甜酒等[2-3]。如今米酒研究主要集中在营养成分测定，对加工工艺的改良研究较少。当前我国黑米酒生产已初步形成了较为完整的产业链，但米酒发酵过程中还存在许多问题需要解决，尤其是发酵参数的控制。本实验紧密结合目前研究动态，通过对大米原料各成分的分析，确定大米发酵米酒的可行性，通过对不同大米与糯米混合酿造，研究酒曲添加量、发酵时间等对糯米混合酒的影响，从而优化糯米混合酒工艺。传统的米酒发酵工艺，发酵时间长、速度慢、产酒率低。基于此，本实验采用先固态发酵糖化，再加水液态发酵的方法，该方法的优点是能在短期内深层发酵，生产多汁型米酒，保持米酒独特风格，提高米酒产量，降低米酒生产成本。

二、材料与方法

(一) 材料

1. 原料

稻花香米、黑米、红米和糯米,产自楚雄市禄丰市仁兴镇仁兴村。

2. 辅料

酿酒小曲,产自昆明龙门酒业有限公司。

3. 试剂

浓硫酸、0.05 mol/L 氢氧化钠、20% NaOH、2.5 g/L 葡萄糖、亚甲基蓝、酚酞指示剂、斐林试剂、柠檬酸溶液、磷酸氢二钠、碱性酒石酸铜甲液、碱性酒石酸铜乙液、0.1%葡萄糖、0.2%甲基红、乙醇、6 mol/L 盐酸。

4. 仪器

表 4-36 主要仪器设备

仪器	型号规格	生产厂家
电子天平	Sop OUINITIX224-1CN	赛多利斯科学仪器(北京)有限公司
电热鼓风干燥箱	DHG-9070A	上海一恒科学仪器有限公司
紫外可见分光光度计	UV-5500	上海元析仪器有限公司
酸度计	PB-10	赛多利斯科学仪器(北京)有限公司
电热恒温水浴锅	HWS26	上海一恒科学仪器有限公司
分析天平	TG328A	上海精科仪器厂
磁力搅拌器	1kA-RTC 基本型	邦西仪器科技(上海)有限公司
电子舌	Smart Tongue	上海瑞芬有限公司美国 isenso 公司

(二) 方法

1. 实验设计

实验设计一:基于不同大米中的成分差异,用黑米、红米、香米和糯米分别酿酒,检测四种米在经过浸泡、蒸煮、降温三个阶段的处理后淀粉、还原糖、可溶性固形物含量的变化。

实验设计二:采用单因素实验,选用黑米、红米和香米与糯米分别酿酒,同时用以糯米为原料酿造的米酒作空白对照,发酵结束后测定米酒的酒度、pH、还原糖、总酸、淀粉、可溶性固形物、出酒率、色度,结合感官品评和电子舌分析,研究不同原料对米酒品质的影响。

实验设计三:根据预实验,确定最佳原料配比 1∶4,在此基础上加入不同浓度梯度

(1 g/230 g、1 g/240 g、1 g/250 g 和 1 g/260 g)的酒曲进行发酵,发酵结束后测定米酒的酒度、pH、还原糖、总酸、淀粉、出酒率和可溶性固形物,结合感官品评和电子舌分析酒曲添加量对米酒品质的影响。

实验设计四:根据以上实验选择的最佳酒曲添加量,设置不同的时间梯度(5 d、8 d、11 d、14 d 和 17 d)进行发酵,发酵结束后测定米酒的酒度、pH、还原糖、总酸、淀粉、出酒率和可溶性固形物,结合感官品评和电子舌分析发酵时间对米酒品质的影响。

2. 米酒酿造的工艺和关键控制点

米酒酿造工艺:

原料→洗米→浸泡→煮米→浇淋→加酒曲糖化→加水发酵→压榨→过滤→成品

关键控制点:

(1) 洗米:用自来水对大米进行清洗,除去大米表面的杂物、灰尘。为了保证大米产品品质和质量,必须对未浸泡的大米原料进行完全淘洗,直到洗米水清亮无混浊物。

(2) 浸米:把淘洗干净的原料米进行浸泡,使米粒中的淀粉吸水膨胀,米粒疏松,为下一步蒸米时淀粉的充分糊化创造条件。泡米时按照当天温度而定。气温高,浸泡时间短,反之,浸泡时间长。一般要保证大米完整,用手指碾碎为宜。如果米浸不透,蒸煮时米饭不会完全成熟,酿酒时容易发生酸败。

(3) 煮米:将糯米、香米、红米、黑米放入电饭煲内煮熟,目的是使淀粉糊化。蒸饭的外观应软,透明而不烂,熟而不粘,以便有足够的氧气供应。发酵过程中过度蒸煮、大米结块、搅拌不均,均不利于糖化发酵;蒸煮不充分会致使糖化不完全,使米酒的酸度升高,易发生酸败。

(4) 淋饭:新煮好的米饭凉一下。把凉开水洒在煮好的米饭上,一方面使热米饭快速冷却,另一方面增加了大米的含水量,使其表面滑腻潮湿,颗粒间润滑不粘黏,增加了氧的含量。

(5) 加曲:淋饭结束以后,将温度降低至 28～30 ℃左右,使其达到适合酒曲发酵的温度,加入 1 g/240 g 酒曲。加曲时要拌匀,并在米饭的中心挖一个小孔来增加米饭与空气的接触面,以促进发酵的进行。

(6) 糖化:用糖化酶在 48 h、28 ℃下使大米中的淀粉进一步分解成葡萄糖。

(7) 发酵:将以上糖化好的米饭在 38 ℃下加入 1.5 倍的凉开水发酵 14 d。

(8) 过滤:用纱布使酒液与米粕分开。

3. 还原糖

参照刘烨[4]的方法,略作修改。

4. 总酸

参照《GB/T 15038—2006》总酸的测定[5]。

5. 淀粉含量

参照周如意和蔡明凡[6]的方法,略作修改。

（1）样品处理

称取 2 g 米粉(市售)，用 80%乙醇 100 mL 分多次滤洗，除去可溶性糖，再用 100 mL 蒸馏水将残渣移入 250 mL 广口三角瓶中。

（2）水解

吸取 30 mL 6 mol/L HCl 加入 250 mL 广口三角瓶中进行回流，置于沸水浴中水解 2 h。水解完毕，取出三角烧瓶用冷水冷却。在样品中加入 2 滴甲基红指示剂，先用 20%氢氧化钠溶液调至黄色，再用 6 mol/L HCl 调至刚好转红，然后用 10%氢氧化钠溶液调至红色刚好退去，使样品显中性。将样品移入 250 mL 容量瓶中稀释定容，过滤，收集滤液，将滤液稀释 10 倍待用。

（3）碱性酒石酸铜溶液的标定

移取碱性酒石酸铜甲液、乙液各 5 mL，置于 150 mL 锥形瓶内，加水 10 mL，加玻璃珠数粒，将滴定管内滴加葡萄糖标准液 9 mL，并在 2 min 内加热至沸腾，并保持 30 s，趁热以每 2 秒 1 滴的速度滴加葡萄糖标准溶液，直到溶液蓝色刚好退去为止，记录消耗的葡萄糖标准溶液的总体积。重复操作三次，取平均值。计算 10 mL 碱性酒石酸铜甲乙混合液相当于葡萄糖的质量。

（4）样液预测定

吸取碱性酒石酸铜甲、乙液各 5.0 mL 于 150 mL 锥形瓶中，加水 10 mL，加玻璃珠数粒，在 2 min 内加热至沸腾，趁热从滴定管中滴加样品溶液，整个过程保持沸腾状态，待溶液颜色转浅后，以每秒 1 滴的速度滴定，直至蓝色刚好退去为止，记录样品消耗体积 V。

（5）样液测定

吸取碱性酒石酸铜甲、乙液各 5.0 mL 于 150 mL 锥形瓶中，加水 10 mL，加玻璃珠数粒，从滴定管中加比预测体积少 1 mL 的样品溶液，并在 2 min 内加热至沸腾，趁沸连续以每 2 秒 1 滴的速度滴定，直至蓝色刚好退去为止，记录样品消耗体积 V。

（6）计算

$$淀粉含量=\frac{V_sC\times 0.9}{\frac{m}{250}\times 1\,000}\times\frac{1}{V}\times 100\%$$

式中：V_s—滴定酒石酸铜消耗葡萄糖标准溶液的体积，11.3 mL；

C—葡萄糖标准溶液的浓度，1 g/L；

m—样品的质量，g；

V—测定时消耗样品溶液的体积，mL；

0.9—葡萄糖换算为淀粉的换算系数。

6. 可溶性固形物

参照马玮等[7]的方法，略作修改。

7. 酒度

参照王俊等[8]的方法，略作修改。

8. pH 及色度

参照张予林等[9]的方法，略作修改。

9. 电子舌主成分分析[10]

（1）将米酒与蒸馏水按 1∶4 的体积比稀释。

（2）数据信号采集

测试样品前先用蒸馏水清洗探头，然后将探头插入 0.01 mol/LKCl 预热，结束后再设置电子舌的检测参数，设置完后开始检测样品不同样品之间用蒸馏水清洗探头。

（3）数据处理

① 导入数据；

② 传感器优化；

③ PCA 分析：很多个变量通过一定的线性变换选出一部分较少个数的重要变量的多元统计分析方法，称主成分分析。

a）数据选择：选择所用到的数据。

b）分析及结果：智能分组好后点击 PCA 分析。

c）保存模型、保存数据、保存图形：保存分析好后的模型、数据、图形。

三、结果

（一）原料各项指标在不同阶段的变化

1. 大米浸泡后各项指标的变化

由表 4－37 知，浸泡后，大米原料中的各成分含量都较低，主要成分无法充分浸泡出来，与李棒棒等[11]的研究结果相似。从纵向分析，红米、黑米、香米和糯米中，香米的淀粉含量最高，红米的淀粉含量最少；香米的还原糖含量最高而红米的最低；香米的可溶性固形物最高，红米和黑米最低；且不同米酒的各理化指标间差异明显。综合以上分析，浸泡后，淀粉、还原糖和可溶性固形物最高的为香米，分别为 11.66％、16 g/L 和 28％，最低的是红米，各项指标为 5.8％、24.4 g/L 和 16％。由此可得，香米中含有大量可用于米酒酿造的有效成分。

表 4－37　大米在浸泡后的各项指标

大米种类	淀粉（％）	还原糖（g/L）	可溶性固形物（％）
红米	5.80±0.10c	24.40±0.85b	16±0.00a
黑米	6.60±0.17b	49.08±0.10 d	16±0.00a
香米	11.66±0.17a	16.00±0.00a	28±0.00b
糯米	6.72±0.26b	28.30±0.26c	18±0.00c

注：同列相同字母表示差异性不显著，不同字母表示差异性显著（$P<0.05$）。

2. 大米蒸煮后各项指标的变化

将表 4－38 与表 4－37 比较可知，大米在蒸煮后各项成分都发生了变化，各项指标都有上升趋势，且同类指标间具有较大差异。由于在蒸煮过程中各项成分均被糊化，蒸煮促进了大米的糊化，促使部分糖高温水解成单分子单糖，同时将大米中的香气浸提出来，并且煮硬度变小，弹性变大[12]。由分析可知，香米的还原糖 60.79 g/L、淀粉14.44％和可溶性固形物含量 28％均最高，而黑米的各项成分均为最低，分别为 8.36％、25.2 g/L 和 24％，香米中的各项成分较突出，而其他大米不明显。

表 4－38　大米在蒸煮后的各项指标

大米种类	淀粉(％)	还原糖(g/L)	可溶性固形物(％)
红米	13.70±0.17a	57.50±0.10b	25±0.00b
黑米	8.36±0.17c	25.20±0.11c	24±0.00b
香米	14.44±0.36b	60.79±0.26a	28±0.00c
糯米	9.85±0.10 d	41.47±0.15 d	20±0.00a

3. 米饭降温后各项指标的变化

由表 4－39 得，大米在蒸煮后降温，各项成分均没有发生显著性变化，综合分析，淀粉、可溶性固形物和还原糖含量均以香米为最高，而黑米为最低，且同一样品不同指标间差异较小，与蒸煮后各项指标的变化相比，降温对大米指标无显著影响[13]。

表 4－39　大米在降温后的各项指标

大米种类	淀粉(％)	还原糖(g/L)	可溶性固形物(％)
红米	12.97±0.10b	54.59±0.62b	27±0.00c
黑米	8.53±0.51c	35.90±0.10c	26±0.00a
香米	14.12±0.17a	59.44±0.10a	36±0.00b
糯米	9.93±0.20 d	41.79±0.26 d	26±0.00a

综表 4－37、表 4－38 和表 4－39，四种大米原料中香米成分最高，其次为糯米，接着是红米，最后是黑米，且大米原料经浸泡、蒸煮和降温三个阶段处理后各成分的测定指标也说明，浸泡过程中，大米中的部分物质可部分随之浸提出来，蒸煮对原料各成分有较大影响，而降温对各成分无显著性影响。

(二) 不同种类的原料对米酒的影响

1. 不同种类大米酒理化指标的变化

由表 4－40 可知，采用糯米与其他大米的混合比 1∶4 进行混合酿造，温度控制在

38 ℃，发酵 14 d 后酿成米酒。由于发酵原料本配比不同，导致成品酒的各项指标变化明显[14]。发酵结束后，糯米红米混合酒的可溶性固形物含量最高，为 26%，颜色亮红色，还原糖 196.26 g/L，色度 75.32，淀粉 10.33%，三者均为最高，而酒度 15.10%vol，最低，说明红米与糯米混合酒尚未发酵完全；而糯米单酿酒发酵结束后各项指标并未见明显变化，其酒度最高，颜色为淡黄色；糯米与香米混合酒出酒率最高，色度、可溶性固形物、还原糖、总酸、淀粉分别为 164%、69.73、24%、170.96 g/L、4.59 g/L 和9.93%，均位于第二位，颜色为金黄色；糯米与黑米混合酒，可溶性固形物、还原糖、总酸、出酒率均为最低值，其混合酒颜色为紫红色。pH 越高，米酒的酸度越低，同时可溶性固形物含量和淀粉含量也越低，说明其可溶性固形物含量与淀粉含量成正比。

表 4-40　不同大米混酿酒的各项指标

大米种类	可溶性固形物(%)	还原糖(g/L)	总酸(g/L)	pH	酒度(%vol)	出酒率(%)	色度	淀粉(%)
糯米	23±0.20a	147.22±0.17c	4.47±0.34a	3.89±0.00a	44.50±0.00d	160±0.00a	26.71±0.01a	6.11±0.87b
糯米＋香米	24±0.26b	170.96±0.17b	4.59±0.20c	3.87±0.00a	24.70±0.57c	164±0.00b	69.73±0.00c	9.93±0.20a
糯米＋红米	26±0.10c	196.26±0.10a	3.99±0.00b	3.96±0.00b	15.10±0.00a	158±0.00a	75.32±0.01d	10.33±0.00a
糯米＋黑米	23±0.20a	110.41±0.20d	3.87±0.10b	3.89±0.00a	18.30±0.00b	132±0.00c	47.30±0.36b	6.90±0.00b

2. 不同大米混合酒感官品尝分析

本次的 10 人品尝小组包括通过获得中级品酒师的学生和具有国家级品酒师证书的老师。由表 4-41 可知，糯米和稻花香米混合酒评分最高为 78 分，米酒特色突出，糖酸平衡，具有米酒特有的香气。香米香气提高了米酒的独特香气，使酒体协调[15]。其次，口感较好的是糯米与红米混合酒，为 76 分，甜感突出，有水果糖香气，余味较长，但甜感掩盖了酒香，使米酒香气不突出。糯米单酿酒，酒体协调，澄清微黄，但香气不突出，较沉闷。糯米与黑米混合酒具有不愉悦的米糠味，后味发苦，尾味较短。十分之六的品尝员偏好于糯米与稻花香米的混合酿造酒。通过图 4-13 也可清楚地看出，糯米与稻花香米混合酿造酒的得分面积最大，表明其品尝结果最好；米与稻花香米混合酿造酒得分面积最小，说明该米酒各方面的品质特征最差。

表 4-41　十人品尝小组评分平均结果

感官指标(分)	糯米单酿酒	糯米＋稻花香混合酒	糯米＋黑米混合酒	糯米＋红米混合酒
外观和色泽(20)	15±0.24b	16±0.18c	14±0.74b	16±0.47a
香气(20)	15±0.73b	16±0.18c	14±0.14b	16±0.68a
口感(30)	24±0.18d	26±0.28d	22±0.24a	25±1.22c
风格(3)	16±0.89a	20±0.22a	14±0.89b	19±0.55b
总分(100)	70±0.40d	78±0.96b	64±1.22c	76±0.87d

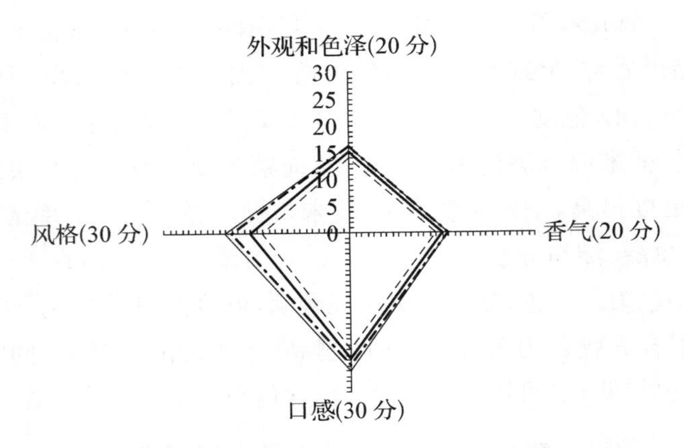

图 4-13 不同大米混合酒雷达图

综合表 4-40、表 4-41 和图 4-13 分析得，糯米混合酒的最佳原料为糯米与稻花香米，酿成的米酒澄清、透亮、有光泽，典型金黄色，具有糯米酒特有的醇香且香气浓郁，酒体协调，优雅，无明显苦味，具有发酵型糯米酒特有风格。

3. 不同大米混合酒电子舌 PCA 分析

根据图 4-14 可得，四种不同糯米混合酒间的相对距离较大，可以清楚地被区分开，而且各酒样的样品测试都有一定重复性。除了糯米单酿酒以外，其他混合米酒的重复样差距较小，4 款酒的主成分分析 DI 值为 99.09，总贡献率为 99.16%，能较完整地代表样品的整体信息，体现了电子舌在不同大米原料酿造酒米酒鉴定分析方面的敏捷性和实用性[16]。

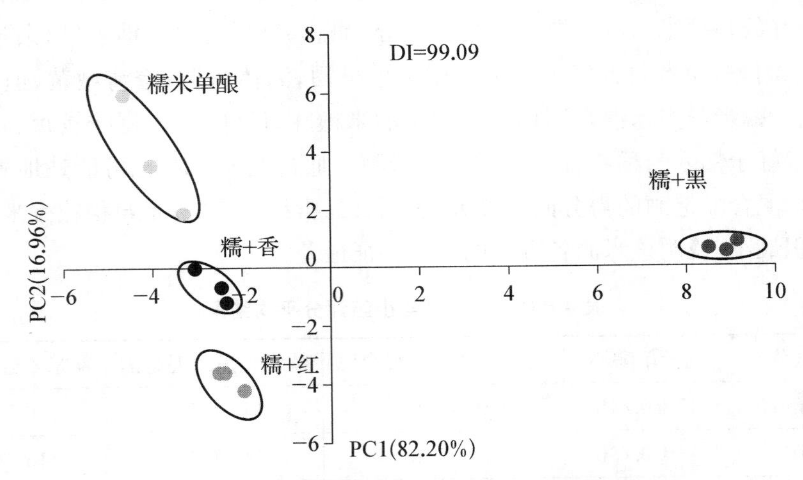

图 4-14 不同大米混合酒 PCA 分析结果图

（三）酒曲添加量对米酒酿造的影响

1. 不同酒曲添加量米酒的理化指标的变化

由表 4-42 可知，随着酒曲添加量的变化，米酒酿成后，各项指标都有不同的变化。由纵向分析比较可得，加曲量为 1 g/230 g 时，可溶性固形物最高，为 16%；酒曲添加量 1 g/250 g 时，还原糖最低，为 23.99 g/L；酒曲添加量 1 g/230 g 时，总酸最高，为4.77 g/L；酒曲添加量 1 g/250 g，pH 最低为 3.72；酒曲添加量 1 g/240 g 时，酒度最高为 11.46%vol；酒曲添加量 1 g/240 g 时，出酒率最高为 272%；酒曲添加量 1 g/240 g 时，淀粉最低为 6.62%。综合以上可得，酒曲添加量过低时，不利于发酵完全，会使米酒发酵变酸，糖度和酸度升高，导致不良气味出现；酒曲添加量过高时，促进快速发酵，但出酒率降低，淀粉转化少，也不利于正常发酵，酒度无法提高[17]，所以酒曲的最适添加量为 1 g/240 g，合理的酒曲添加量有助于发酵进行。

表 4-42　不同加曲量的米酒各项指标

加曲量	可溶性固形物(%)	还原糖(g/L)	总酸(g/L)	pH	酒度(%vol)	出酒率(%)	淀粉(%)
1 g/230 g	16±0.10 d	76.42±0.10a	4.77±0.00 d	3.81±0.00a	9.19±0.01b	224±0.00a	7.56±0.10b
1 g/240 g	13±0.17c	76.42±0.10b	4.23±0.05c	3.80±0.00a	11.46±0.03a	272±0.00c	6.62±0.20c
1 g/250 g	11±0.10a	23.99±0.10 d	3.75±0.05a	3.72±0.00b	8.13±0.00c	260±0.00b	8.70±0.20a
1 g/260 g	12±0.26b	76.42±0.10c	3.87±0.00b	3.75±0.00b	8.61±0.00c	232±0.00 d	6.76±0.10c

2. 不同酒曲添加量的米酒的感官分析

由表 4-43 可知，酒曲添加量为 1 g/240 g 时，米酒的感官品评分数最高为 84 分，而酒曲添加量为 1 g/260 g 时，米酒的感官品尝分数最低为 70 分；结合图 4-15 分析，当加曲量为 1 g/240 g 时，面积最大，说明酿成的米酒具有独特的风格并且口感佳，香气清新；而无论酒曲添加量过高还是过低，都会对米酒的香气、口感有一定影响。

表 4-43　十人品尝小组评分平均结果

感官指标	1 g/230 g	1 g/240 g	1 g/250 g	1 g/260 g
外观和色泽(20 分)	16±0.87b	17±0.13a	17±0.46 d	15±0.16a
香气(20 分)	14±0.40c	16±0.74a	15±0.56b	16±0.13a
口感(30 分)	26±0.29a	27±0.34c	25±0.94c	23±0.46c
风格(30 分)	17±0.11b	24±0.74 d	19±0.13a	16±0.83a
总分(100 分)	73±0.93 d	84±1.36b	76±0.73e	70±0.42b

由表 4-42、表 4-43 和图 4-15 综合分析可得，糯米混合酒最佳酒曲添加量为 1 g/240 g，发酵结束后的米酒具有典型的米香，余味较长，而添加酒曲量为 1 g/230 g 的

米酒出现明显的臭鸡蛋味，发酵温度过高引起二次发酵，并产生副产物，使米酒产生氧化味和硫化味[18]。

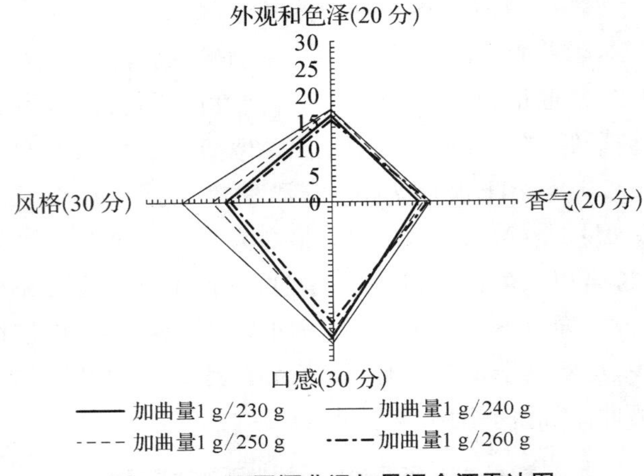

图 4-15　不同酒曲添加量混合酒雷达图

3. 不同酒曲添加量的米酒的电子舌 PCA 分析

根据图 4-16 可得，四种不同添加量酒曲酿成的糯米混合酒间的相对距离较大，可以清楚地被区分开。4 款酒的主成分分析 DI 值为 98.1，表明电子舌可运用于不同酒曲添加量糯米混合酒的鉴别与区分。主成分的总贡献率为 87.38%，能充分代表样品的整体信息。当酒曲添加量为 1 g/260 g 时，差距较大，不具有代表性。

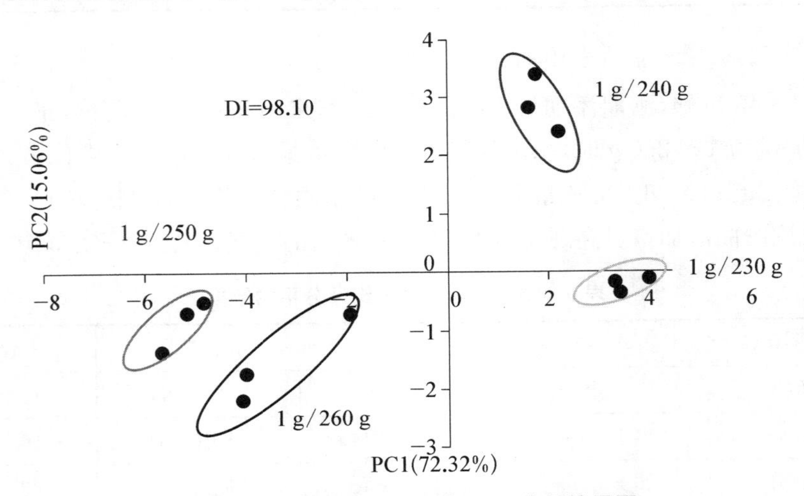

图 4-16　酒曲添加量研究 PCA 分析结果图

（四）发酵时间对米酒酿造的影响

1. 不同发酵时间米酒各项指标的变化

由表 4-44 可知，不同发酵时间对米酒有一定影响。由横向分析可得，发酵 5 天时，米酒还原糖含量较高，为 112.77 g/L，大部分糖未发酵，酒度和出酒率分别为 6.74%vol 和 212%，均最低，糖化程度较低，只有少量淀粉转化；发酵 8 d 后大部分糖被转化，酒度提高，但酸度也有所升高；发酵 11 d 后糖度降低，但酸度略高，酒度提高，导致糖度、酒度、酸度之间不平衡；发酵 14 d，还原糖、酒度和出酒率分别为 14 g/L、11.67%vol 和 256%，均较高；发酵 17 d 后，米酒 pH3.13，为最低，从而酸升高，还原糖最低，酒度很低，导致三者不协调；综上，米酒的最佳发酵时间为 14 d。

表 4-44　不同发酵时间米酒各项指标

发酵时间	可溶性固形物(%)	还原糖(g/L)	总酸(g/L)	pH	酒度(%vol)	出酒率(%)	淀粉(%)
5 d	17±0.20 d	112.77±0.10a	4.11±0.10b	3.67±0.00 d	6.74±0.00b	212±0.00b	10.50±0.10a
8 d	13±0.00b	25.00±0.10 d	6.27±0.05 d	3.31±0.00b	10.42±0.00c	240±0.00c	9.14±0.10b
11 d	12±0.17a	14.30±0.20e	5.07±0.10c	3.35±0.00b	11.67±0.04a	256±0.00a	8.14±0.10c
14 d	14±0.10c	79.16±0.10b	3.57±0.10a	3.78±0.00c	11.95±0.00a	260±0.00 d	7.56±0.10e
17 d	12±0.20a	11.00±0.20c	7.71±0.10e	3.13±0.00a	7.84±0.00 d	256±0.00a	7.99±0.10 d

2. 不同发酵时间米酒感官分析

由表 4-45 可知，不同发酵时间对米酒滋味有一定的影响，与于博[19]的研究结果相似。发酵 14 d，米酒的平均成绩最高为 86 分，发酵 17 d 的米酒的感官品评平均值最低，为 69 分。

表 4-45　十人品尝小组评分平均结果

感官指标	发酵 5 d	发酵 8 d	发酵 11 d	发酵 14 d	发酵 17 d
外观和色泽(20 分)	17±0.20 d	16±0.09c	16±1.36 d	17±0.23c	14±0.15 d
香气(20 分)	15±0.13c	16±0.23c	17±0.23 d	17±0.21c	15±0.83 d
口感(30 分)	22±0.14b	24±0.36b	23±0.42c	27±0.42a	21±1.23a
风格(30)	18±0.71 d	20±0.49a	22±0.61a	25±0.62 d	19±0.39b
总分(100 分)	72±0.36a	76±0.11 d	78±1.23b	86±0.94b	69±1.23c

结合图 4-17 可知，发酵 14 d 的米酒雷达面积最大，发酵 5 d 的米酒雷达面积最小。由于发酵 5 d 的米酒，香气不清新，较为沉闷，酒曲未能充分将大米发酵完全，导致米酒还具有一定的甜感，而发酵 17 d 后的米酒几乎没有剩余的发酵糖，导致米酒酸败，无明显的米酒风格。

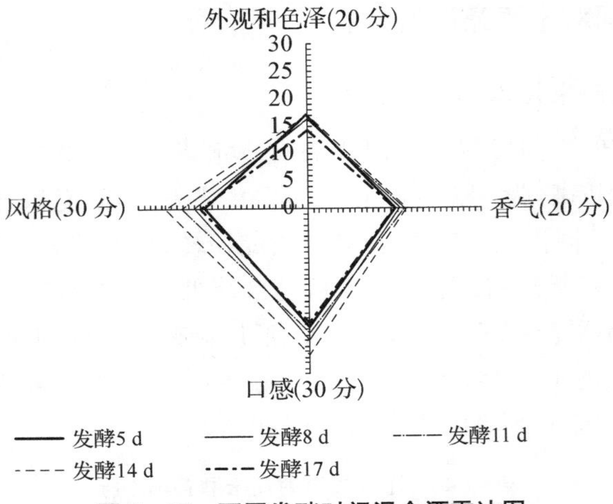

图 4-17　不同发酵时间混合酒雷达图

综合表 4-45、表 4-46 和图 4-17 可得，通过理化分析和感官品评分析，最佳米酒的酿造时间为 14 天，将糯米与香米混合酿造，香气突出，酒度适宜。

3. 不同发酵时间米酒的电子舌 PCA 分析

根据图 4-18 可得，五种不同酿造时间酿成的糯米混合酒间的相对距离较大，可以清楚地被区分开。5 款酒的主成分分析显示，DI 值是 97.52，表明电子舌可运用于不同糯米混合酒发酵时间的鉴别与区分。主成分的贡献率为 96.59%，能较完全的代表每个不同时间发酵米酒的全部信息。当发酵时间为 14 d 时，三个平行样间的差异较小，表明该款酒具有一定代表性。

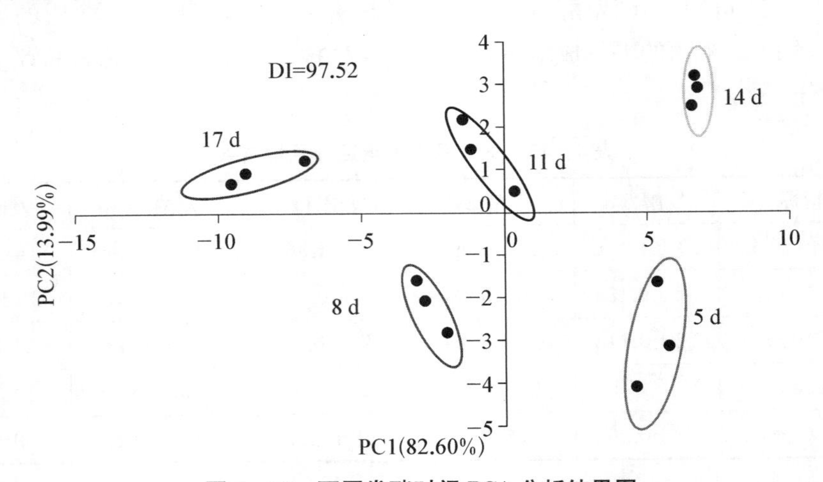

图 4-18　不同发酵时间 PCA 分析结果图

四、小结

电子舌在区分不同种类米酒方面具有一定优势，包括准确可靠、快速便捷、信息全面、成本低廉等特点[20]，但是美中不足的是不能准确判断米酒的优劣。不同米酒酿造条件对米酒酿造具有一定影响，不同大米原料需要满足不同的酿造条件，要使米酒酿造工艺最优化，需要进行多方面多层次的实验设计。通过实验得出，本实验优势在于能清楚地选出与糯米混合酿造的最佳原料，以及能通过参数控制对米酒酿造工艺进行优化；劣势在于在酿造过程中直接添加酒曲发酵，使米酒发酵缓慢，糖化不充分，发酵结束后，还原糖含量依然很高，且在品尝过程中，由于部分米酒有气泡产生，导致底部浑浊物与澄清米酒混合，从而不能使品尝小组准确地从外观、香气和口感判断米酒优劣。

本课题改变传统的米酒发酵模式，先采用固态发酵糖化，然后加水液态发酵，与传统的米酒发酵相比，该方法能在短期内深层发酵生产多汁型米酒，尽可能保持米酒独特的风格，不仅提高了米酒产量，还降低了米酒生产成本。同时以大米原料、酒曲添加量和发酵时间为变量，通过最终指标结合感官品评和电子舌分析，对米酒的酿造工艺进行优化，这不仅在糯米混合酒酿造方面具有极大的参考价值，对酒曲在米酒中的应用也具有一定研究意义。本课题通过对米酒基本理化指标、电子舌、感官评价等进行综合评价，最终确定糯米混合酒的最优方案。依据最佳方案酿造米酒，有助于米酒产业的提升。通过本课题研究，发现米酒的酿造成本低，工艺简单，易于操作，具有很好的发展前景。未来可以进一步进行正交实验，将更优质的工艺投入生产，更好地带动米酒、玉米酒与高粱酒等粮食酒发展。米酒优化的工艺将有更大的应用前景。

本课题为研发出糯米混合酒的最佳工艺，通过设计不同大米原料、不同酒曲添加量和不同米酒发酵时间等因素，对米酒酿造工艺进行优化，采用理化指标、感官品评和电子舌三种方法对米酒进行分析，从而确定最佳原料为稻花香米，最佳酒曲添加量为 1 g/240 g，最佳发酵时间为 14 d。

本课题首先通过理化分析、感官品评和电子舌综合分析红米、黑米和稻花香米混酿酒的各项指标，选出最佳原料为稻花香米与糯米混合酿造，且 10 人品尝小组得出平均值为 78 分，为四者中最高；选出的稻花香米进行酒曲添加量的研究，通过实验数据和品尝小组得出的最终平均值 84 分，得出最佳酒曲添加量为 1 g/240 g，根据确定的原料和酒曲添加量，调整发酵时间进行实验，根据理化指标和品尝分数 86 分，确定糯米混合酒最佳发酵时间为 14 d。最终可得米酒发酵过程中，应选用糯米与香米混合酿造，发酵温度控制在 38 ℃，酒曲添加量为 1 g/240 g，发酵时间为 14 d，由此发酵的米酒，外观和色泽澄清，透亮，有光泽，典型金黄色；具有糯米酒特有的醇香，且香气浓郁，无异香；酒体丰满，圆润，醇厚和谐，口感精美；而且具备发酵型糯米酒特有的风格。

参考文献

[1] Chen S, Xu Y. The influence of yeast strains on the volatile flavour compounds of Chinese rice wine[J]. *Journal of the Institute of Brewing*, 2010, 116(2): 190 - 196.

[2] 田娟,何佳,赵启美,赵顺才.灵芝米酒的制作工艺与发酵条件研究[J].河南农业大学学报, 2001, 35(1):43 - 46.

[3] 金艳梅,孙立梅,秦秀丽.黑糯玉米米酒生产工艺条件的研究[J].江苏农业科学, 2016, 2:315 - 317.

[4] 刘烨,潘秀霞,张家训.直接滴定法测定葡萄酒中还原糖的研究[J].食品安全质量检测学报, 2017, 6:2180 - 2184.

[5] 中华人民共和国国家质量监督检验检疫总局,中国国家标准化管理委员会.《GB/T 15038—2006》总酸的测定[S].北京:中国标准出版社,2006.

[6] 周如意,蔡明凡.大米中淀粉含量测定探究[J].武汉职业技术学院学报,2014,13(3):94 - 96.

[7] 马玮,史玉滋,段颖,王长林.南瓜果实淀粉和可溶性固形物研究进展[J].中国瓜菜, 2018,31(11):1 - 5.

[8] 王俊,陈仁远,母光刚.半微量蒸馏法测定配制酒酒精度[J].化工设计通讯,2016,6:98 - 130.

[9] 张予林,石磊,魏冬梅.葡萄酒色度测定方法的研究[C].第四届国际葡萄与葡萄酒学术研讨会论文集西北农林科技大学,2005:171 - 175.

[10] 杜宏福,董爱静,聂志强,王敏,郑宇,林枫.电子舌分析山西老陈醋固态发酵过程及主要有机酸的预测[J].食品与发酵工业,2015,41(1):196 - 201.

[11] 李棒棒,路源,于吉斌.浸泡处理对大米淀粉糊化特性及流变特性的影响[J].食品工业科技, 2018,39(18):50 - 54,59.

[12] 王晓香,刘猛,孔进喜.电饭煲蒸煮大米对米饭食味品质的影响[J].家电科技,2018,6:75 - 77.

[13] 张强.碾后大米水冷却降温规律实验研究[J].粮食加工,2015,40(3):31 - 33.

[14] 利勤,包清彬,廖玉琴.香米米酒加工工艺研究及理化品质分析[J].粮食与饲料工业, 2012,10:13 - 17.

[15] 刘蒙佳,周强,沈立玉,黄晓芬.料液比对糯米酒品质的影响[J].食品研究与开发, 2015,36(1):57 - 61.

[16] 苏伟,齐琦,赵旭,母应春,邱树毅.电子舌结合 GC/MS 分析黑糯米酒中风味物质[J].酿酒科技, 2017,(9):102 - 106.

[17] 钟明叶,李志军,周榆林,陈梦圆,蔡雪梅,罗爱民.基于安琪混合酒曲的糯米酒新工艺研究[J].中国酿造, 2018,37(12):196 - 199.

[18] 那海涛,欧英秋,阎凤文.啤酒中硫化味的管控[J].啤酒科技,2016,4:49 - 52.

[19] 于博,郭壮,汤尚文.不同发酵时间米酒滋味品质变化的研究[J].食品研究与开发, 2015, 10:15 - 18.

[20] Winquist F, Wide P, Lundström I. An electronic tongue based on voltammetry[J]. *Analytica Chimica Acta*, 1997, 357(1 - 2): 21 - 31.

后　记

本成果以互联网加时代下的双师型导师和学生的实践能力的培养为主线，通过产、学、研相结合的模式，成功探索出了一套应用型人才培养和科研型素质人才培养的模式。具体成果如下：

（1）将课堂教学与课外实践相结合，成功探索出了一套“选题＋项目＋方案＋实验＋论文＋比赛＋产品＋毕业论文（设计）＋就业/创业/考研＋素质”的互联网加时代的人才培养模式，即依据本地特色果蔬选题，申请项目做科研，启蒙学生的科研意识，通过撰写实验方案，培养学生借助网络资源查阅和筛选有用文献资料、独立设计实验内容的能力、逻辑思维和语言组织能力、全局意识，通过实验将方案转化为成果，培养学生的成果转化意识，教会了学生熟悉科技论文的结构，如何写科技论文，如何写摘要，如何写结果、分析与讨论，如何分析问题，培养了学生的逻辑思维。通过写科研论文（中英文），培养了学生严谨的治学态度，为研究生培养奠定了基础，通过比赛，增强了学生的团队意识和荣誉感，有利于导师进一步完善该培养模式，同步提升导师的指导能力和学生的综合素质，这是一套“双师型学生”和“双师型导师团队”的“双循环—双向人才”培养模式。该模式不但培养了学生的写作能力，而且推动了应用型教学模式改革，为研究生培养和学生就业奠定了基础。

这种人才培养模式将导师的科研项目与学生的培养质量融合在一起，将地方经济发展和教学、科研对接起来，改革与创新了一套“专业＋就业/创业”的教学模式，孵化了“把论文做到田间地头”“将毕业论文写在企业”和“授人以鱼不如授人以渔”的典型案例。

（2）将应用型办学模式与科研型素质的培养模式相结合，用实践证明了科研与教学互为补充，科研为教学服务，推动教学改革与发展，教学为科研提供保障，为科研指明方向，形成了通过科研反哺教学的模式和典型案例，既拓展了学生的知识面，促进了学生对课堂知识的掌握，也培养了学生创新能力、创新思维和科研精神，为“双师型导师＋学生”培养开辟了新路。

（3）将老师的科研项目、科研思路与学生的培养质量融合在一起，将区域优势资源与教学、科研对接起来，优势互补，既解决了地方经济发展和技术革新遇到的技术难题，又提高了学生的培养质量，培养的学生更符合和适应产业发展的需要，培养了学生正确的科研思维。

（4）根据项目和参加互联网加比赛的需要，打破专业之间的壁垒，邀请不同专业的学生组团，尝试着推动了专业之间的融合，探索出了一套“新型应用型混合式实践教学模式”。核心内容是为了发现、研发、生产、销售、推广、服务好一个好产品，探索出了一套“未就业、先创业”的创业思路，培养学生的创业意识，为校园招聘和参与就业模拟大赛奠定了基础。

(5) 通过指导国家级大学生双创项目，为指导优秀毕业论文奠定了基础。除此之外，通过项目指导学生参加比赛，获省校级成果多项。通过项目参加比赛，开阔了学生的视野；通过项目和毕业论文培养了学生的实践能力、系统的逻辑思维、科技创新的精神、严谨的学术道德品质，启发和帮助教师通过项目推动教学改革的新思路，拓展了学生的知识面，融洽了师生关系，为技术推广与示范、区域经济发展、应用型人才培养质量的提高和学生就业创造了条件，丰富了课堂授课的典型案例。

(6) 通过这种培养模式筛选、组建、孵化一支具有组织、统领和协调能力、抗压能力、适应能力、创新思维、独立承担责任和有担当、主动性和态度的学生团队，系统化、专业化了学生的专业知识，培养了学生的科研品质和不同专业学生之间的交流和团结协作的精神，为专业融合发展创造了条件，搭建起了不同专业和学生之间沟通的桥梁，构建了内循环和外循环协调发展的新发展格局，提高了学生的就业质量和就业率。

(7) 探索出了一套产、学、研融合发展的教学模式，将学校的科研平台和教学资源与产区的资源优势结合起来，将资源优势转化为科研优势、教学优势，培养了学生的科研潜力和实践能力，促进了实践教学和理论教学教学质量的提高和产业的发展，及校企、校地合作。

(8) 将品德教育融入教学、科研，使课程思政与教学和科研融合发展，促进了学生德、智、体、美、劳协调发展，融洽了师生关系，让学生感受到了学习的动力和知识的力量。

以上成果为区域经济发展和学生就业奠定了基础，为修改人才培养方案提供了参考，为应用型办学模式改革、课堂教学、培养学生素养提供了典范。

欢迎读到本书的各位专家、学者和科技人员提出宝贵意见和建议。